U0268477

建筑设计类、工程类建筑工程计算机绘图课程实践实训泛图图纸集（上篇）

主　编　范幸义

副主编　李　益　田崇伟　尹飞云

参　编　罗雅敏　潘　娟　杨婷婷　鲁　婕　陶昌楠

北京理工大学出版社
BEIJING INSTITUTE OF TECHNOLOGY PRESS

内容简介

本图纸集为"建筑工程计算机绘图"课程提供学生绘图泛图图纸资料。既可以作为学生建筑设计的参考图纸，又可以作为学生计算机绘图的抄绘图纸。主要内容有：建筑装饰图案、建筑平面图、建筑立面图、建筑方案（平面）图、建筑剖面图、建筑装饰平面图、建筑装饰立面图、建筑透视图、室内透视图、结构板平面施工图和梁平法施工图。

本图纸集适用于建筑学（建筑设计技术），建筑装饰（建筑装饰工程技术，室内设计技术），工民建（建筑工程技术），园林工程等专业的计算机绘图课程。既可以作为学生的绘图资料，同时也可以作为工程技术人员的图纸参考资料。

版权专有　侵权必究

图书在版编目（CIP）数据

建筑设计类、工程类建筑工程计算机绘图课程实践实训泛图图纸集．上篇／范幸义
主编．—北京：北京理工大学出版社，2016.7（2019.1重印）
ISBN 978-7-5682-1852-8

Ⅰ.①建… Ⅱ.①范… Ⅲ.①建筑制图－计算机制图－图集 Ⅳ.① TU204-39

中国版本图书馆 CIP 数据核字 (2016) 第 013664 号

出版发行 / 北京理工大学出版社有限责任公司
社　　址 / 北京市海淀区中关村南大街 5 号
邮　　编 / 100081
电　　话 / (010)68914775（总编室）
　　　　　 (010)82562903（教材售后服务热线）
　　　　　 (010)68948351（其他图书服务热线）
网　　址 / http:www.bitpress.com.cn
经　　销 / 全国各地新华书店
印　　刷 / 三河市天利华印刷装订有限公司
开　　本 / 889 毫米 × 1194 毫米　1/8
印　　张 / 30.25
字　　数 / 717 千字
版　　次 / 2016 年 7 月第 1 版　2019 年 1 月第 2 次印刷　　　责任编辑 / 陆世立
定　　价 / 68.00 元　　　　　　　　　　　　　　　　　　　责任印制 / 王美丽

图书出现印装质量问题，请拨打售后服务热线，本社负责调换

前　言

　　应用技术型课程"建筑工程计算机绘图"，学生需要作大量的实训练习，为了避免学生练习时对作业的相互拷贝，学生每次练习都是每人单独一张图纸，因此需要大量的图纸素材。为保证教学的需要，特编辑整理本建筑设计类、工程类建筑计算机绘图课程实践实训泛图图纸集（上篇，下篇）。本图纸集包含建筑，建筑装饰，室内设计专业的设计类工程计算机绘图图样和建筑结构工程，建筑装饰工程专业的工程类计算机绘图课程的图样。为教师教学和学生实践实训练习带来方便。

　　本图纸集由重庆房地产职业学院和重庆拓达建设（集团）有限公司共同编辑整理。其中（上篇）的第一部分由重庆房地产学院的李益老师编辑整理；第二部分由重庆房地产学院的潘娟老师编辑整理；第三部分由重庆房地产学院的鲁婕老师编辑整理；第四部分由重庆房地产学院的杨婷婷老师编辑整理；第五部分由重庆房地产学院的陶昌楠老师编辑整理；（下篇）第六部分由重庆房地产学院的罗雅敏老师编辑整理；第七部分由重庆拓达建设（集团）有限公司的田崇伟工程师编辑整理；第八部分由重庆拓达建设（集团）有限公司的尹飞云工程师编辑整理；第九部分、第十部分由重庆房地产学院的范幸义老师编辑整理。

　　本图纸集原图有部分来自90年代初的相关图集，少部分来自网上，大部分为工程中的实际施工图纸。为此，对相关图集和网上图纸作者表示衷心的感谢。对原图上的原有错误，本图纸集编辑整理者已经作了修改和调整。本图纸集可以作为建筑设计类和建筑工程类专业的计算机绘图课程的泛图图纸素材，也可以作为建筑、建筑结构和建筑装饰工程的设计人员和技术人员的参考资料。由于编辑整理者的水平有限，本图纸集的错误和疏漏在所难免，请图纸集使用者凉解。

编　　者

2015年3月

目　　录

一、建筑装饰图案

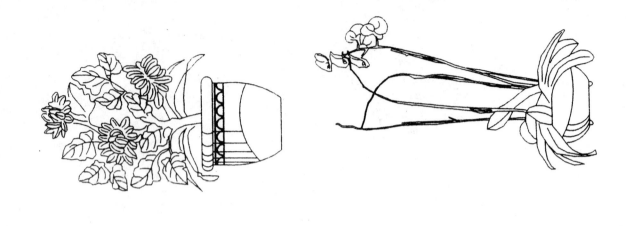

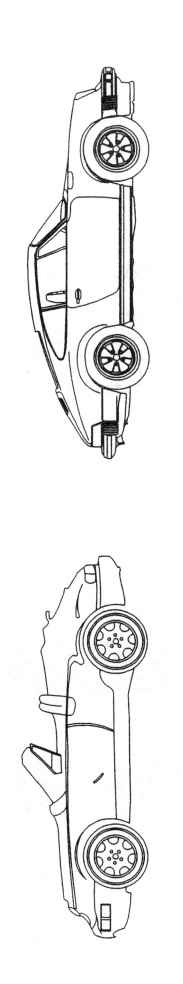
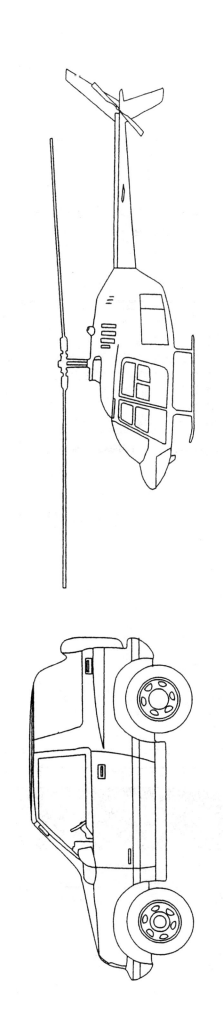
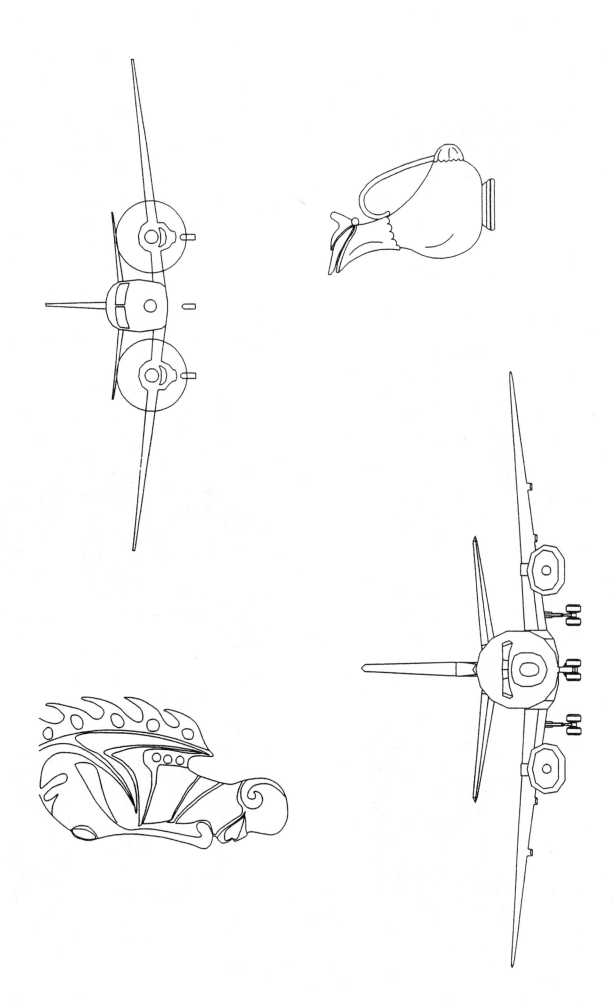

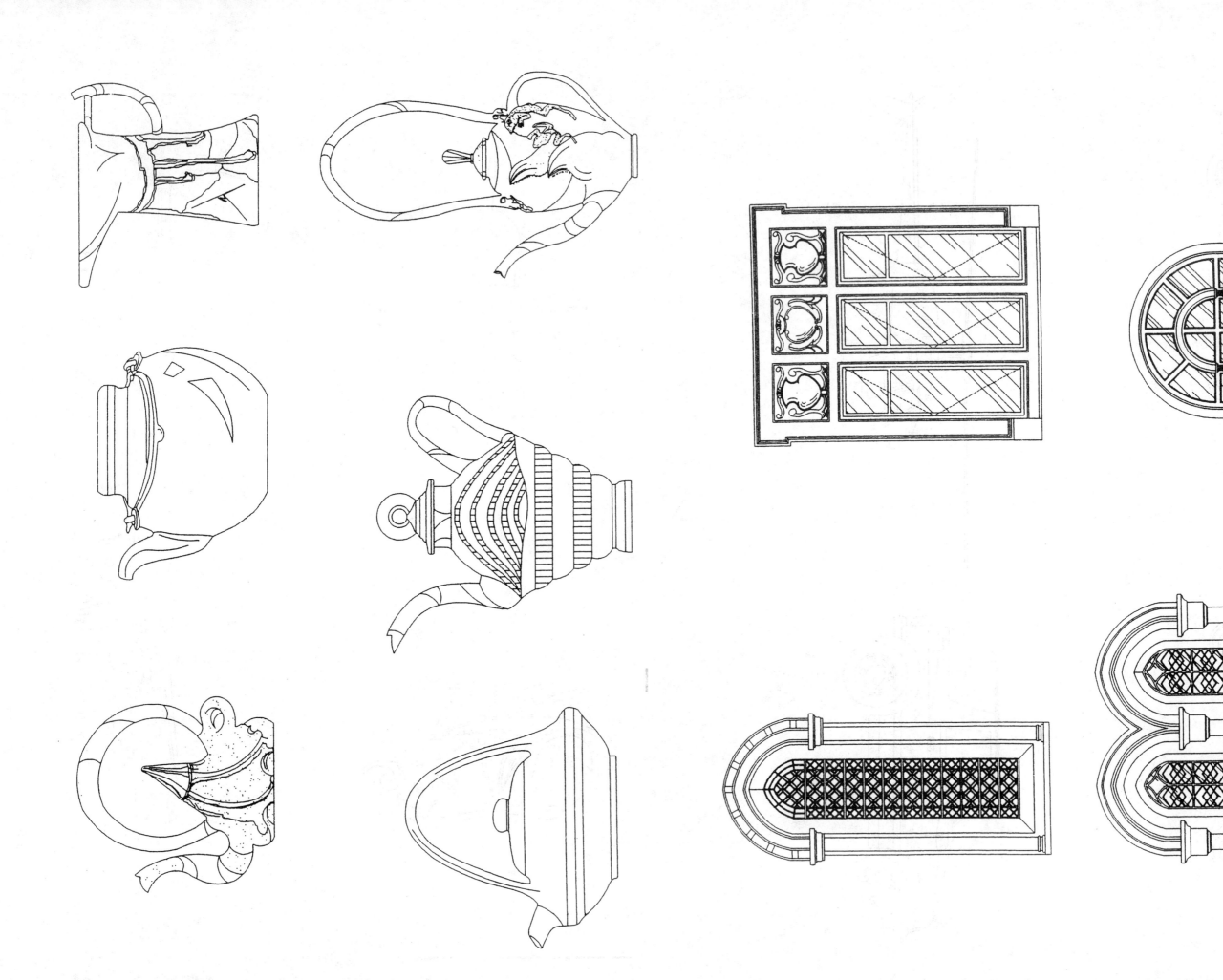

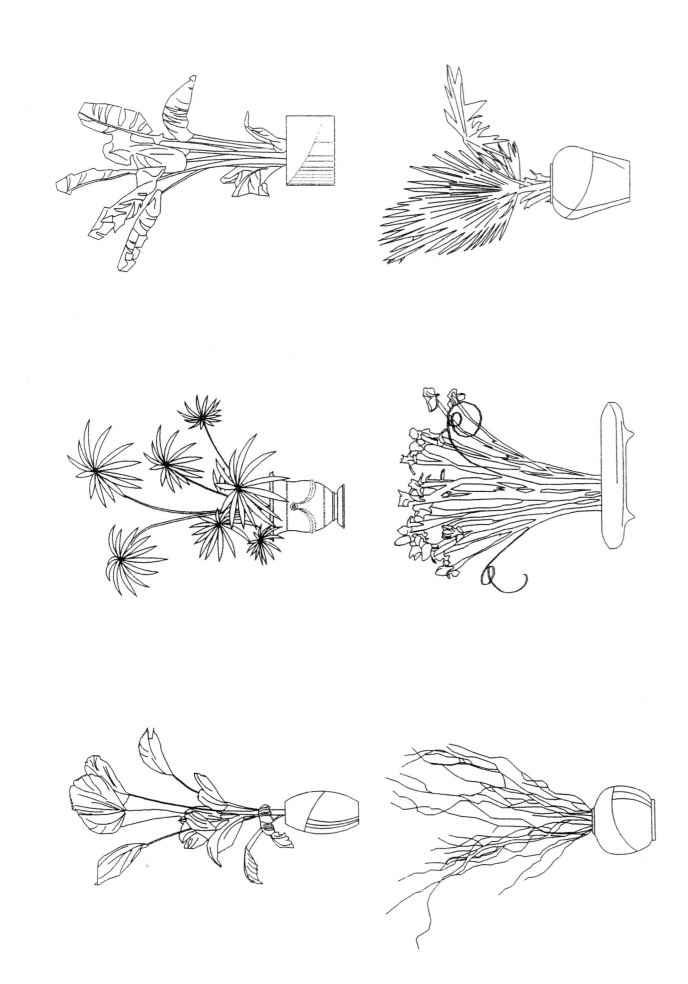

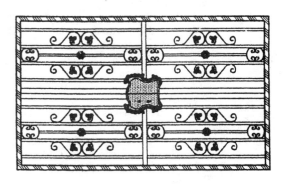
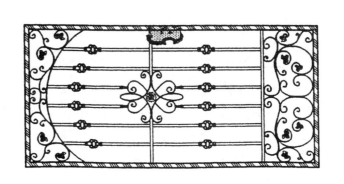

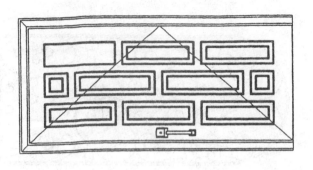
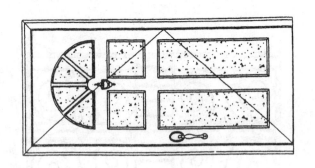
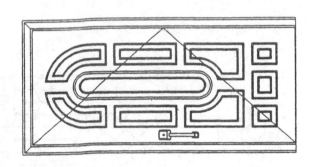
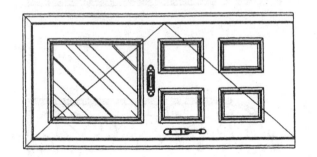
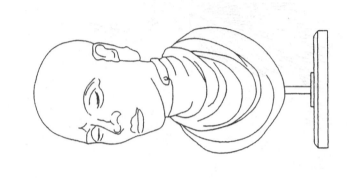
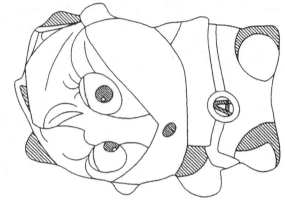
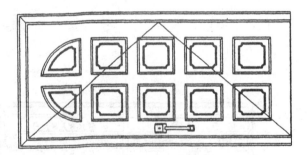
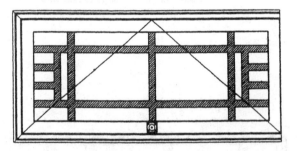
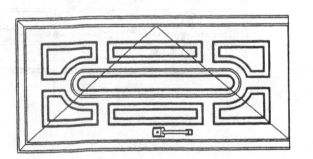
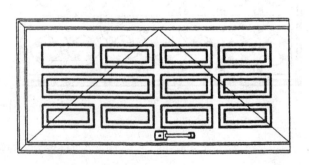
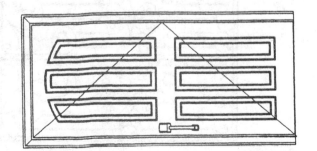
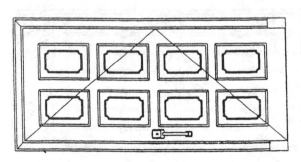
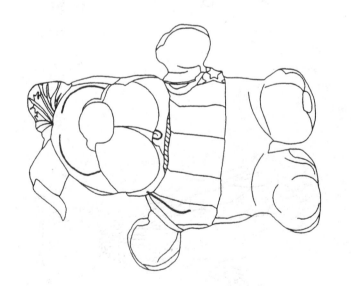
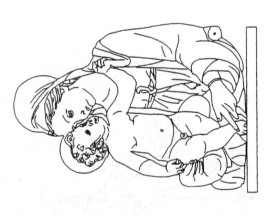

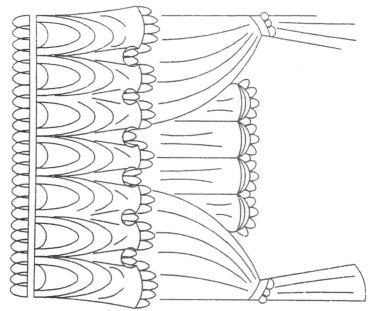

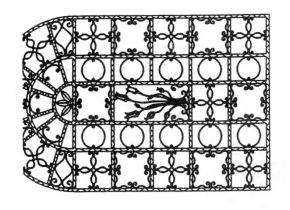
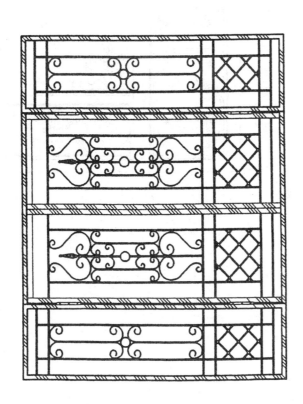
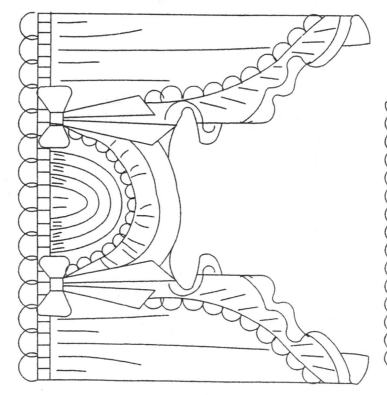
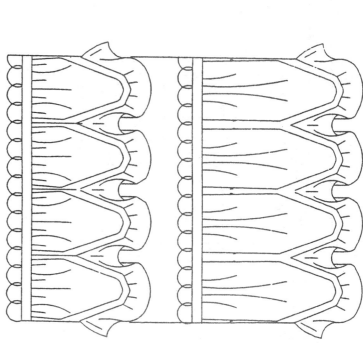

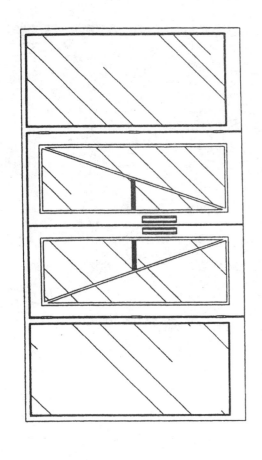
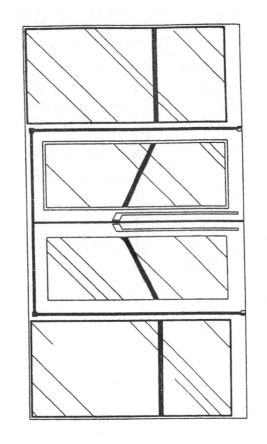

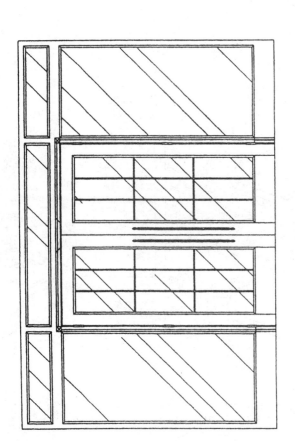
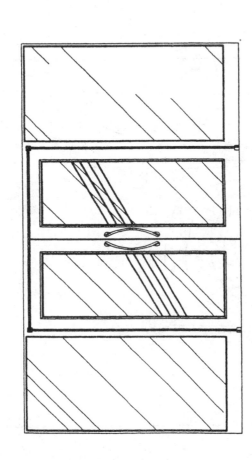

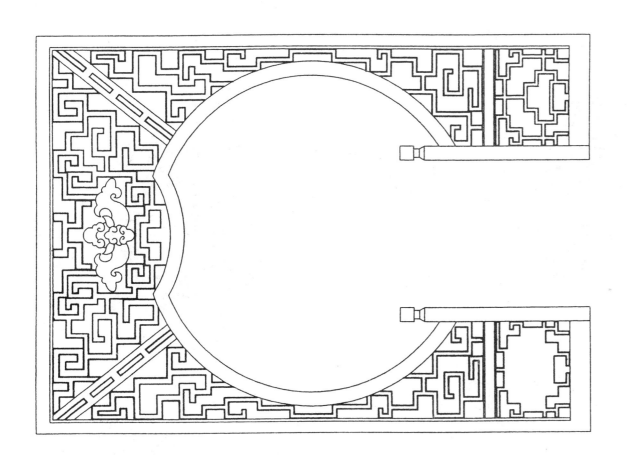

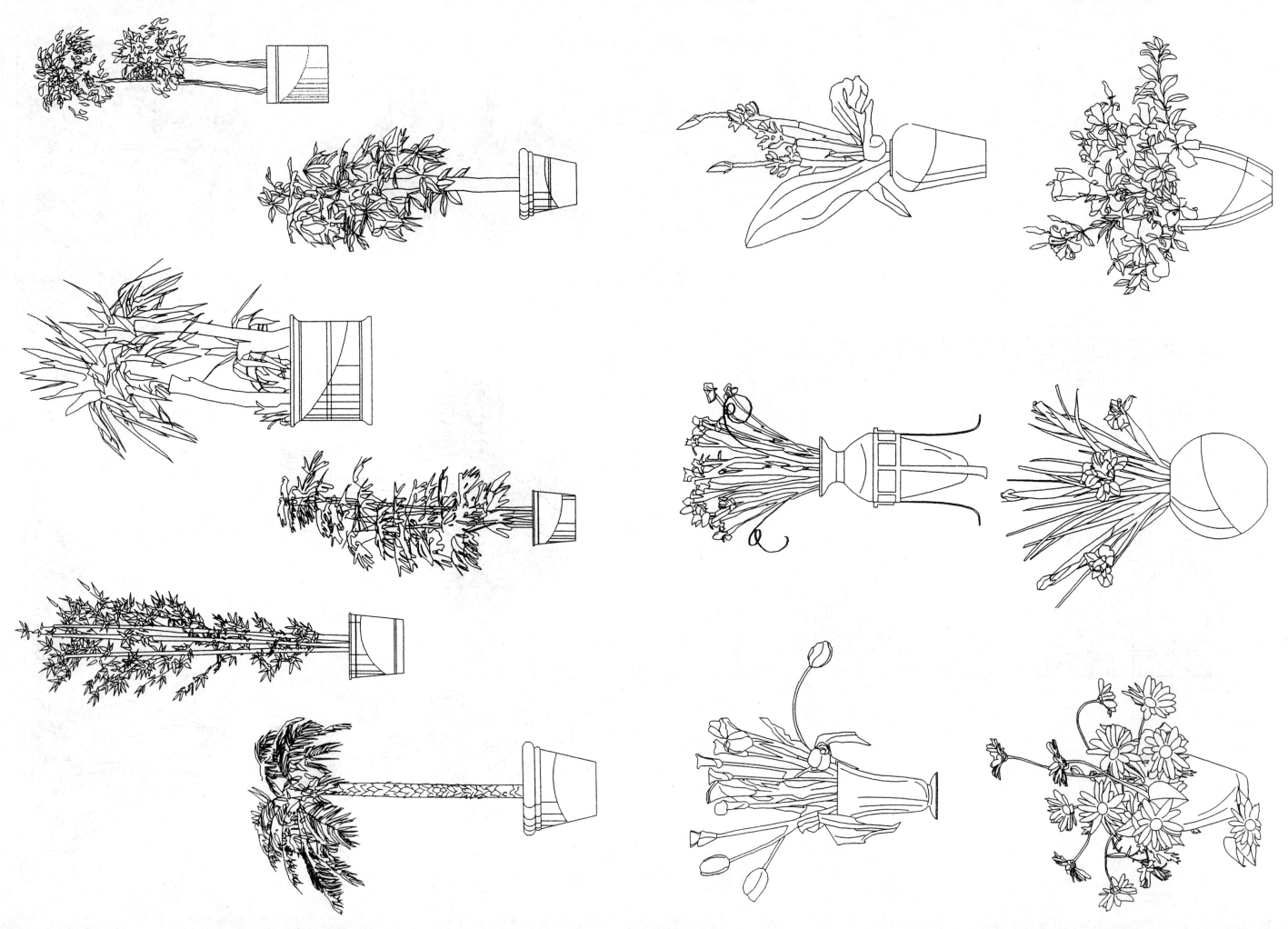

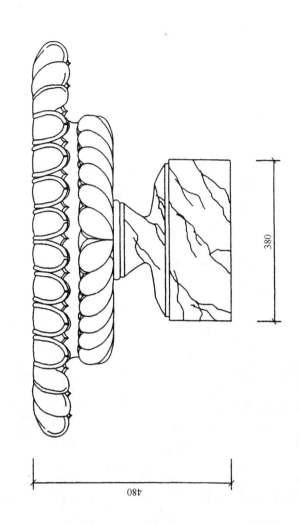

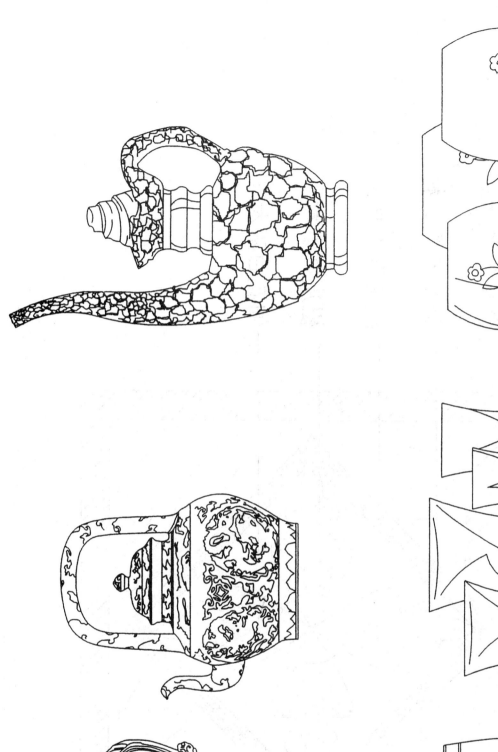

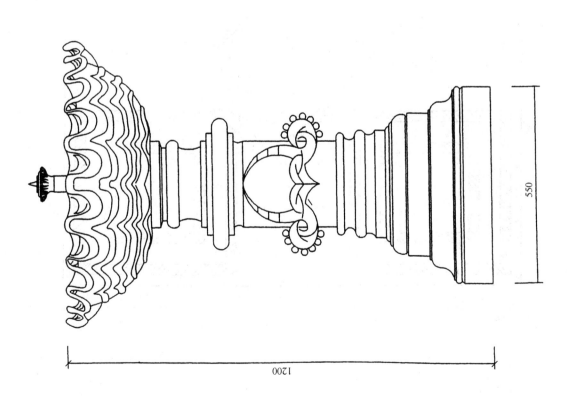

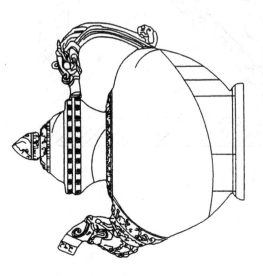

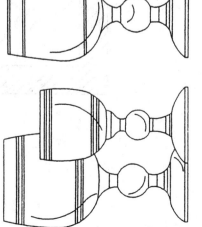

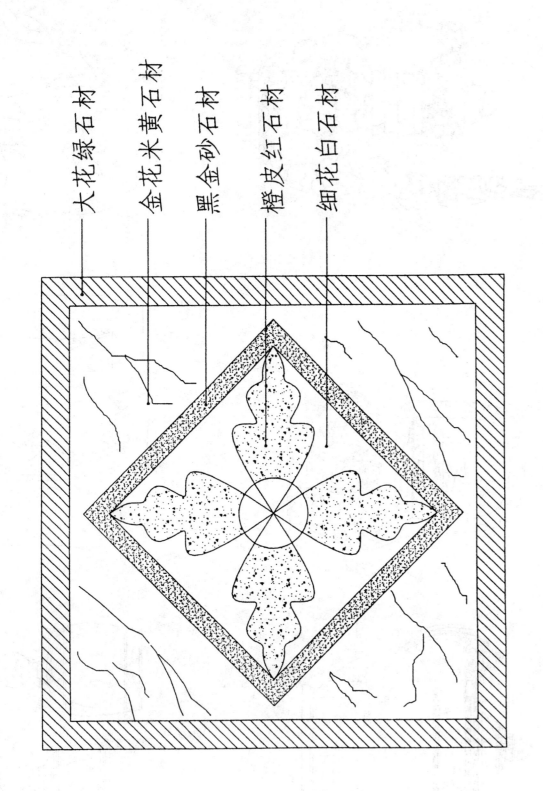

大花绿石材
金花米黄石材
黑金砂石材
橙皮红石材
细花白石材

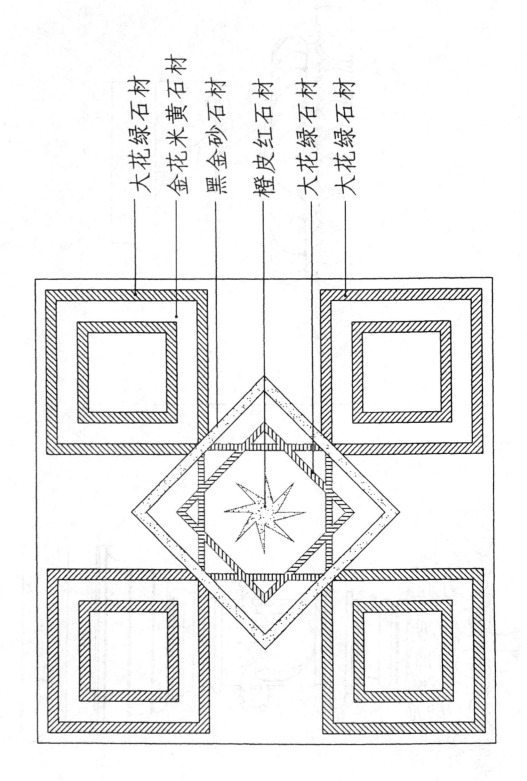

大花绿石材
金花米黄石材
黑金砂石材
橙皮红石材
大花绿石材
大花绿石材

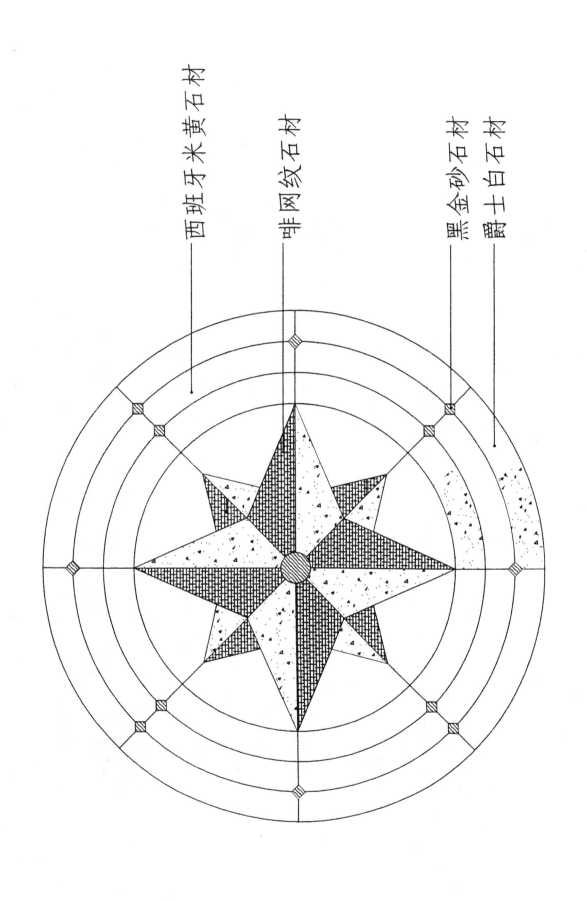

西班牙米黄石材

啡网纹石材

黑金砂石材

爵士白石材

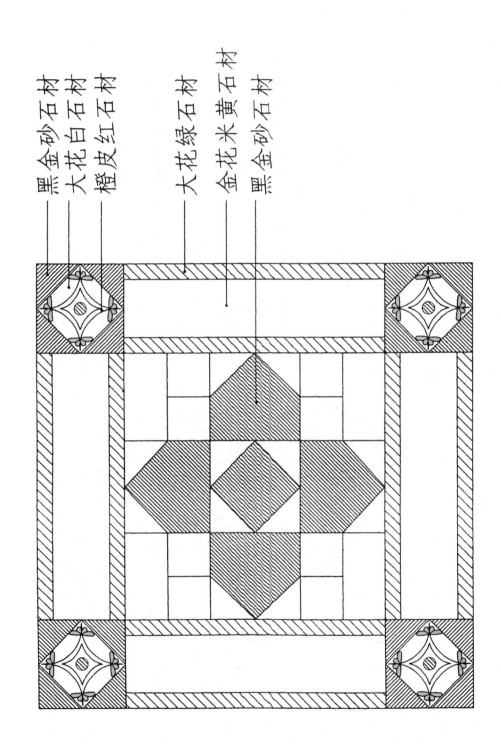

黑金砂石材

大花白石材

橙皮红石材

大花绿石材

金花米黄石材

黑金砂石材

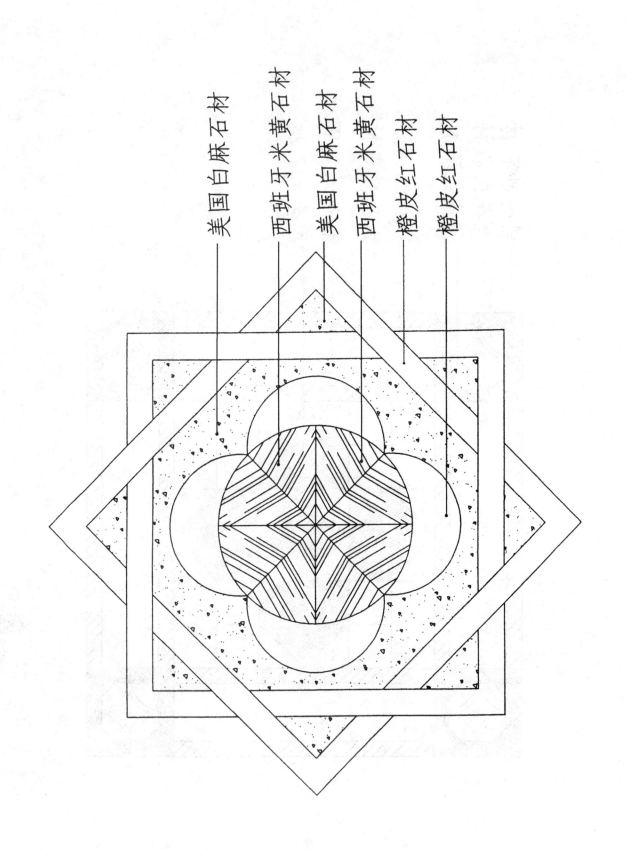

美国白麻石材

西班牙米黄石材

美国白麻石材

西班牙米黄石材

橙皮红石材

橙皮红石材

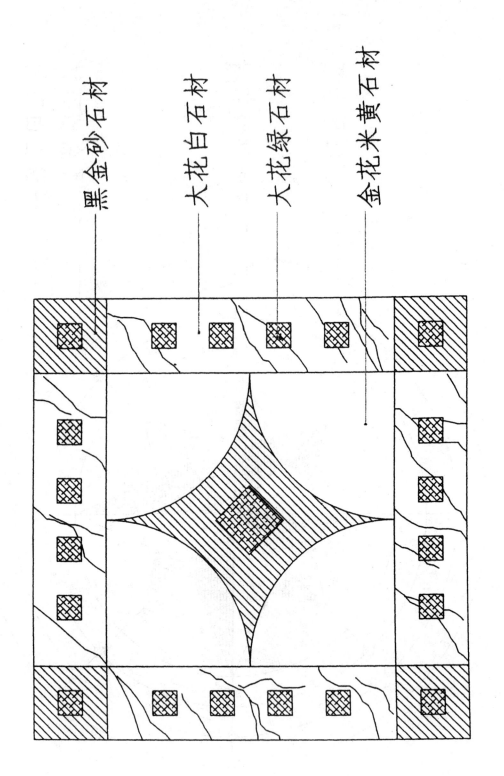

黑金砂石材

大花白石材

大花绿石材

金花米黄石材

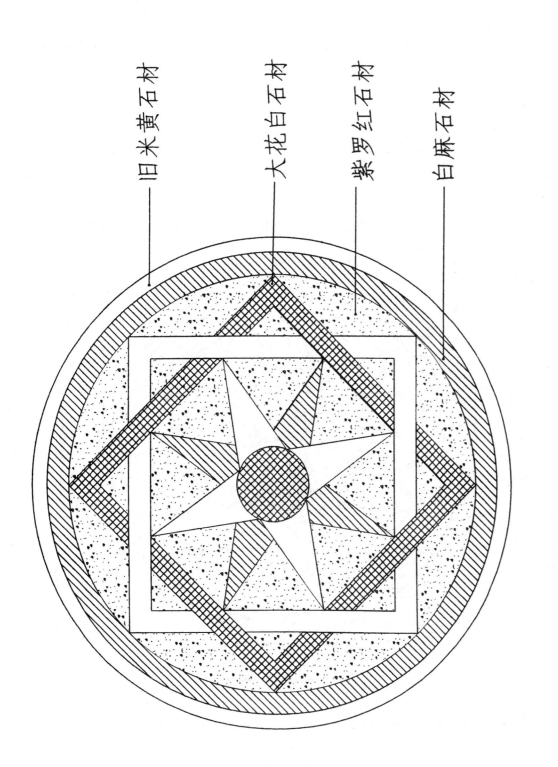

旧米黄石材

大花白石材

紫罗红石材

白麻石材

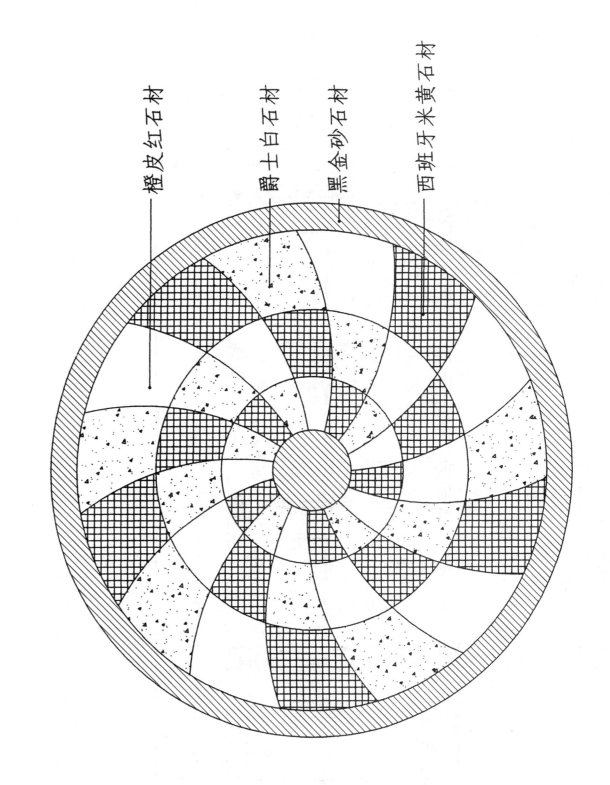

橙皮红石材

爵士白石材

黑金砂石材

西班牙米黄石材

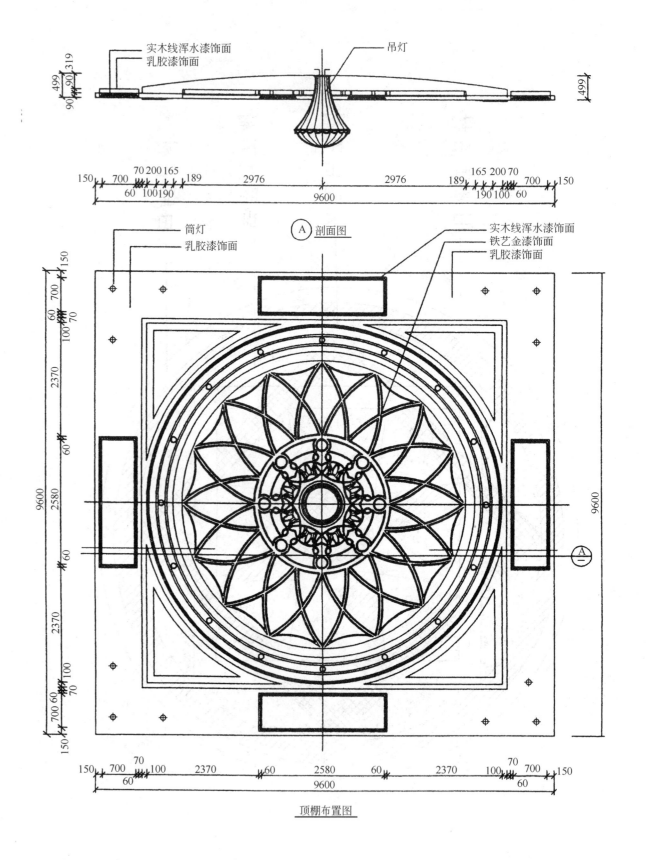

实木线浑水漆饰面
乳胶漆饰面
吊灯

499 90 90 319

499

150 700 70 200 165 189 2976 2976 189 165 200 70 700 150
60 100 190 9600 190 100 60

A 剖面图

筒灯
乳胶漆饰面
实木线浑水漆饰面
铁艺金漆饰面
乳胶漆饰面

150 60 700 100 70 2370 60 2580 60 2370 70 100 700 60 150

150 700 70 100 2370 60 2580 60 2370 100 70 700 150
60 9600 60

顶棚布置图

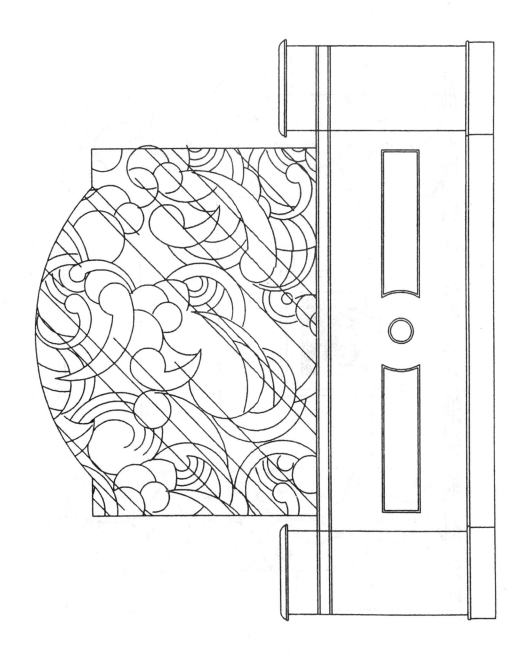

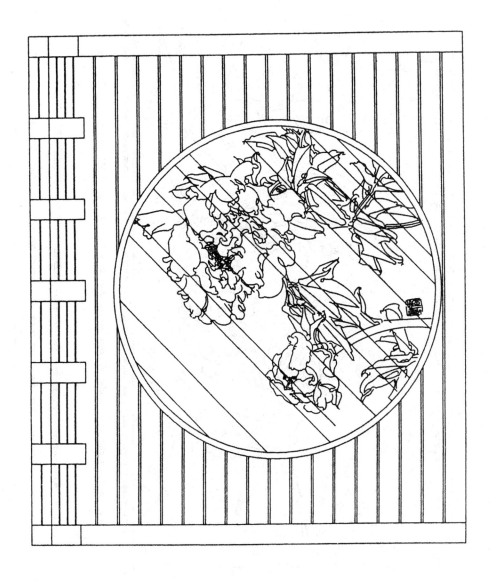

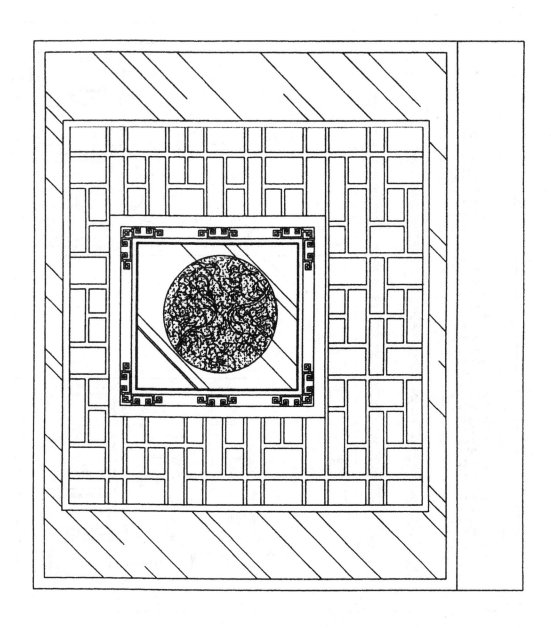

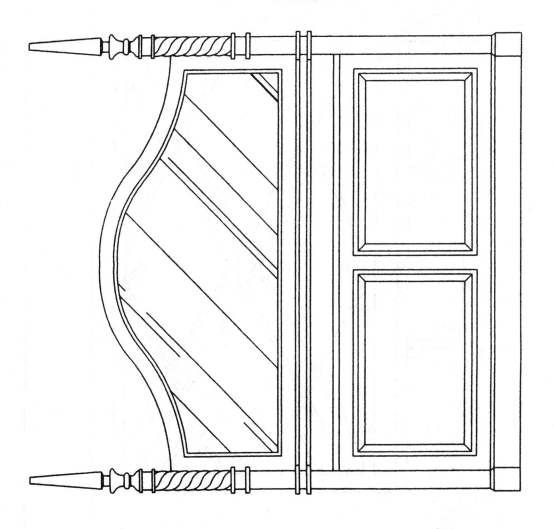

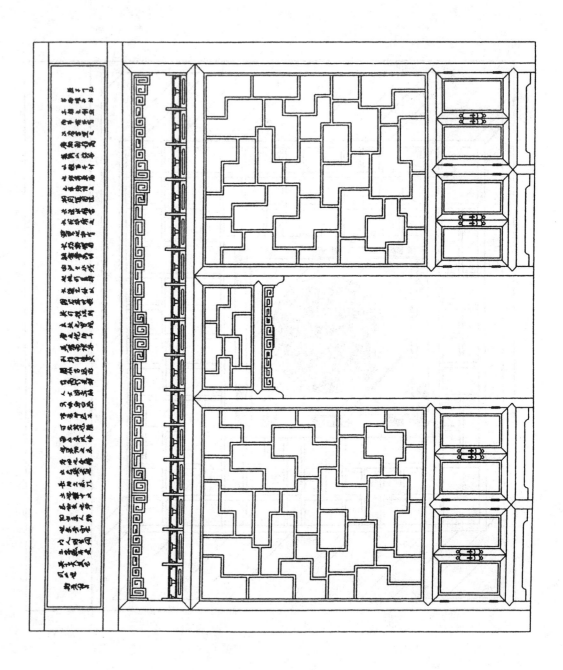

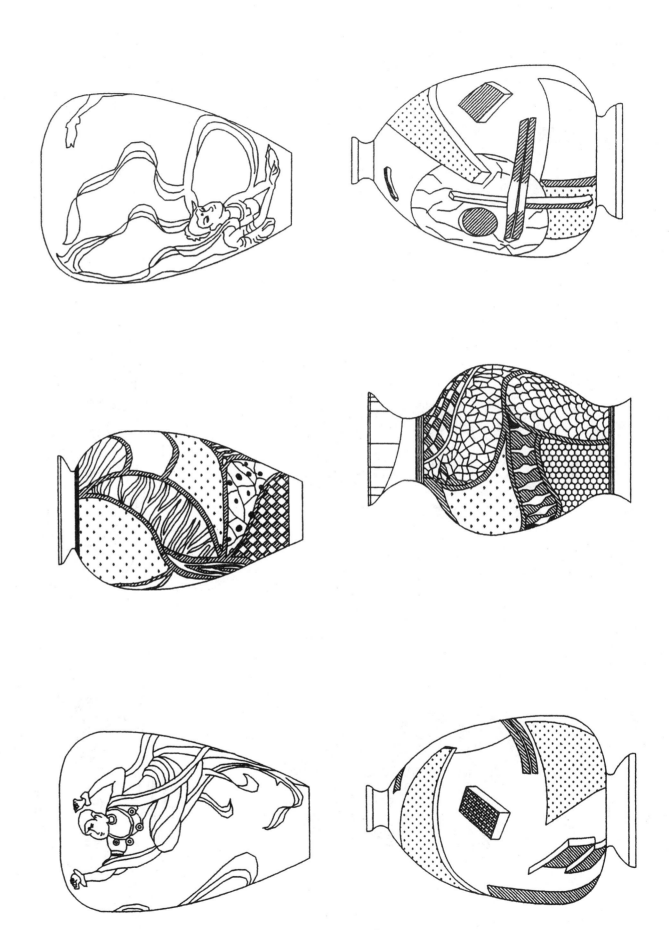

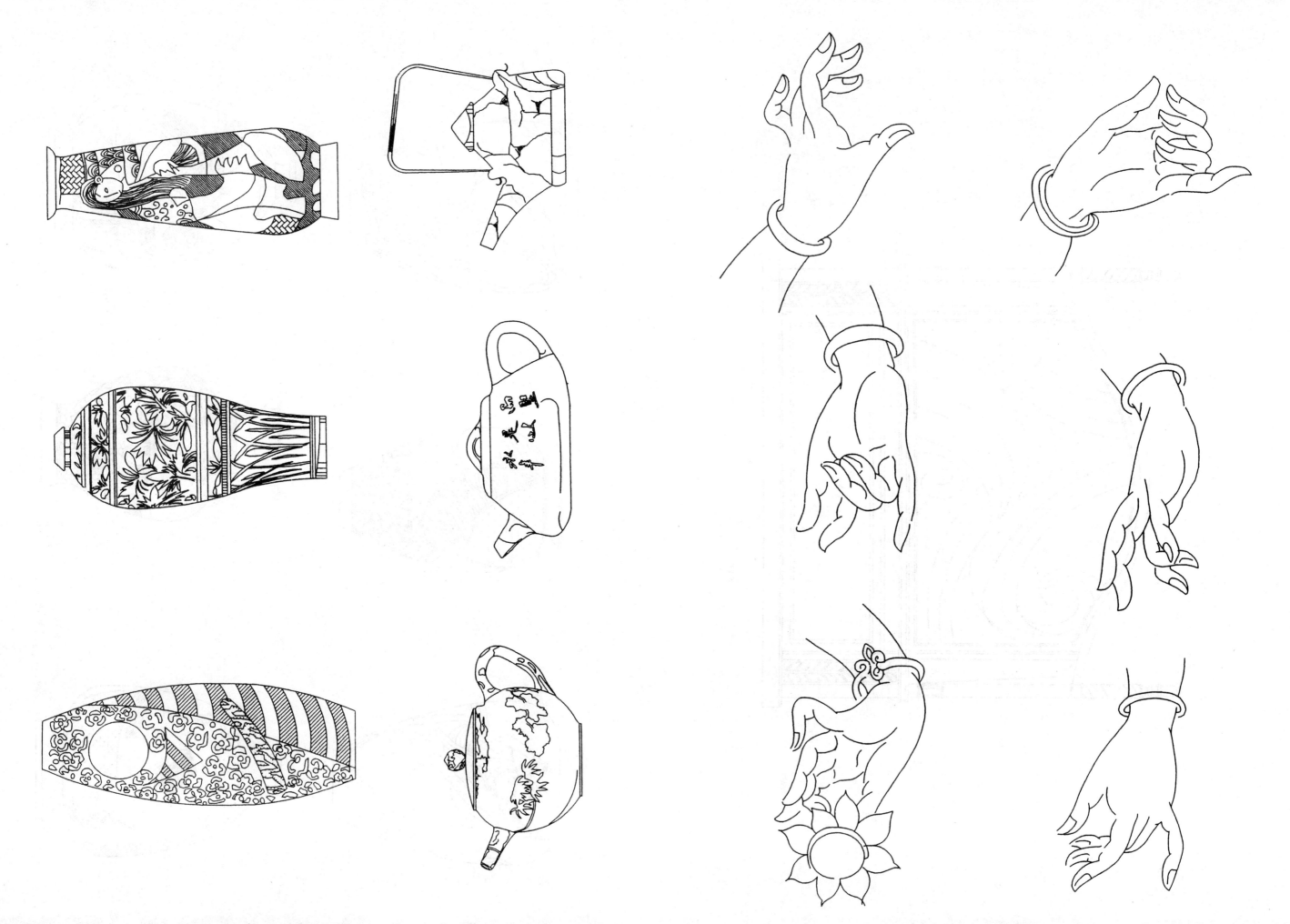

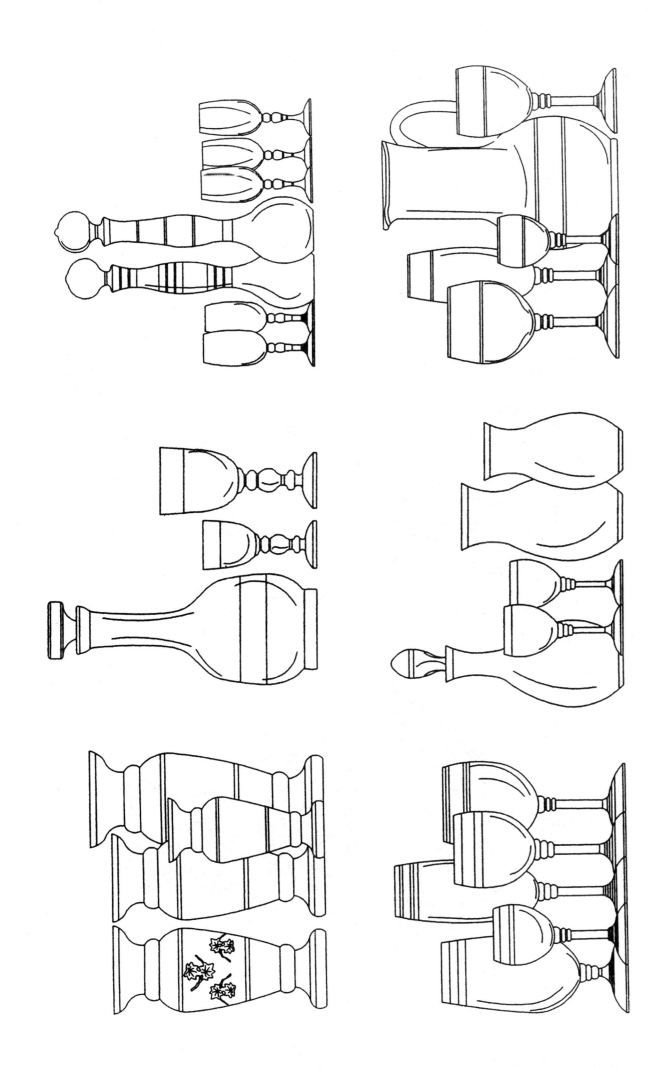
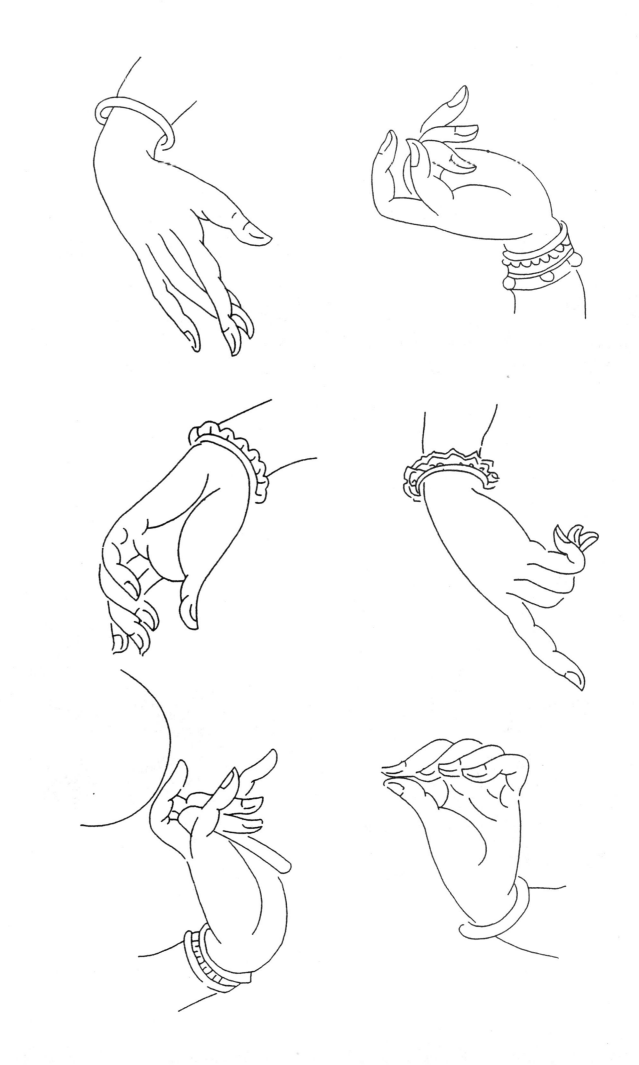

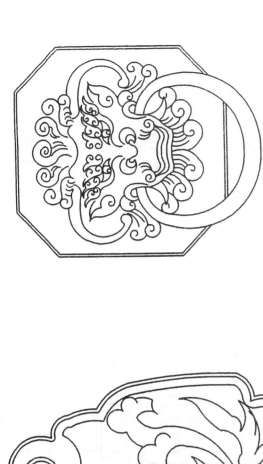

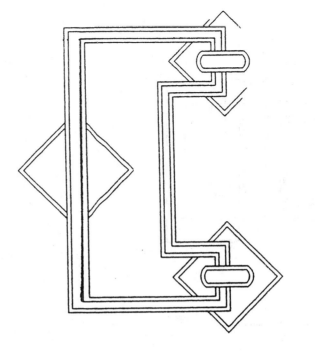

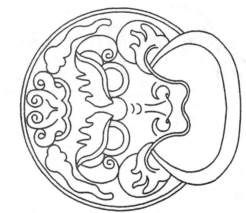
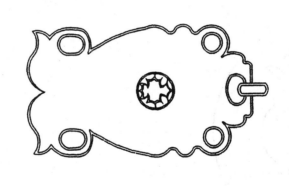

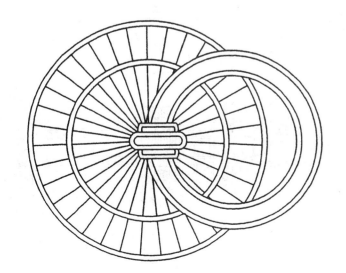
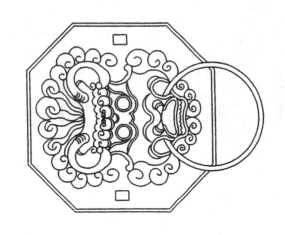

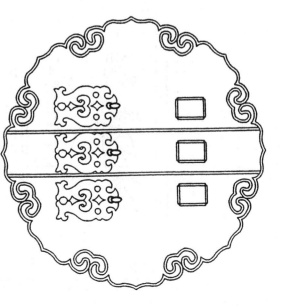

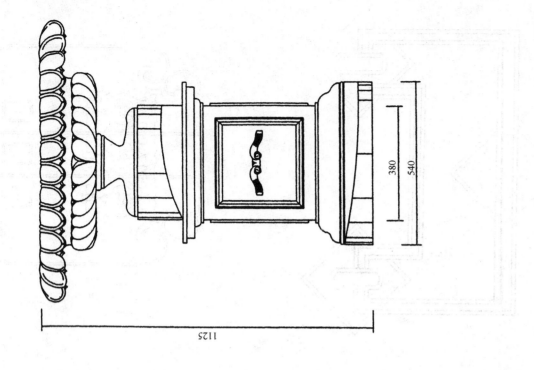

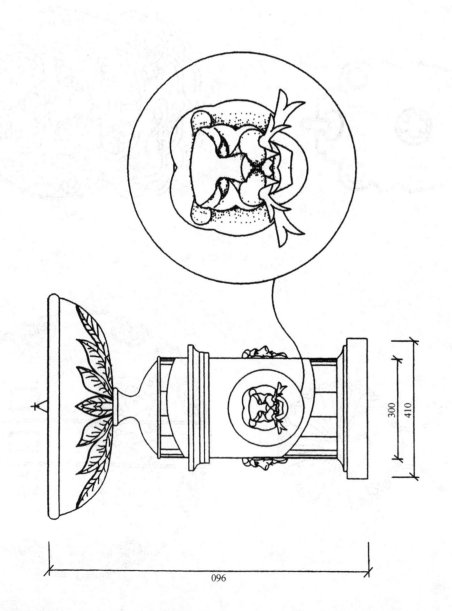

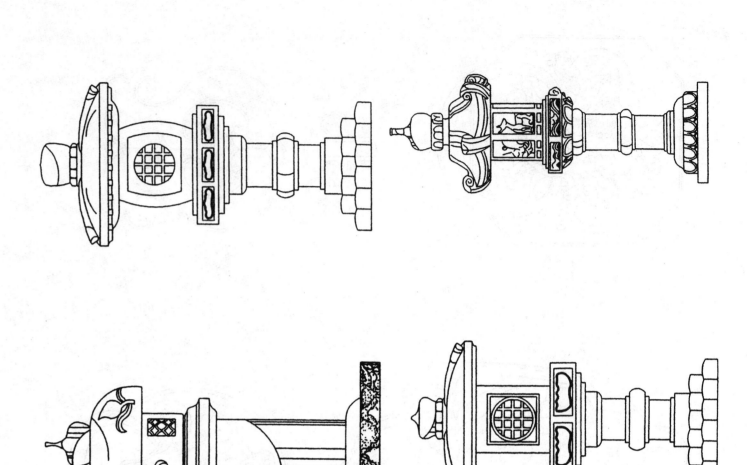

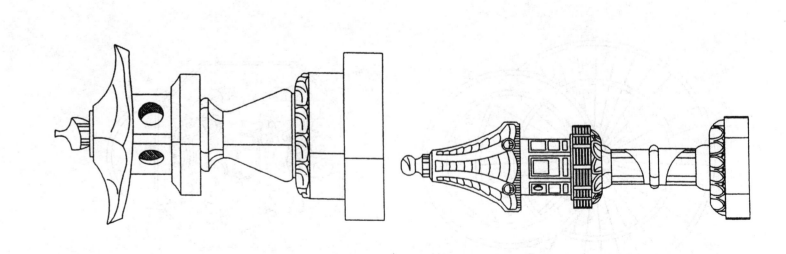

二、建筑方案（平面）图

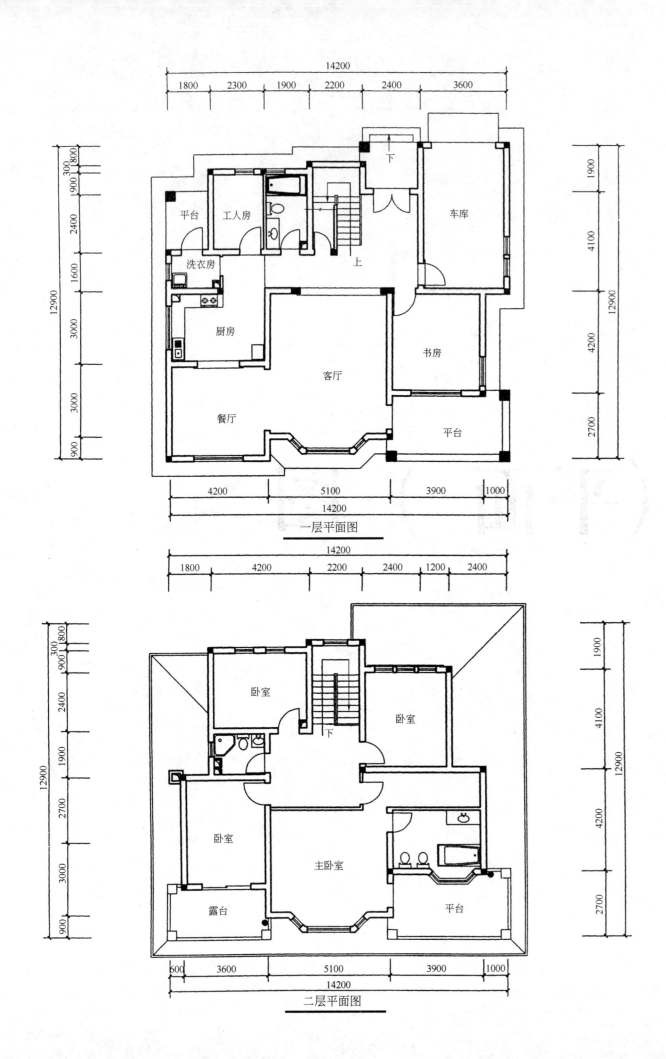

一层平面图

二层平面图

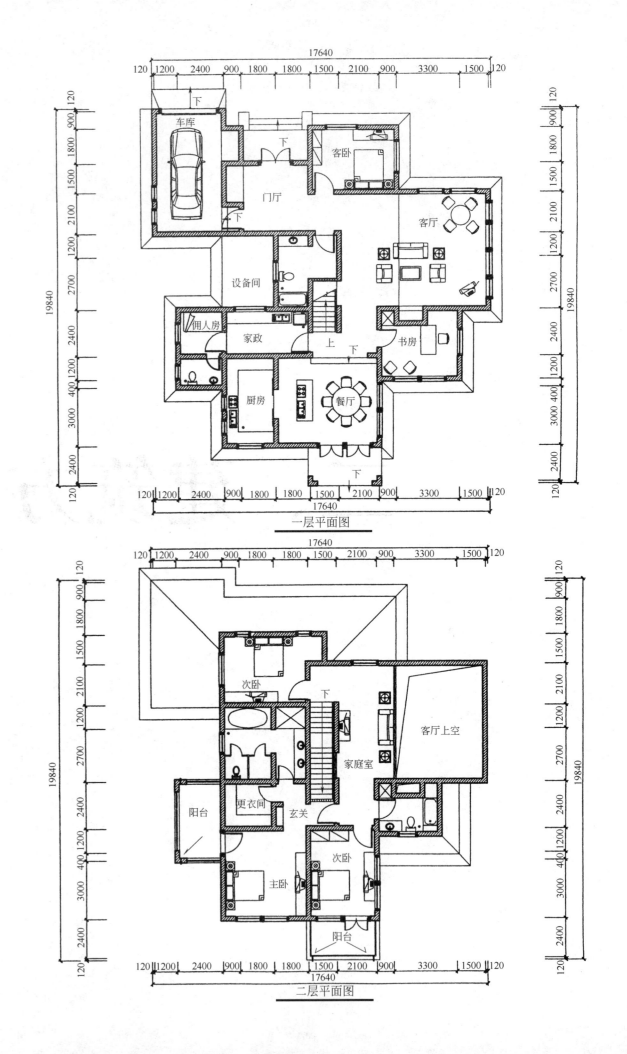

一层平面图

二层平面图

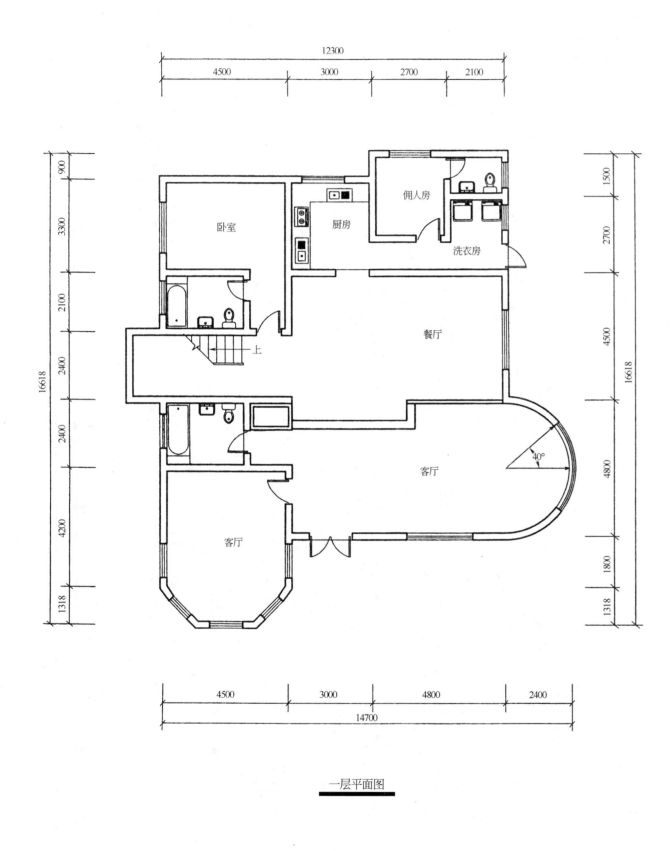

一层平面图

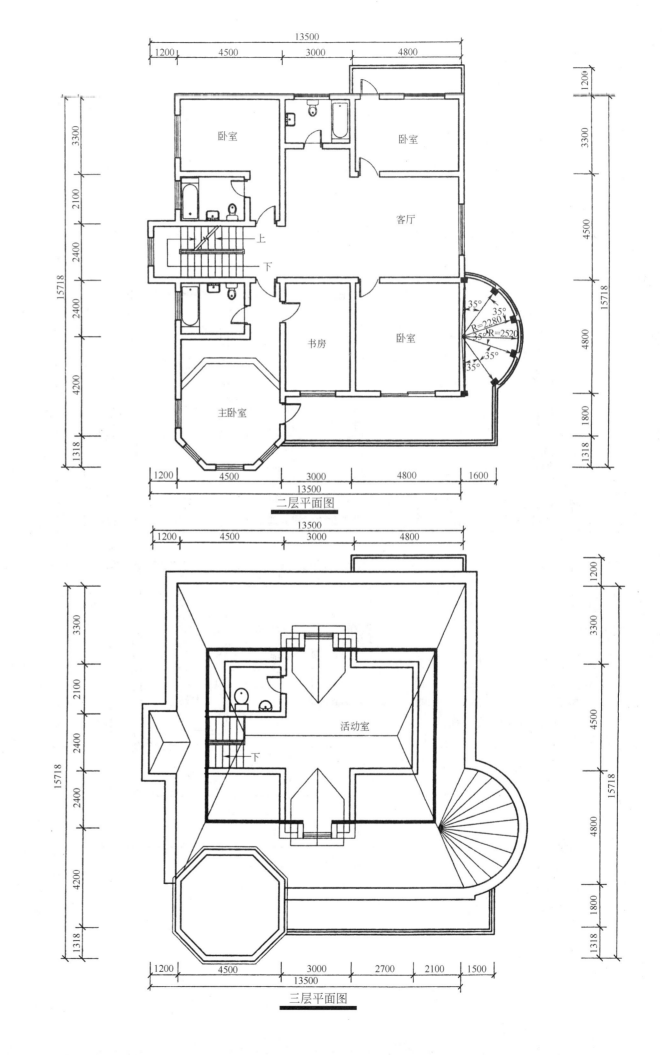

二层平面图

三层平面图

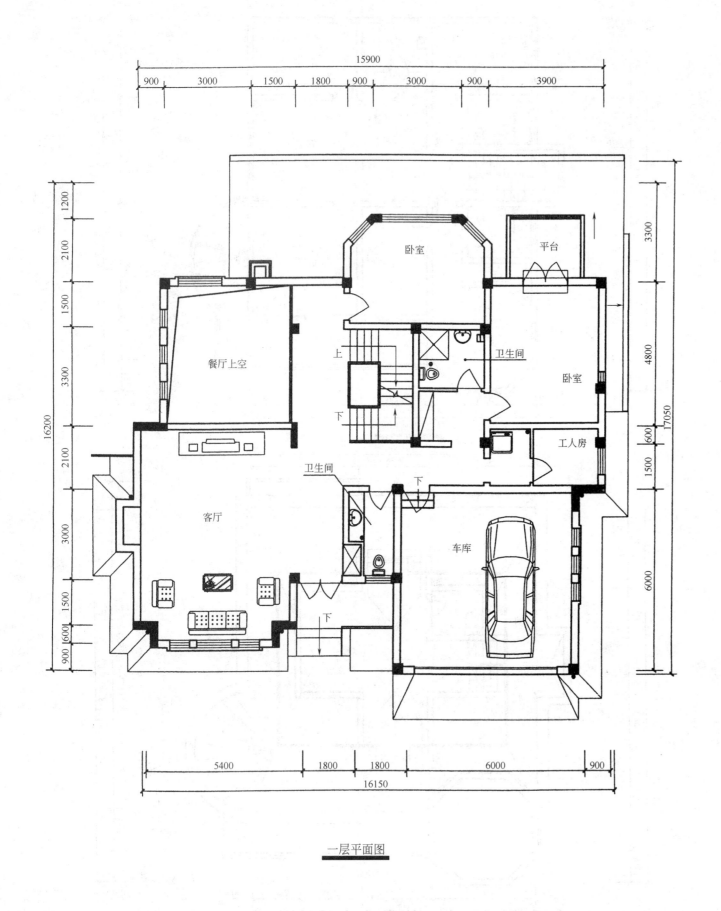

一层平面图

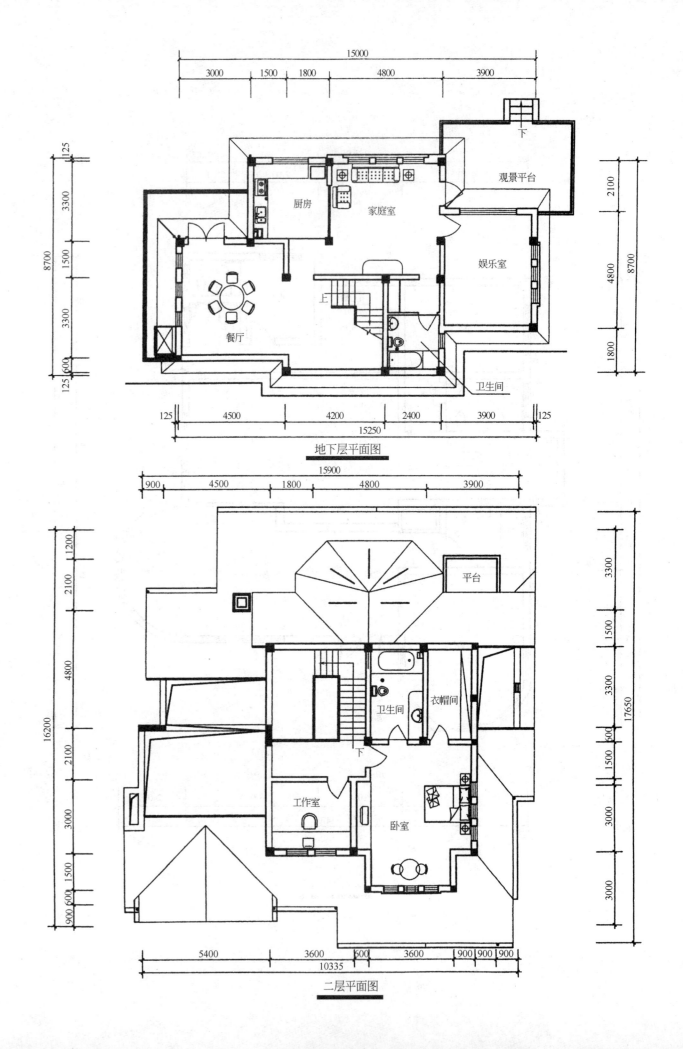

地下层平面图

二层平面图

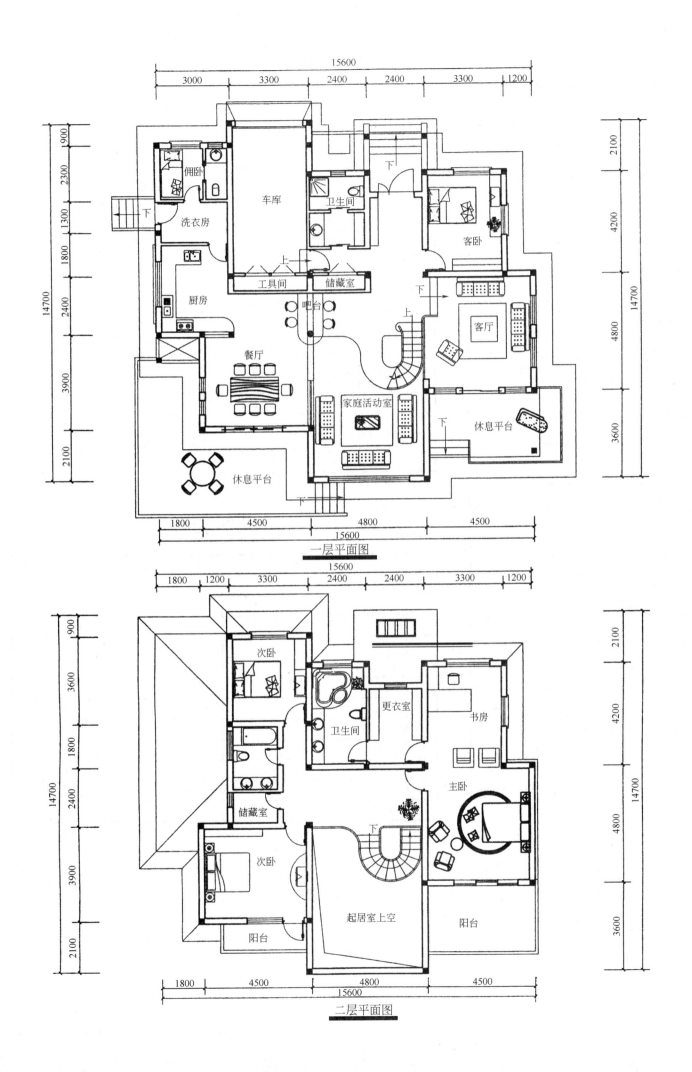

一层平面图

二层平面图

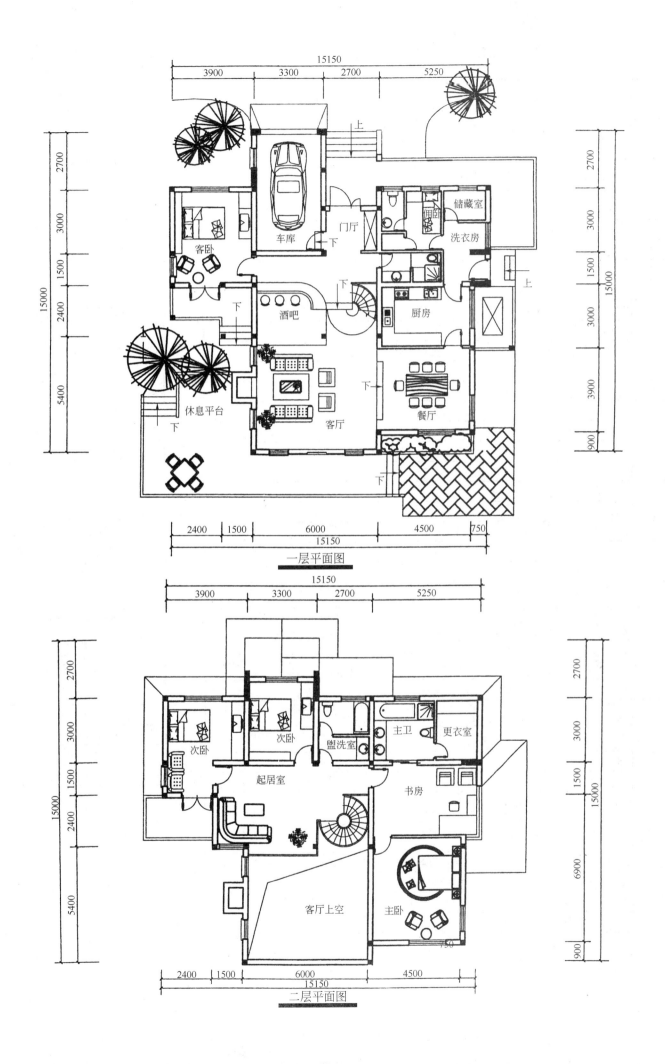

一层平面图

二层平面图

031

建筑施工图设计说明

一	设计依据
1	设计委托合同书，项目批文，总平面布置图，地基勘探报告，通过审批的初步设计及调整意见
2	《中华人民共和国城市规划法》《民用建筑设计通则》GB 50352—2005 《建筑设计防火规范》GB 50016—2014、《工程建设标准强制性条文——房屋建筑部分》
3	《办公建筑设计规范》JGJ 67—2006
4	国家及扬州市规划、环保、抗震、消防等部门现行的有关规定
二	工程概况
1	建筑名称：办公楼
2	建设地点：
3	建设单位：
4	总建筑面积：$1257.7m^2$
5	建筑檐口高度：11.200m
6	建筑复杂程度等级：I级；建筑层数：三层
7	抗震设防烈度：7度（0.10g）
8	主要结构类型：框架
9	屋面防水等级：II级
10	建筑耐火等级：二级
11	工程设计合理使用年限：50年
12	工程未经技术鉴定或设计许可，不得改变结构用途和使用环境
三	标高及定位
1	室内外高差为0.450m
2	建筑标高以米计，其他以毫米计
3	建设地点和工程定位：详见我院编制的建筑总平面图
四	用料说明
1	墙体：±0.000以下为实心砖；±0.000以上墙为承重空心砖
2	采用卷材防水，高屋面排水至低屋面时，水落管下口加设混凝土水簸箕，屋面保温材料采用抗塑聚苯乙烯保温隔热板，板厚为25mm
3	外墙：外墙面做法名称见各立面图，色彩及用料需先做小样，由甲方参照设计院建筑效果图选定后方可大面积施工
4	室外：室外工程及零星配件做法详见施工图中索引或大样
5	门窗制作：本工程塑钢门窗采用白框白玻（卫生间毛玻）制作，玻璃厚度凡门窗表中未注明者，均≥5mm，门窗制作前须现场复核尺寸，图中尺寸可根据复核结果作相应调整且窗应在墙外栏侧安装
6	凡与门窗连接的梁、柱、墙应按有关的门窗图样预埋木砖或铁件
7	凡外廊、室内回廊、内天井、上人屋面及室外楼梯临空处栏杆距楼面或屋面100mm高度内不应留空；窗台高度低于900mm处应设护窗栏杆，预埋件详见苏J 9505-2/21
8	防渗漏措施：卫生间隔墙下部与楼面同时浇筑止水坎，宽120mm高200mm，（门洞位置除外）配筋详见结施图。穿楼地面、屋面管道做法： a.托模，40mm厚C20细石混凝土第一次搗实 b.24h后用干硬性水泥砂浆第二次搗实 c.沿管壁周边20mm宽范围内用1：2防水胶泥嵌实 d.蓄水试验24h后无渗漏再做面层
9	本工程设置1个楼梯 相关部位土建施工时应在厂商专业人员指导下预埋件或预留洞口，不得事后开凿焊接 楼梯踏步面层同质砖贴面，楼梯木扶手不锈钢管栏杆参见苏J 9505-4/8，踏步防滑参见苏J 9505/27 楼梯栏杆斜板段高度不小于900mm，平台栏杆高度不小于1100mm，垂直栏杆净间距不大于110mm
10	混凝土板底粉刷见苏J 9501-4/8

建筑施工图设计说明

11	外墙：混合砂浆墙面、外贴面砖做法见苏J 9501-4/6，外墙色彩及部位见立面图
12	内墙粉刷见苏J 9501-15/5，150高水泥砂浆踢脚板见苏J 9501-1/4 内墙阳角护角线见苏J 9501-30/5，卫生间内墙粉刷见苏J 9501-4/5
13	油漆：木门一底二度红褐色调和漆 露明铁件除锈后刷防锈漆一度，假粉漆二度；不露明铁件除锈后刷防锈漆二度，伸入墙内和与墙体有接触面的木料满涂木柏油防腐
14	墙基防潮层见苏J 9501-1/1，地面地坪除注明者外均为普通水泥楼面，见苏J 9501-2/2（毛坯） 楼面地坪除注明者外均为普通水泥楼面，见苏J 9501-2/3（毛坯）
五	热环境及节能设计
1	房屋体形系数：0.27；窗气密性等级：III级；抗风等级：III级；水密性能：II级
2	屋面保温：西立面、北立面保温采用25厚抗塑聚苯乙烯保温板
3	地上室内均采用柜式空调系统进行温度调节
六	消防设计
1	该工程每层为一个防火分区，楼梯与疏散宽度符合规范要求
2	不论有无吊顶，隔墙均须砌至梁或板底
3	管道井检修门采用丙级防火门，每一层在楼板处用与楼板同耐火极限的材料做防火分隔，管道井与房间及走道等相通的孔洞，其空隙应采用不燃烧材料填实
七	施工要求
1	本工程设计图包括土建设计和一般装修设计（不含二次装修）
2	凡有预留洞、预埋件及安装管线设备等，请各专业施工单位密切配合施工，不得事后开凿，钢筋混凝土楼板上设备预留孔以结构图为准；砖墙上设备预留洞以建筑图为准
3	所有门窗须待校对实际洞口尺寸和数量无误后，方可制作
4	除本说明及本工程特殊要求外，均应按国内现行有关工程施工及验收规范进行施工及验收
5	卫生间：卫生间均比邻近房间楼地面低20mm
6	墙体材料：±0.000以下为实心砖；±0.000以上为承重空心砖。墙身厚度除图中注明者外均为240mm
7	塑钢门窗均为白色框、白色玻璃，门窗防盗及防护设施自理；幕墙玻璃条形窗在楼面处均需用防火岩棉将窗和楼板侧面封闭
8	本工程散水宽600，详见苏J 9501-4/12；室外平台踏步见苏J 9501-4/11
9	木材 木材等级：松木不低于二级，杉木不低于一级 木材含水率：木材进行干燥处理，保证质量，含水率框料不大于18%；扇户不大于15%；地板不大于12%
10	玻璃：除个体工程注明的，玻璃均采用5mm厚浮法玻璃，均用于内外门窗；5mm厚磨砂玻璃或压花玻璃用于厕浴间；12mm厚钢化玻璃均用于无框弹簧门
11	本工程抗震按七度设防采取抗震措施 抗震构造措施见苏G 02-2004 《建筑物抗震构造详图》
12	施工中应加强土建与水电等各工种间配合，预埋预留各种管线避免事后开凿
13	图中尺寸除标高尺寸以米计外，其余均以毫米计
14	凡本说明及图纸中未提及者均按国家现行有关规范和规程执行

门 窗 表

门窗编号	洞口尺寸		数量	采用图集	备注
	宽	高			
M-1	1800	3500	22	苏J 002—2000	塑钢平开门
M-2	1400	2100	7	苏J 002—2000	塑钢平开门
M-3	1000	2100	20	苏J 002—2000	塑钢平开门
M-4	900	2100	6	苏J 002—2000	塑钢平开门
M-5	800	2100	11	苏J 002—2000	塑钢平开门
TLM-1	2000	2100	4	苏J 002—2000	双向外装推拉门
C-1	1800	2000	23	苏J 002—2000	塑钢窗
C-2	1500	2000	9	苏J 002—2000	塑钢窗
C-3	1000	900	6	苏J 002—2000	高窗
C-4	4100	2000	2	苏J 002—2000	塑钢窗
C-5	5600	3100	2	苏J 002—2000	塑钢窗
C-6	4000	2000	2	苏J 002—2000	塑钢窗
C-7	4000	2400	1	苏J 002—2000	塑钢窗
C-8	4100	2500	1	苏J 002—2000	塑钢窗
C-9	4700	2500	1	苏J 002—2000	塑钢窗
C-10	3400	2500	2	苏J 002—2000	塑钢窗
C-11	3320	2500	1	苏J 002—2000	塑钢窗

图纸目录

序号	图纸名称	图号	复用图号	张数	图幅	备注
1	建筑设计总说明	01			A2	
2	平面图	02			A2	
3	首层平面图	03			A2	
4	二层平面图	04			A2	
5	三层平面图	05			A2	
6	屋顶平面图	06			A2	
7	南立面图	07			A2	
8	北立面图	08			A2	
9	东立面图　雨篷大样图	09			A2	
10	阳台大样图　西立面图	10			A2	
11	1-1剖面图	11			A2	
12	楼梯大样图	12			A2+1/4	

建筑设计总说明

（一）工程概况

（1）本工程为慈溪市太阳纺织器材有限公司二期食堂工程。为多层民用建筑。建筑面积2677.9m²。拟建于慈溪市经济开发区。

（2）本工程建筑高度为9.80m。建筑层数为二层。建筑工程等级为三级。建筑耐火等级为二级。建筑物屋面防水等级为三级。

（3）本工程位于地震动峰值加速度为0.05g的地区，按6度抗震设防。

（4）本工程结构设计基准期为50年。

（二）设计依据

（1）计委批准文号。

（2）慈溪市规划建设局批准并经建设单位提供的定点图、红线图。

（3）上虞市建筑设计院提供的初步设计。

（4）甲乙双方建设工程设计合同。

（5）慈溪市建筑设计院提供的《工程地质勘察报告》。

（6）国家及浙江省有关设计规范及标准：

《民用建筑设计通则》GB 50352—2005

《建筑设计防火规范》GB 50016—2014

《建筑抗震设计规范》GB 50011—2010

（三）建筑标高，尺寸单位

（1）标高：本工程底层室内设计标高±0.000，相当于黄海标高值。室外标高-0.300，室内外高差300mm。

（2）本工程尺寸单位：标高以"米"为单位，其余以"毫米"为单位。

（四）建筑工程做法

1.砌体工程

±0.000以下砖基础用MU10标准机制砖，M10水泥砂浆实砌1：2.5水泥砂浆双面分层赶平，掺水泥用量5%的防水剂。±0.000以上墙体全部用MU10标准机制砖，M7.5混合砂浆实砌。柱边均设墙体拉结筋2φ6@480，每边伸入墙体内1000，不足1000时伸至墙边，构造柱与墙体连接处应砌成马牙槎，构造柱与圈梁交接处上下500内箍筋加密间距φ6@100。

2.屋面工程

（1）屋面工程质量要求以《屋面工程技术规范》（GB 50345—2012）为准。

（2）屋面做法见详图。

（3）屋面排水：落水孔位置见屋顶平面图，落水管采用φ100PVC管及配件。

3.顶棚工程

板底必须先用纯水泥浆涂刷，室内平顶、楼梯踏步板底、沿口板底、雨篷板底做1：1：4水泥纸筋灰底，纸筋灰光面，白乳胶漆二度。门窗护角窗台做1：3水泥砂浆底，1：2水泥砂浆面。

4.墙面装饰工程

（1）外墙17厚1：3水泥砂浆分层赶平，外墙涂料，并按立面线脚分色（颜色详见立面）。

（2）内墙面：架空层楼梯及其他公共部位墙面1：1：5混合砂浆底，纸筋灰刮面，白乳胶漆二度。餐厅、厨房内墙面做1：3水泥砂浆暗护墙裙1200高。

（3）所有砖墙的室内阳角在离楼地面2100高度以下均做1：2水泥砂浆护角，厚度同墙面粉刷厚度。

5.楼地面工程

地面：自上而下做法为150高地砖踢脚板，500×500地砖铺面，纯水泥浆擦缝；纯水泥浆一道20厚1：2水泥砂浆结合层；70厚C15细石混凝土，150厚大片夯实；素土夯实。

楼面：自上而下做法为150高地砖踢脚板，500×500地砖铺面，纯水泥浆擦缝；纯水泥浆一道20厚1：2水泥砂浆结合层；30厚细石混凝土面层随捣随抹平；纯水泥浆一道现浇钢筋混凝土楼板。

楼梯踏步：1：3水泥砂浆底贴花岗岩。

6.门窗

（1）本工程外门窗均为塑料门窗，选型及安装由设计方、甲方及厂家协商确定。

门窗气密性等级为三级。

（2）门窗为后安装施工，施工详见99浙J 5有关规定，图中标注尺寸均为洞口尺寸，洞口尺寸以实测为准。

（3）立樘位置：除图中特别注明外均应与门开启方向对齐。

（4）油漆：木门刮腻子打底，浅色调和漆，底油一度，面油二度，颜色另定。

（5）门窗预理在砖墙或混凝土中的木砖、铁件应做防腐（防锈）处理。

（6）门窗五金所选用标准门窗均按标准图集配置全。非标准门窗按设计指定品种规格配置。

七、其他

（1）楼梯扶手采用硬木扶手，栏杆为方钢及扁钢制作的黑色花饰栏杆。花饰及预埋件做法由厂家提供。

（2）所有檐口、外门窗洞口顶线、线角均做滴水线。

（3）所有外露铁件均刷防锈漆一度，调合漆二度；颜色另定。室内上水管用铝粉漆二度面。

（4）所有油漆其颜色均应先取样板（或色板），由甲方和设计院定。

（5）本工程各专业预留洞均应在施工中预留，不得完工后凿洞。

（6）墙基防潮层设于标高-0.060处，20厚1：2水泥砂浆内掺5%防水剂。

（7）建筑散水宽700，勒脚要做到散水以下200，散水自上而下做法为70厚C15细石混凝土随捣随抹，60厚碎石垫层，素土夯实，散水与勒脚交接处留缝20mm，每10m设伸缩缝，缝宽10，缝内灌1：2沥青砂浆。

（8）外墙勒脚高600，30厚1：2水泥砂浆分层赶平（内掺水泥用量5%的防水剂）。

（9）卫生间墙角处做120×150，C20素混凝土翻边。

（五）施工要求

（1）施工应严格按照国家及省颁布的现行有关施工及验收规范、规程、标准的要求进行，严格按图纸施工，各专业图纸应相互配合使用，遇问题及时与设计方联系，妥善解决。

（2）彩瓦屋面应由专业施工队施工或在厂家专业技术人员的指导下施工。

（3）留做二次装修部分的荷载应在结构规定的荷载范围内。

（4）二次装修单位应在施工前确定并将装修对土建的技术要求、预埋件等要求在施工前提供给设计单位，就装修事宜在施工前进行有关各方的技术会审。

（六）选用标准图集

木门图集：浙J 2—93；铝合金门窗图集：浙99浙J 5。

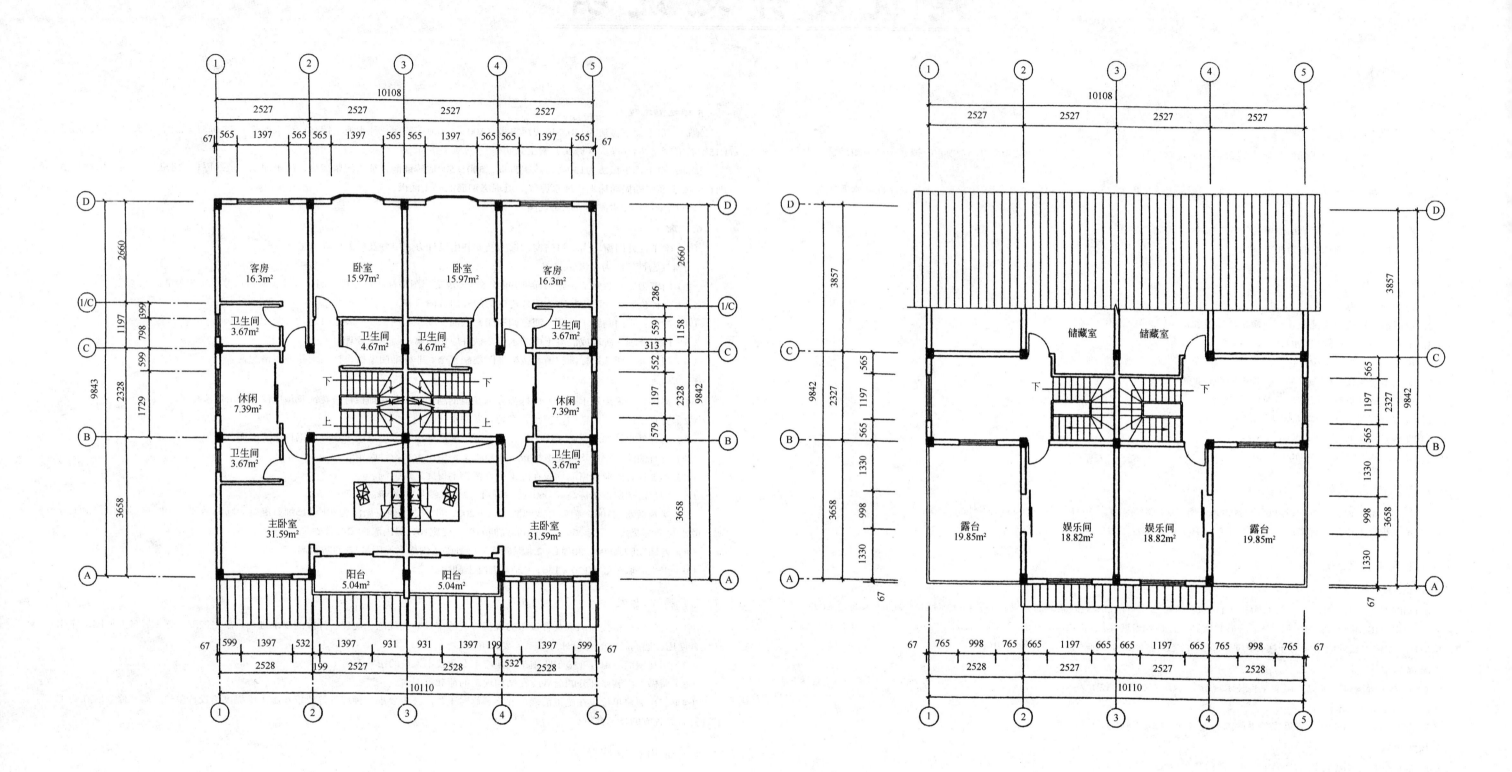

二层平面图

三层平面图

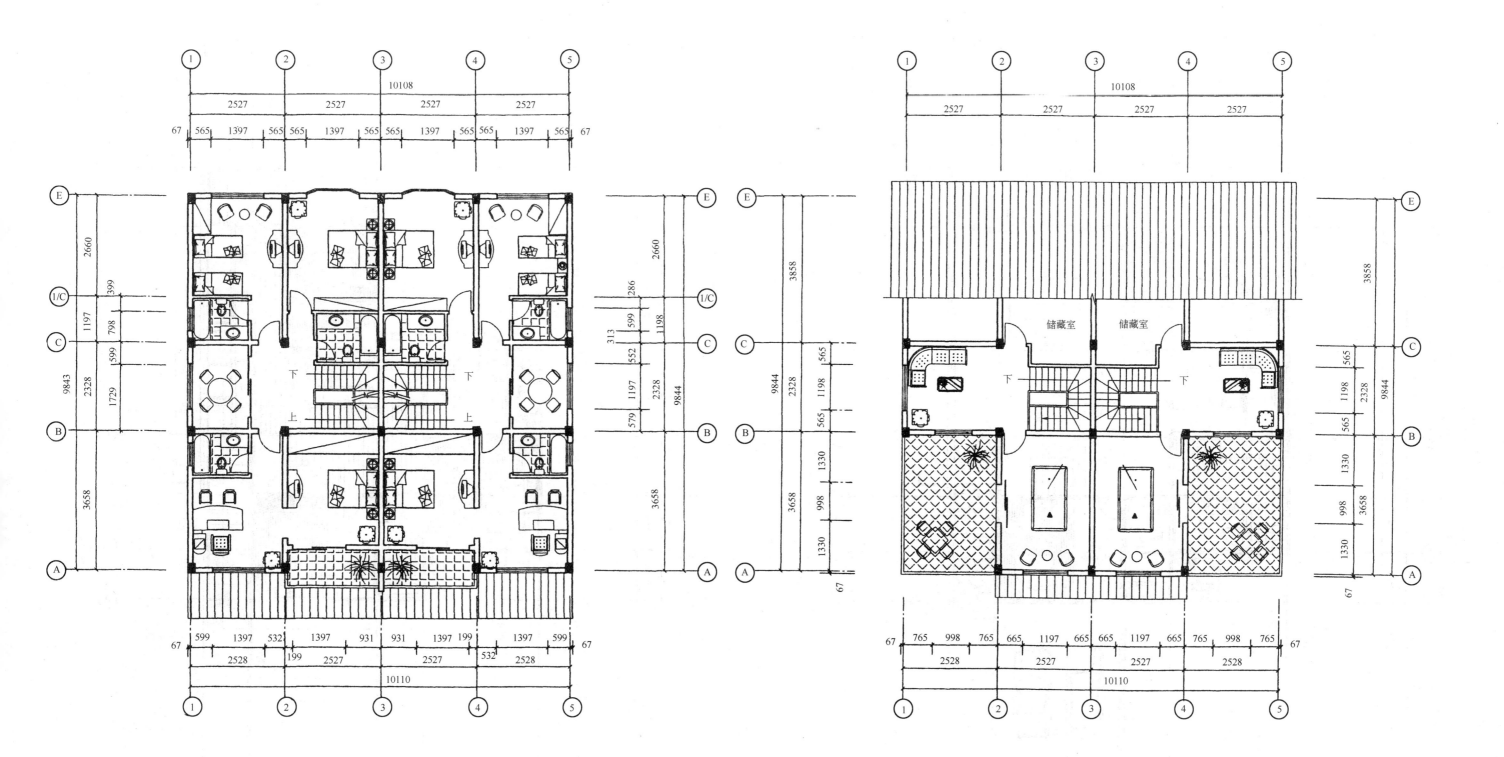

二层平面功能分析图

三层平面功能分析图

储藏室 储藏室

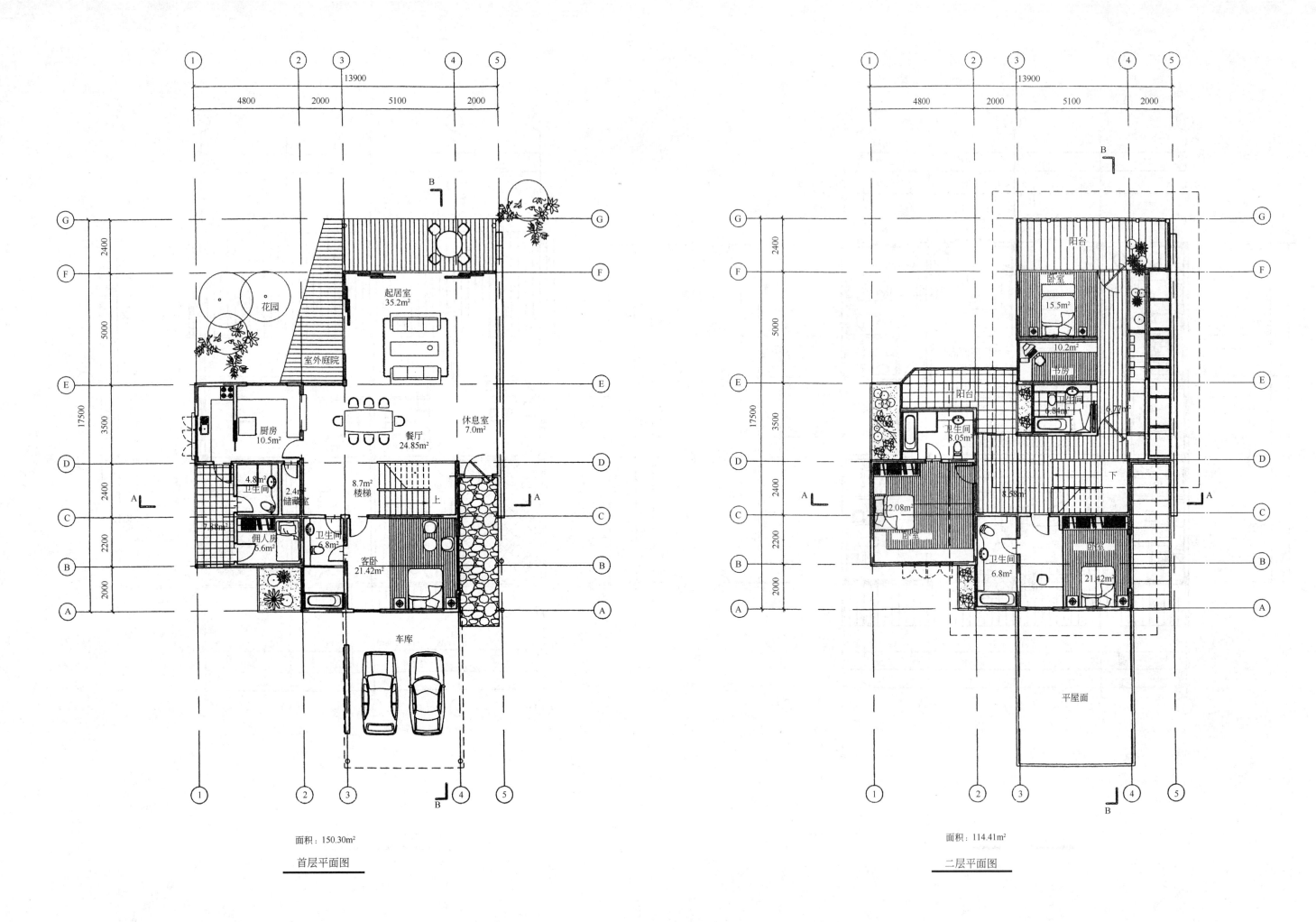

面积：150.30m²

首层平面图

面积：114.41m²

二层平面图

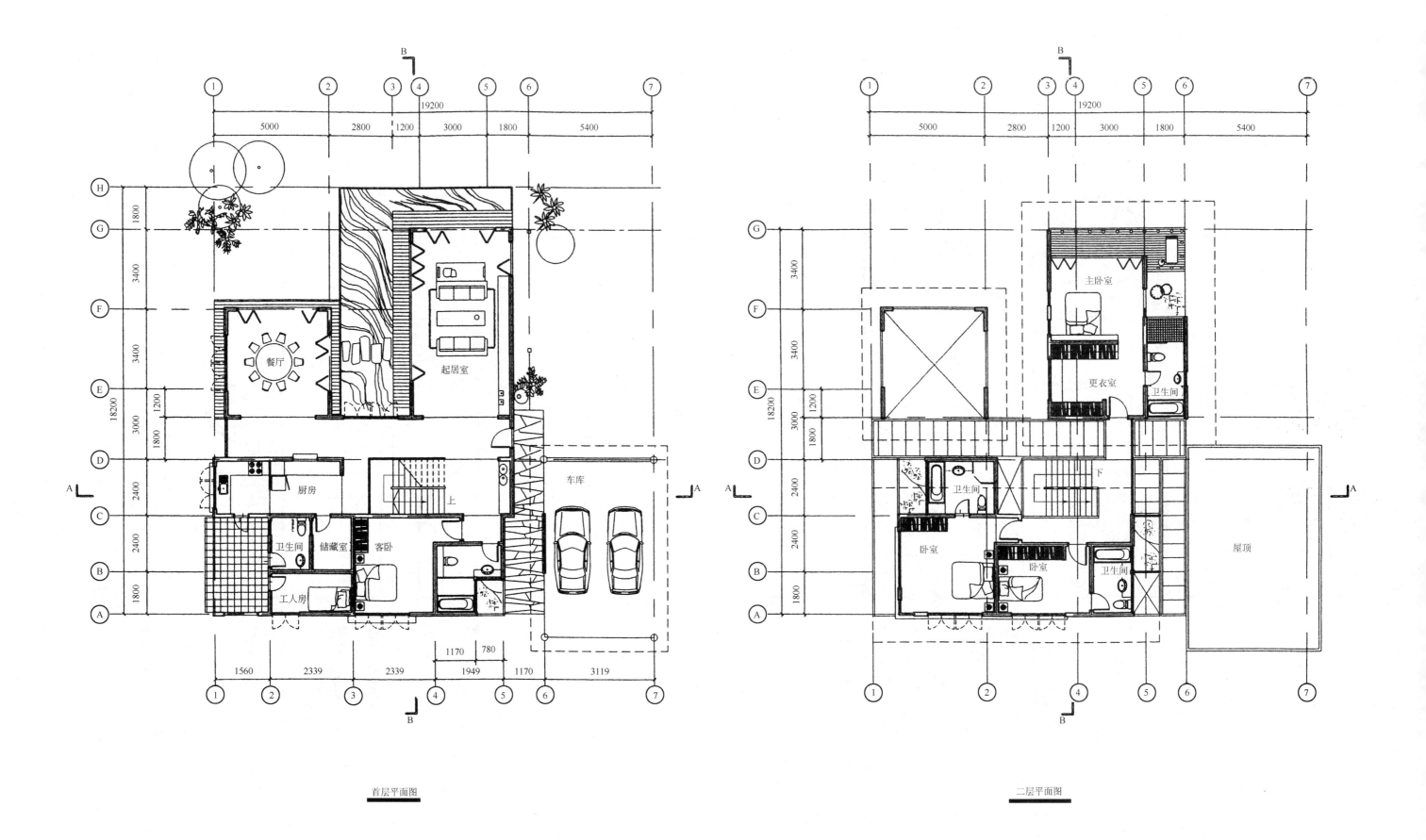

首层平面图

二层平面图

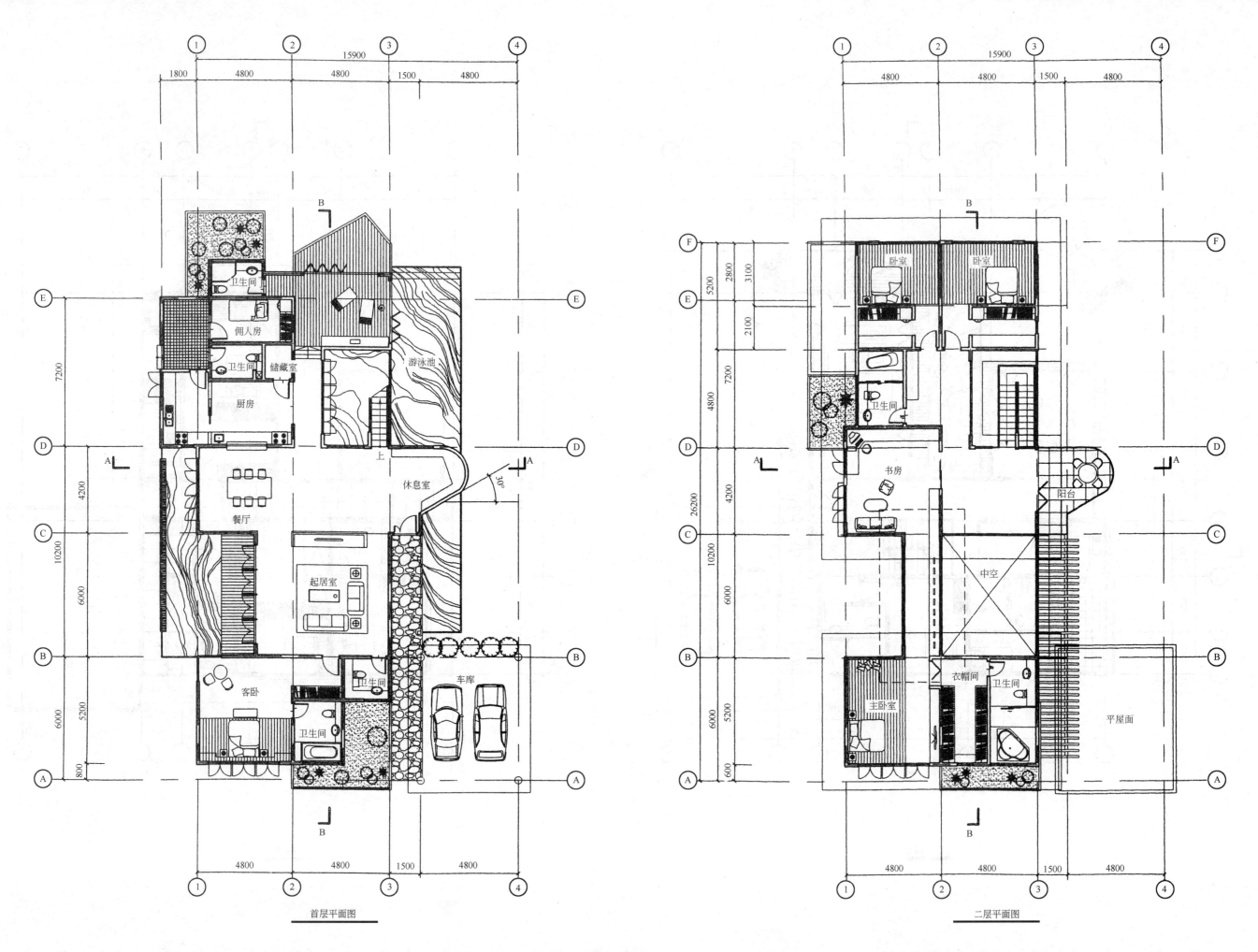

首层平面图

二层平面图

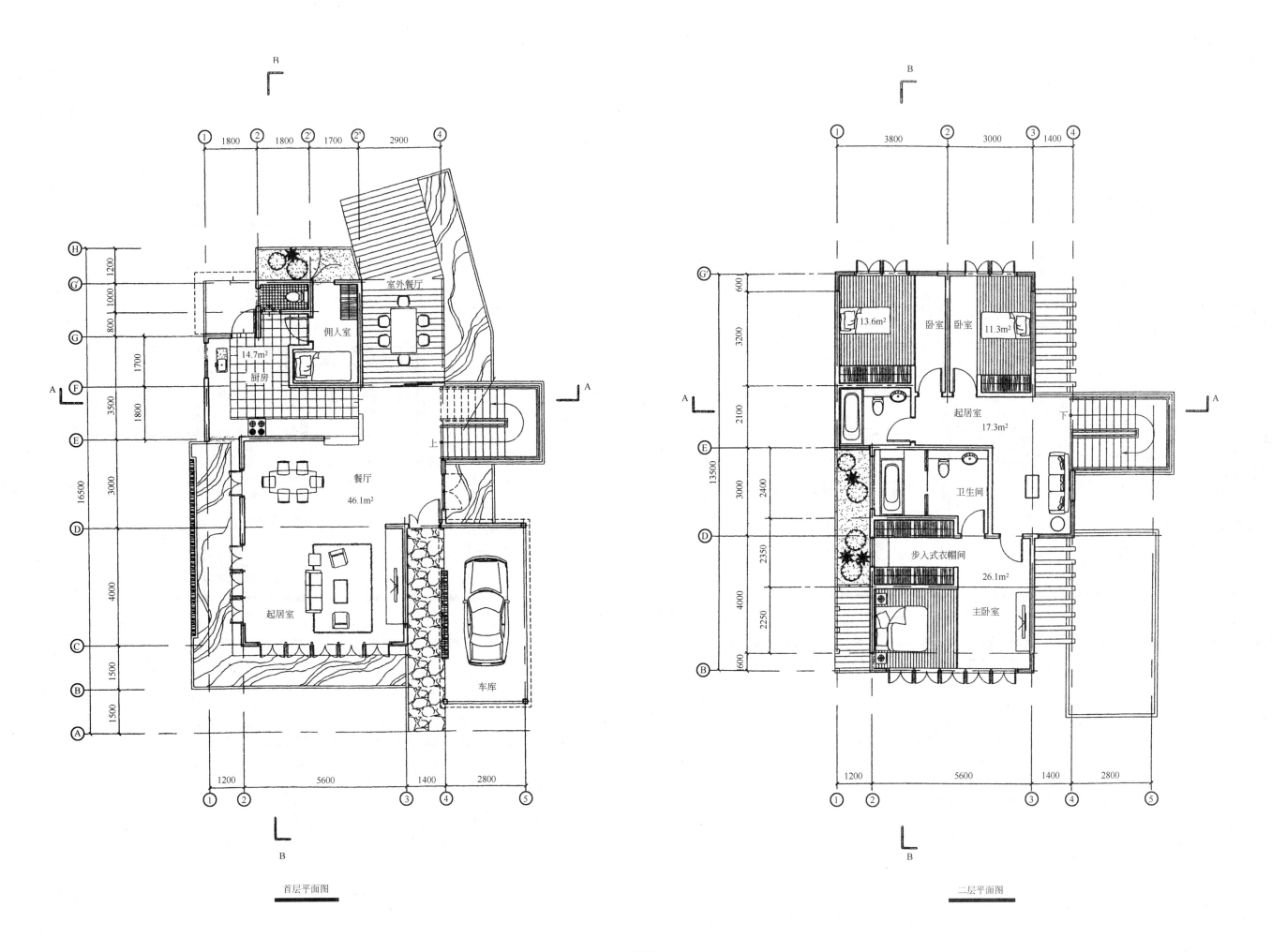

首层平面图

二层平面图

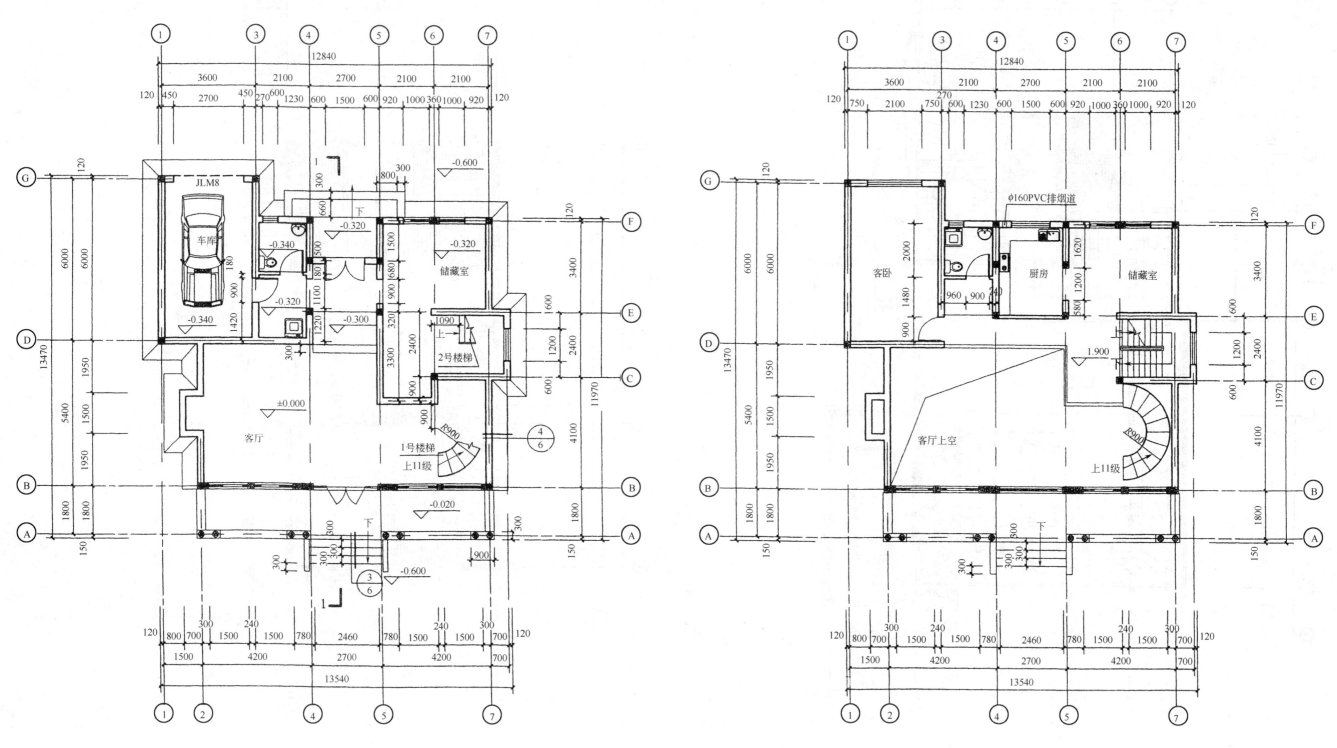

一层平面图

夹层平面图

注：1.图中墙厚除注明外均为240，且轴线居中。
　　2.卫生间、厨房地面均低于该层室内地面20mm。
　　3.卫生间四周均设为$b×h$=120×120素混凝土翻边（门洞除外）。
　　4.夹层平台栏杆同楼梯。

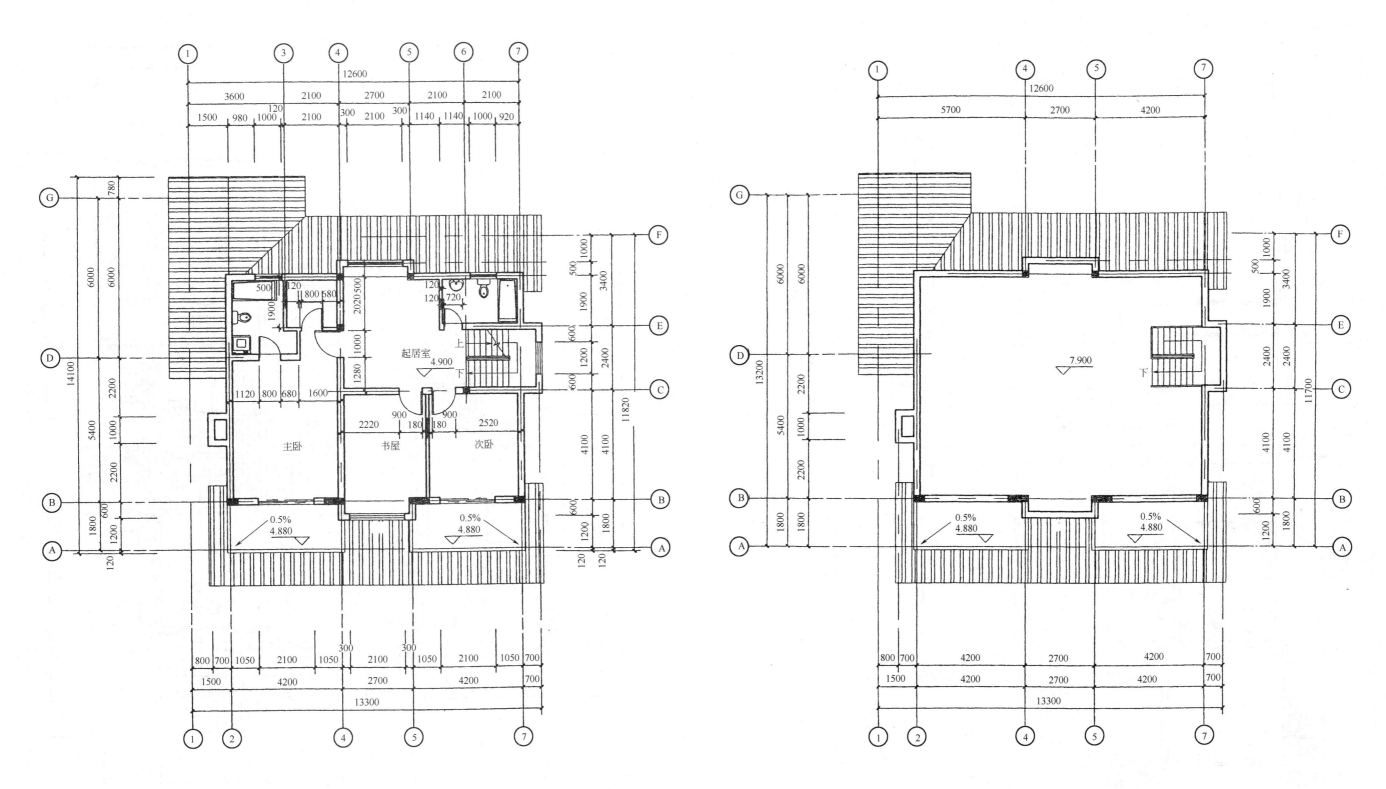

二层平面图

阁楼平面图

注：1.图中墙厚除注明外均为240，且轴线居中。
2.卫生间、厨房地面均低于该层室内地面20mm。
3.卫生间四周均设为$b×h$=120×120素混凝土翻边（门洞除外）。
4.夹层平台栏杆同楼梯。

注：1.图中墙厚除注明外均为240，且轴线居中。
2.卫生间、厨房地面均低于该层室内地面20mm。
3.卫生间四周均设为$b×h$=120×120素混凝土翻边（门洞除外）。
4.夹层平台栏杆同楼梯。

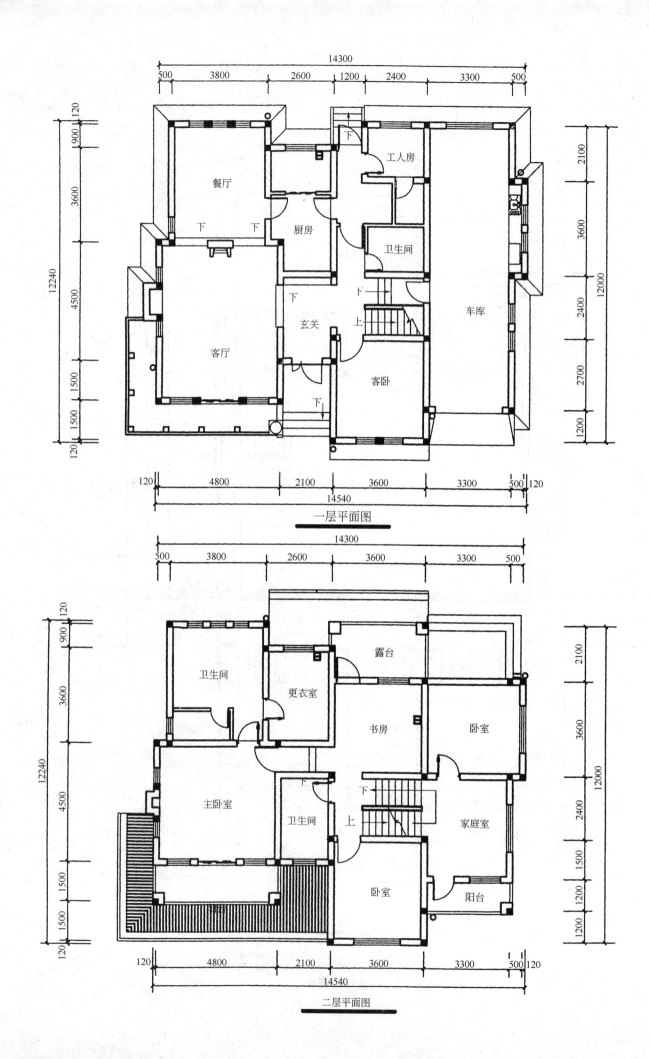

一层平面图

二层平面图

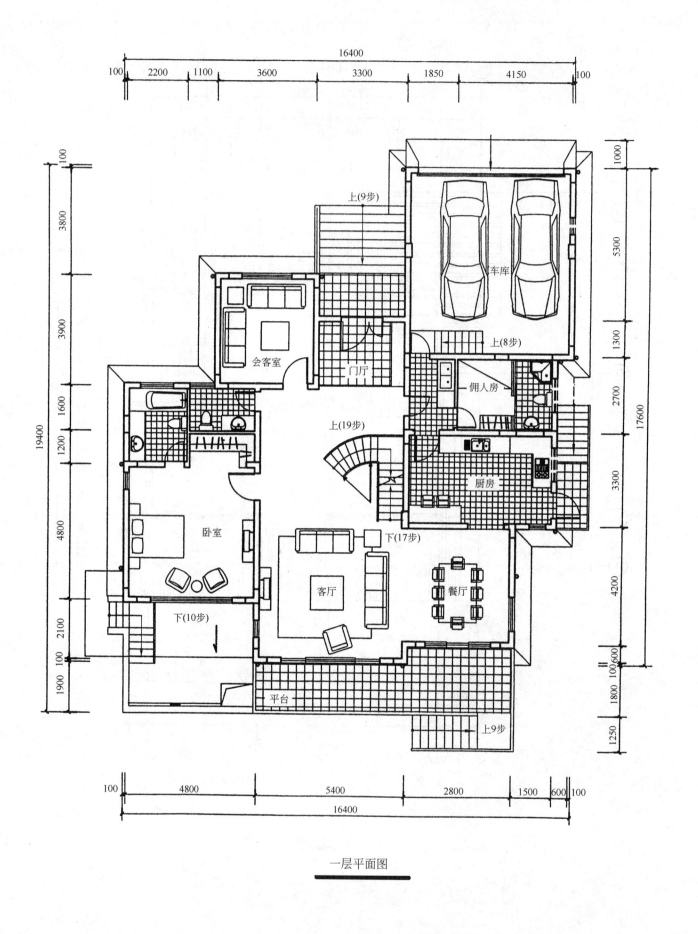

一层平面图

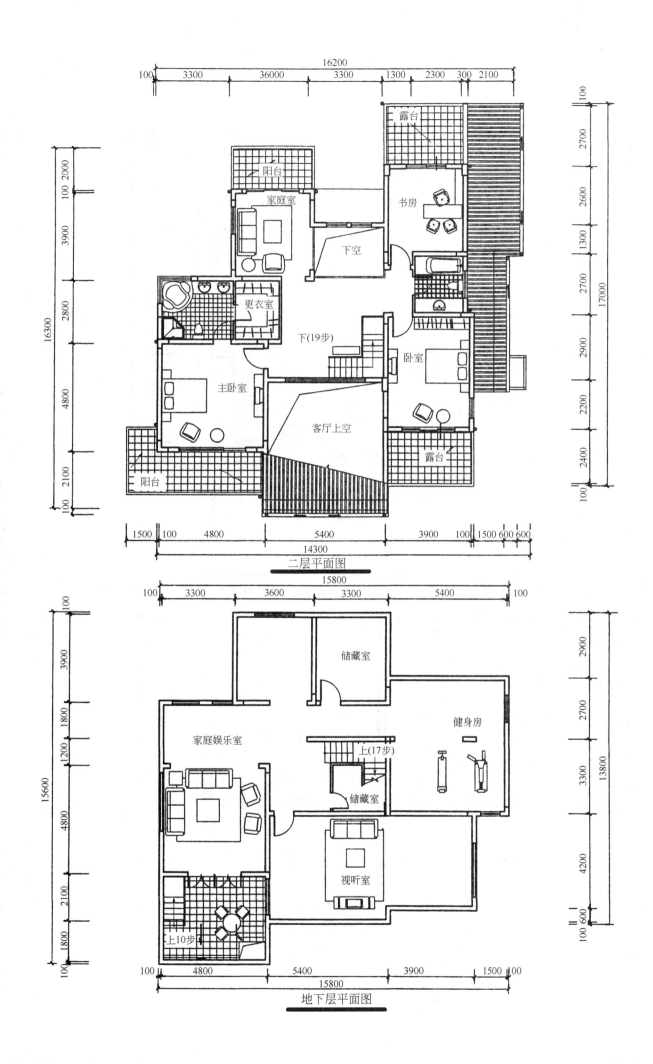

二层平面图

地下层平面图

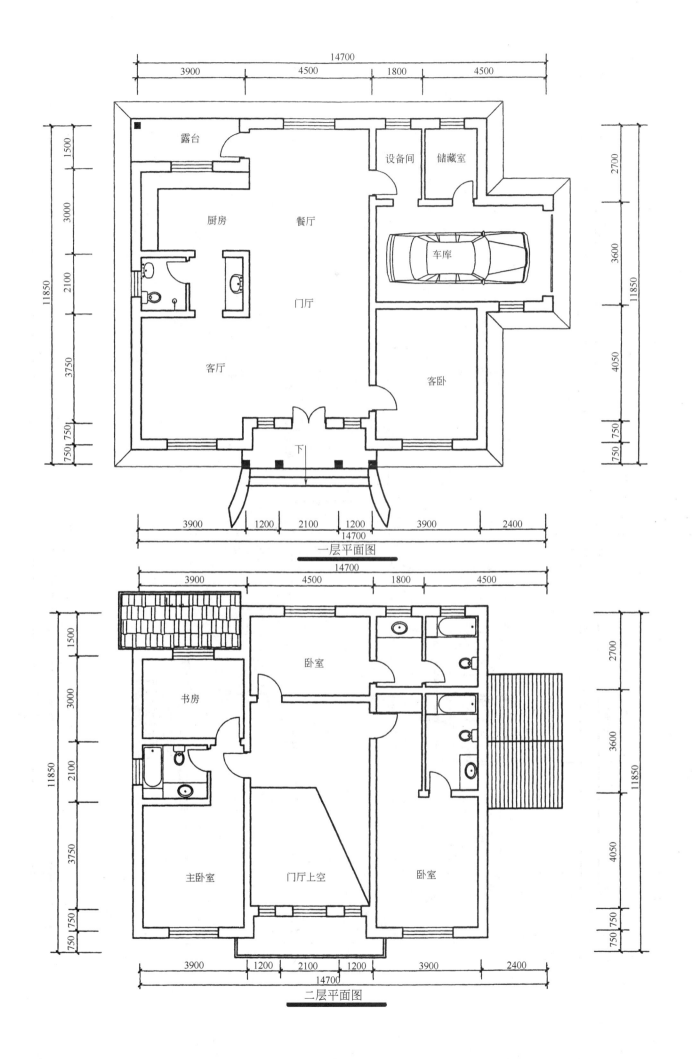

一层平面图

二层平面图

043

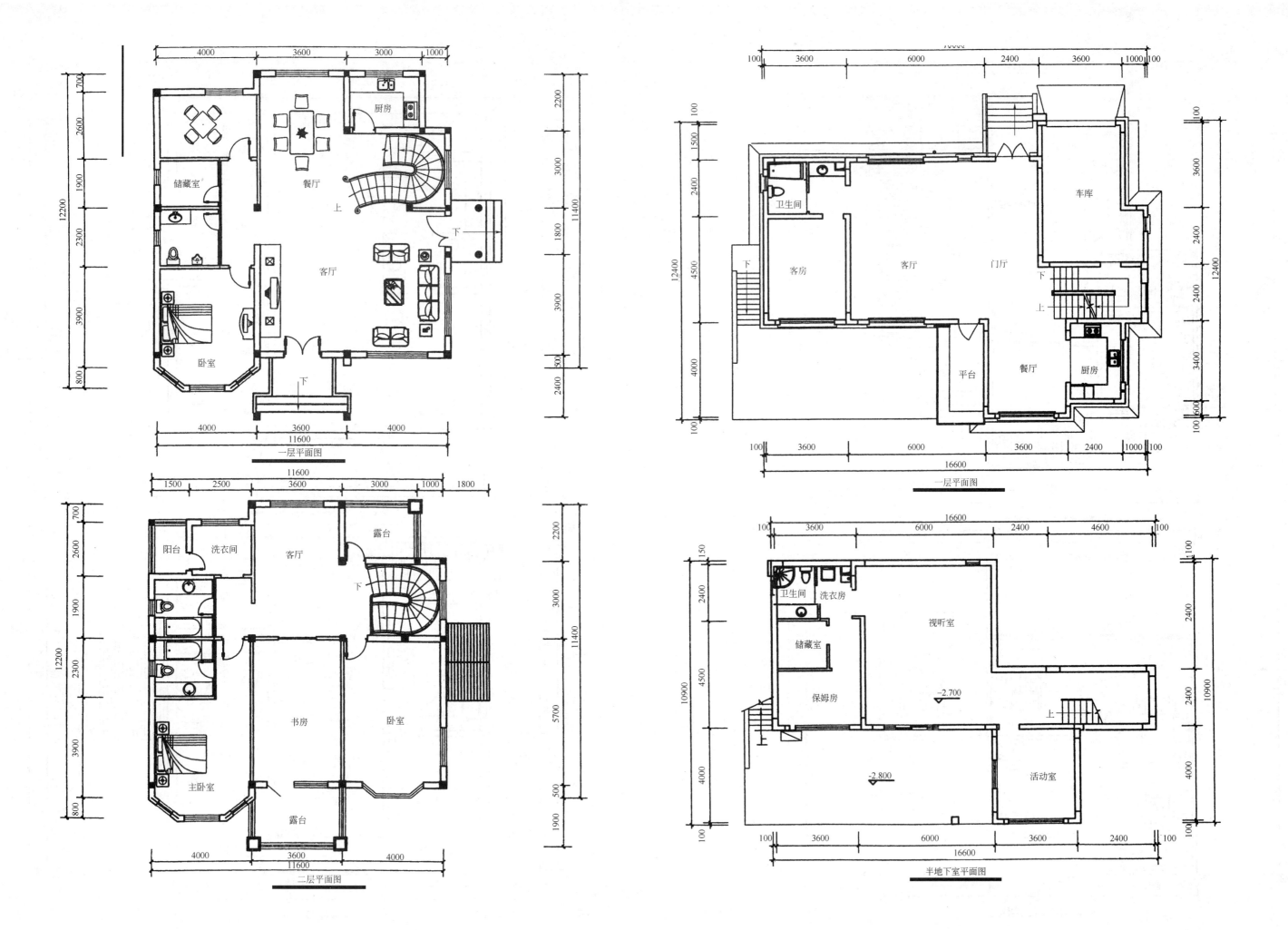

一层平面图

二层平面图

一层平面图

半地下室平面图

044

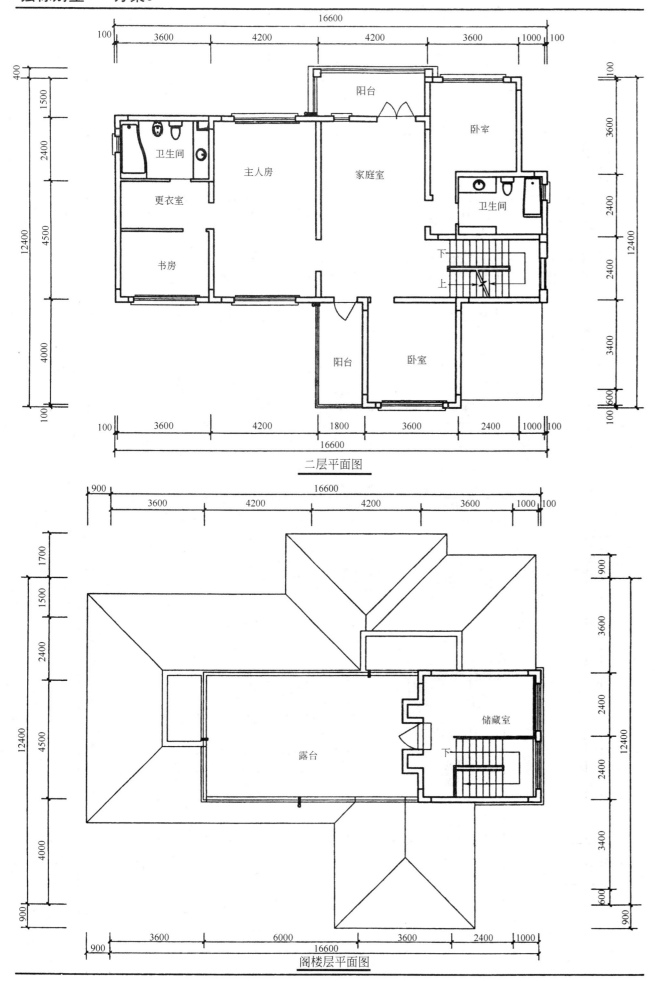

二层平面图

阁楼层平面图

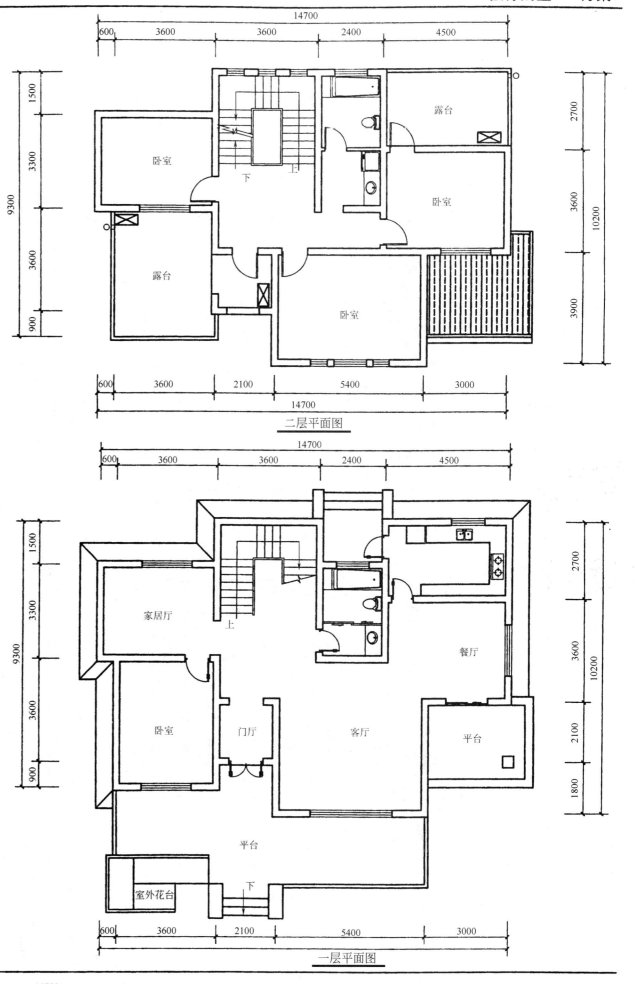

二层平面图

一层平面图

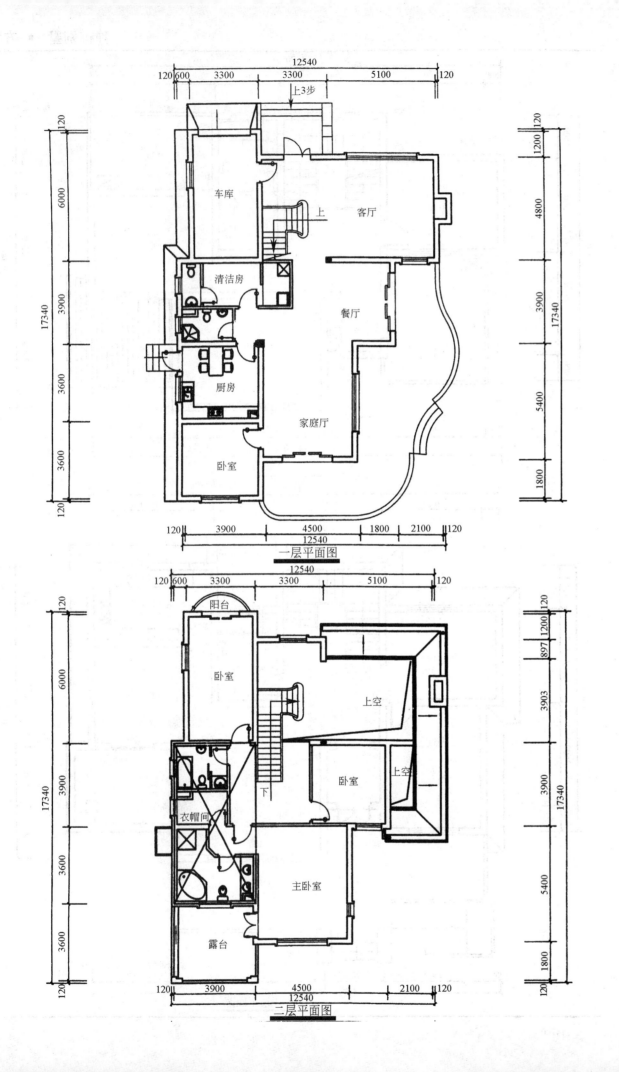

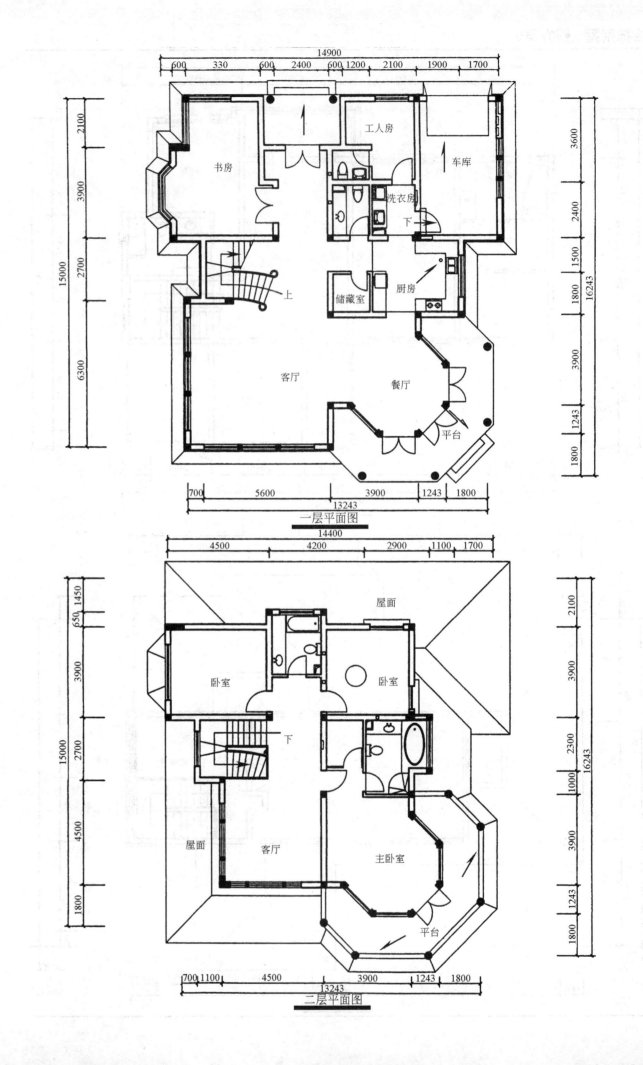

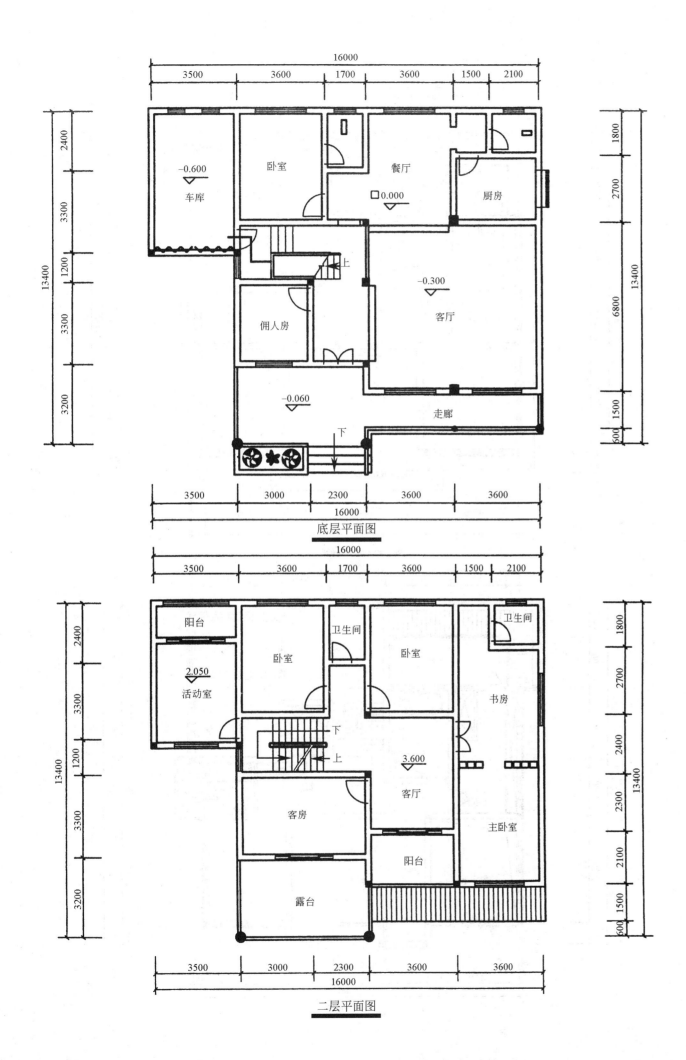

底层平面图

二层平面图

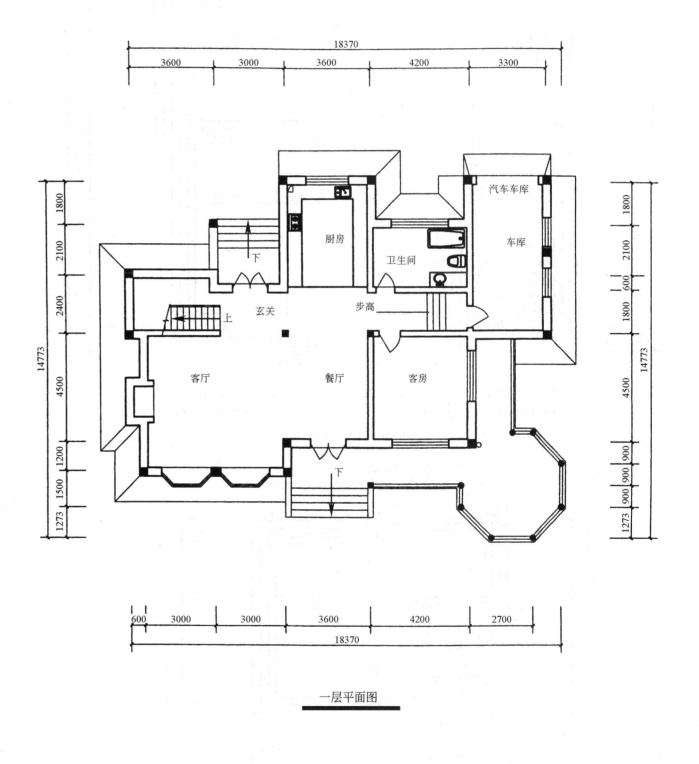

一层平面图

047

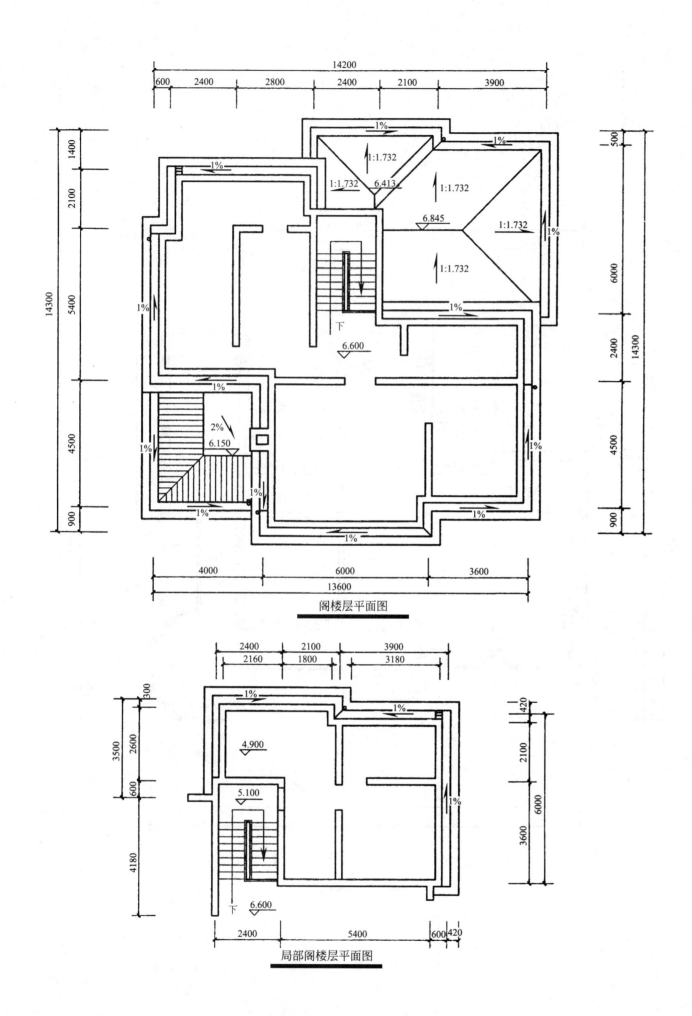

阁楼层平面图

局部阁楼层平面图

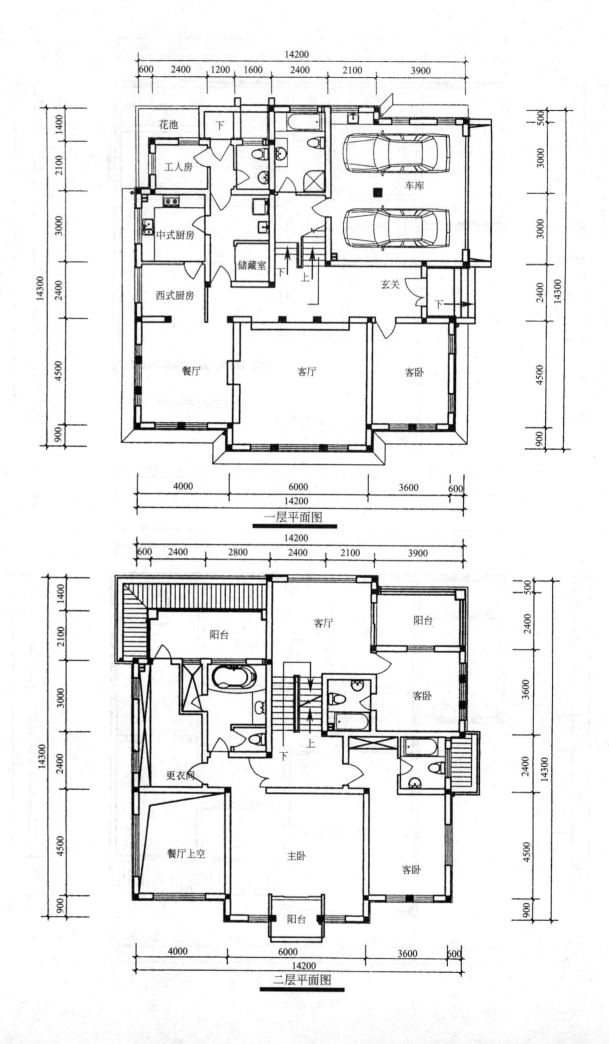

一层平面图

二层平面图

048

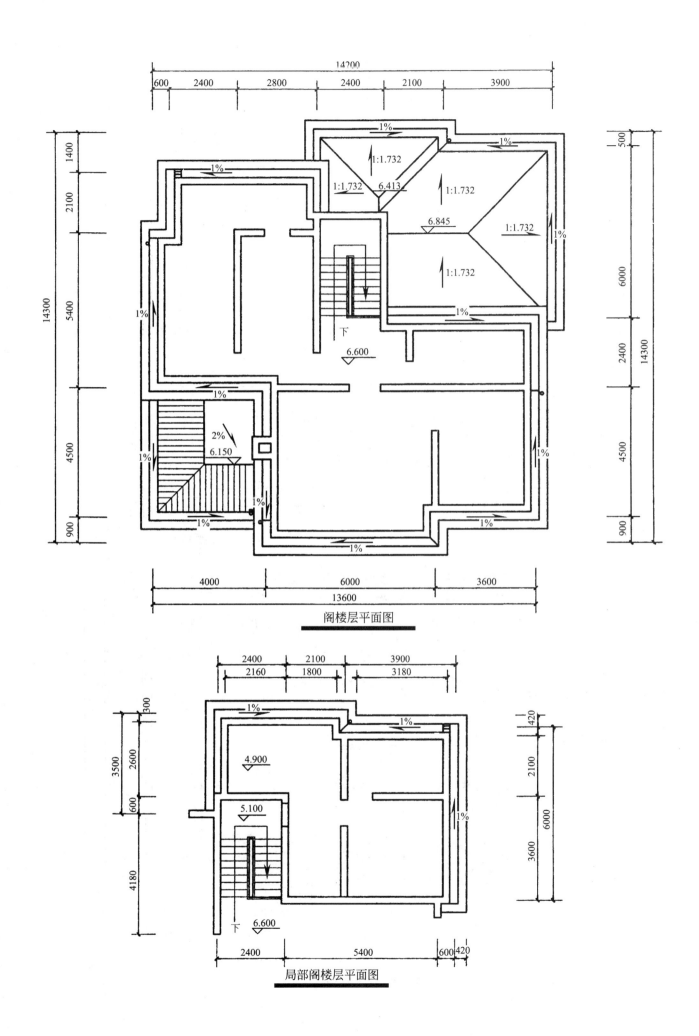

阁楼层平面图

局部阁楼层平面图

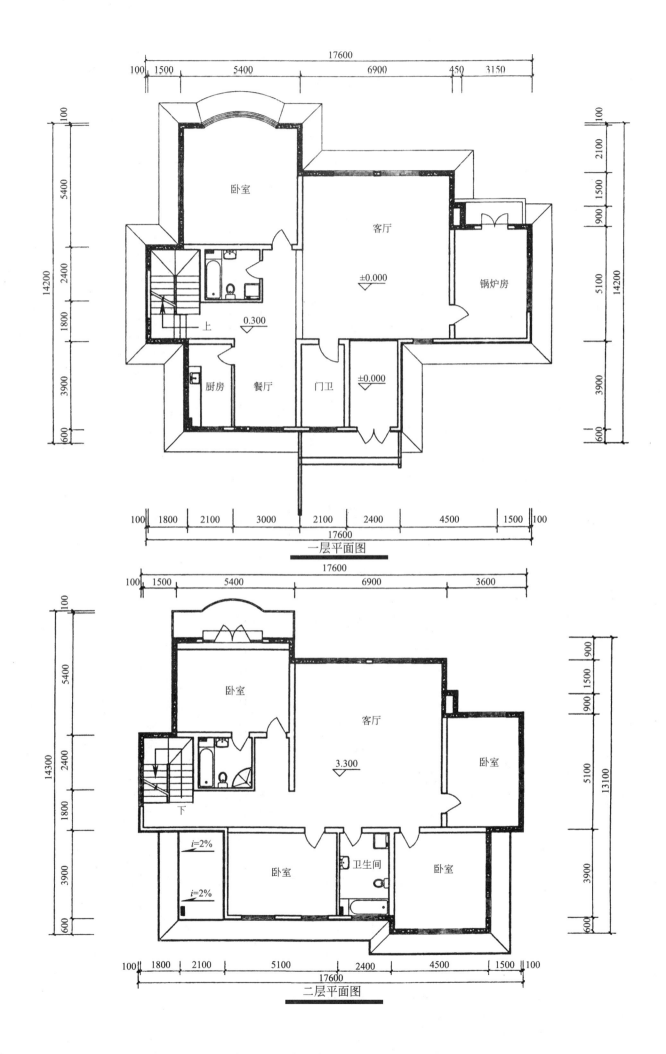

一层平面图

二层平面图

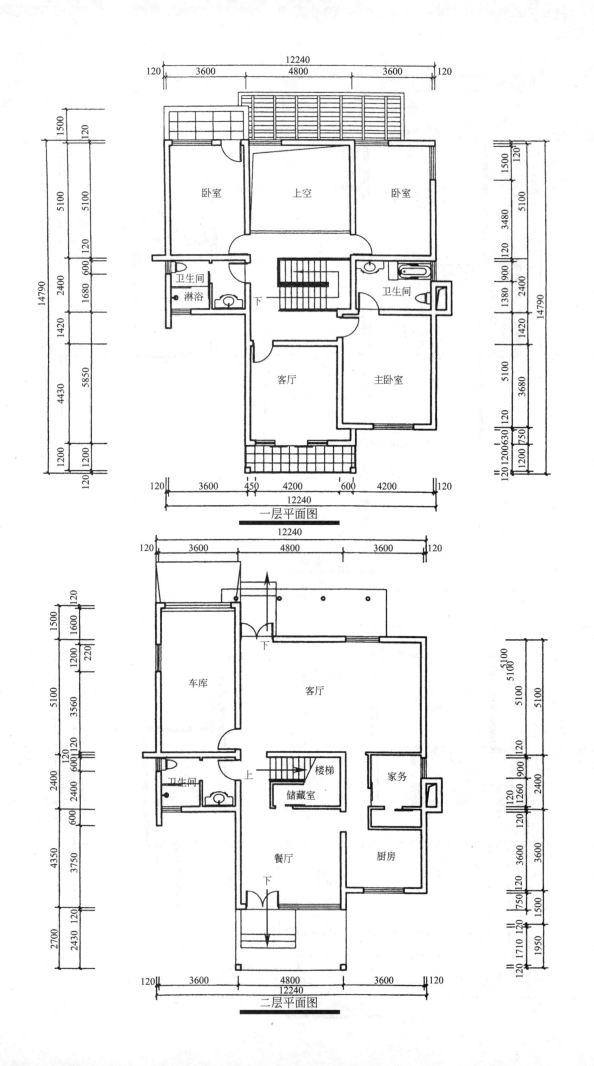

一层平面图

二层平面图

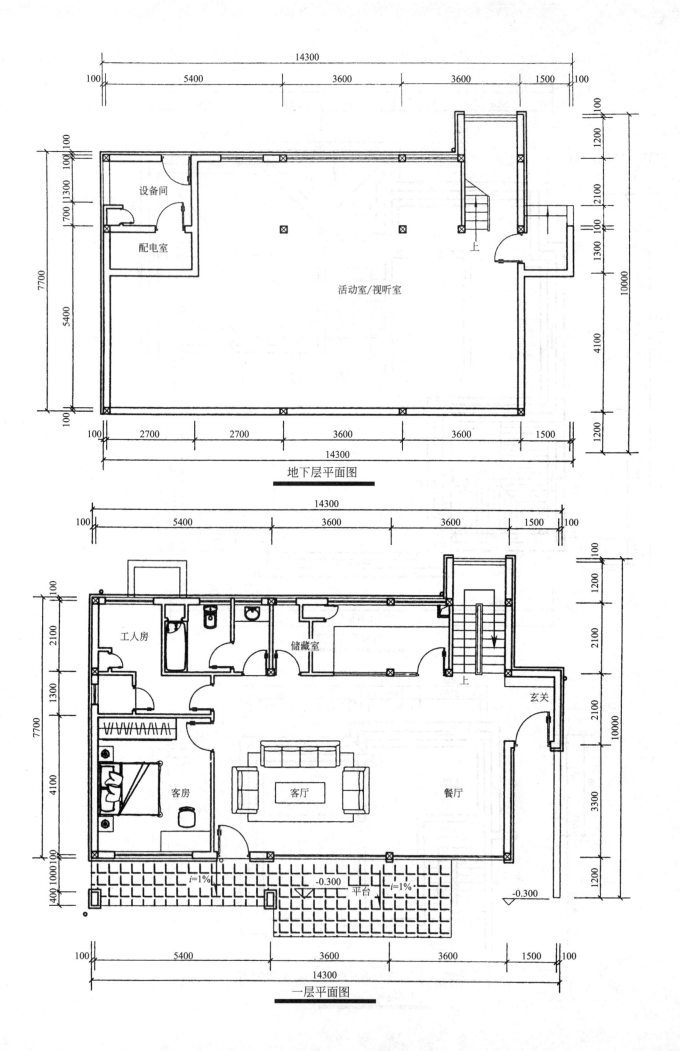

地下层平面图

一层平面图

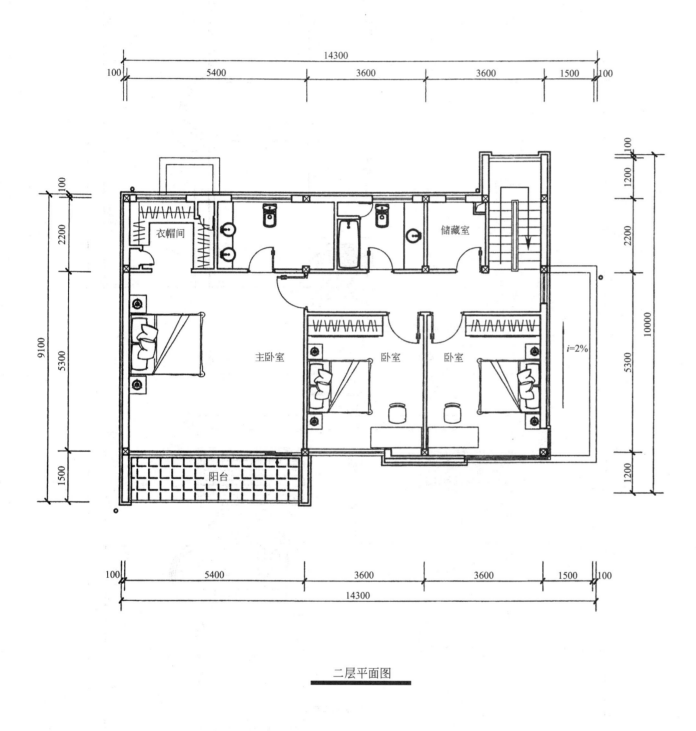

二层平面图

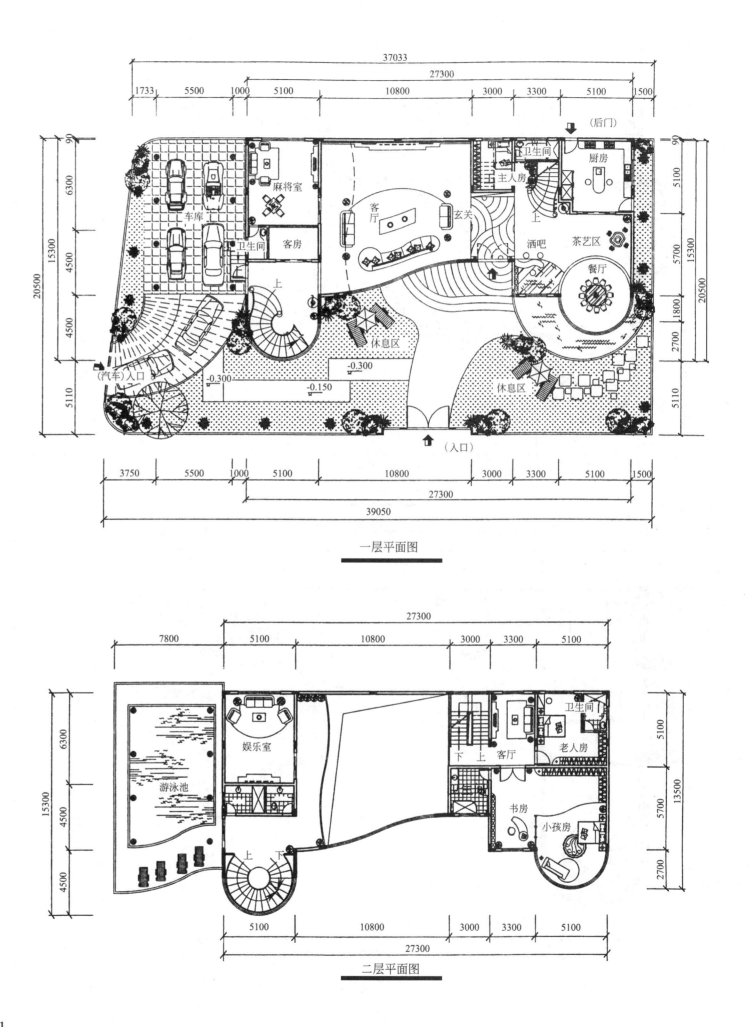

一层平面图

二层平面图

051

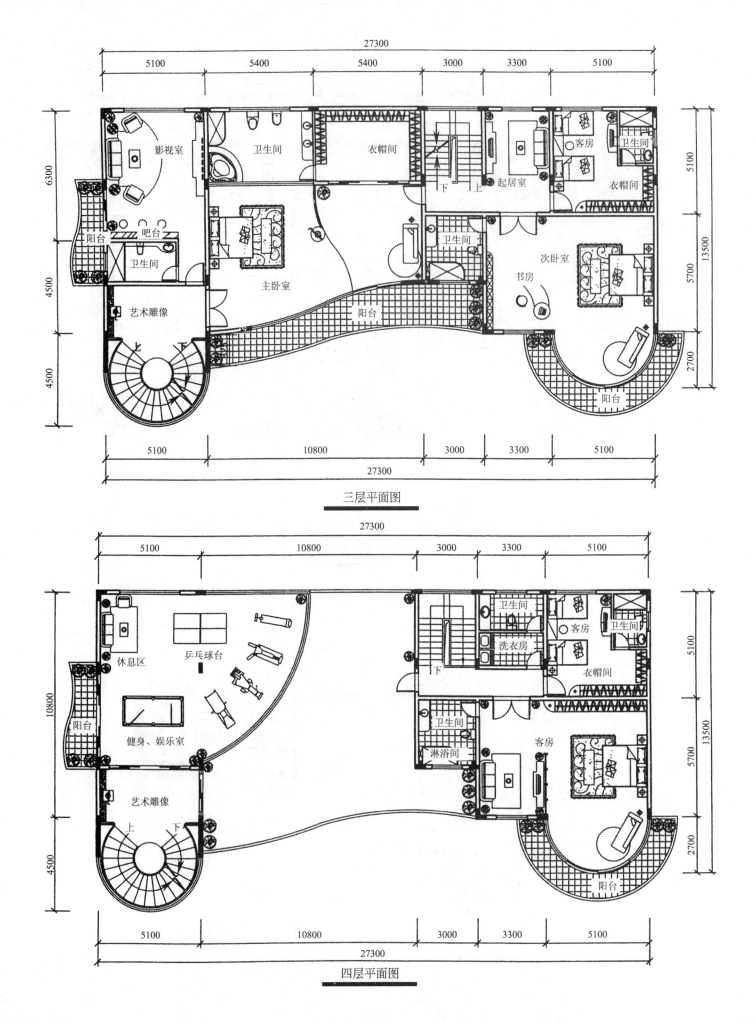

三层平面图

四层平面图

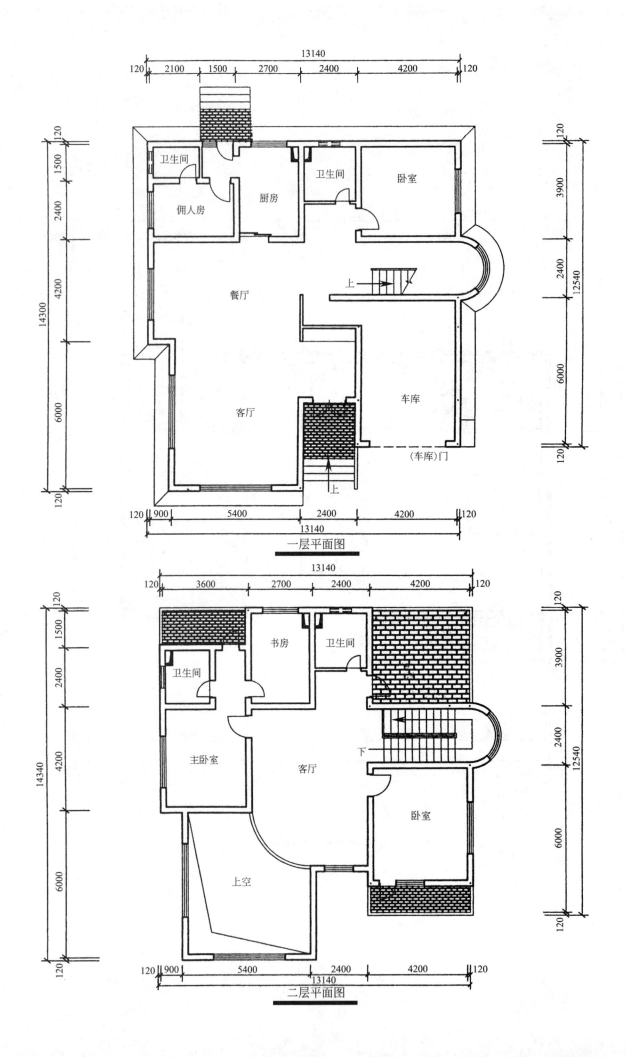

一层平面图

二层平面图

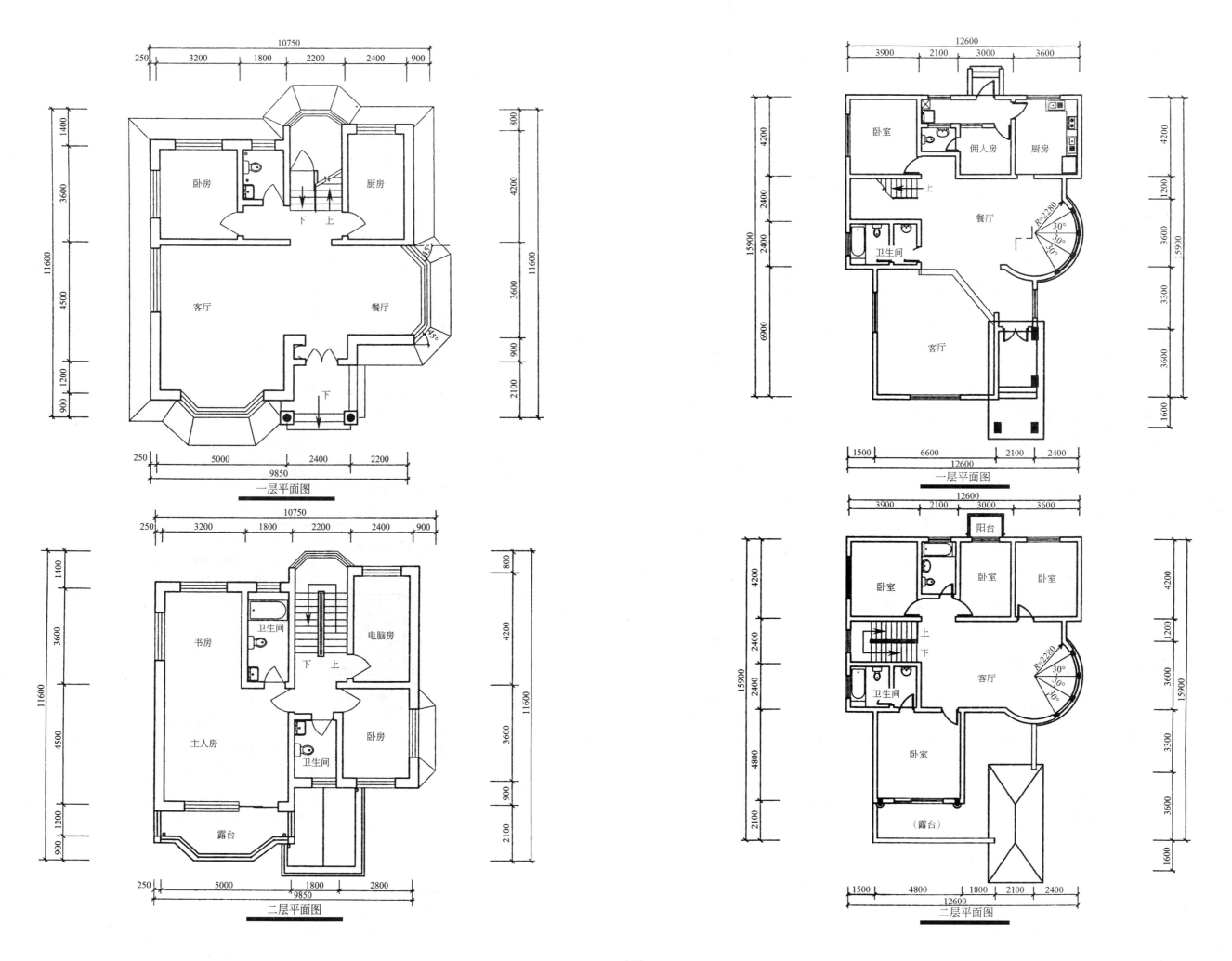

一层平面图

二层平面图

一层平面图

二层平面图

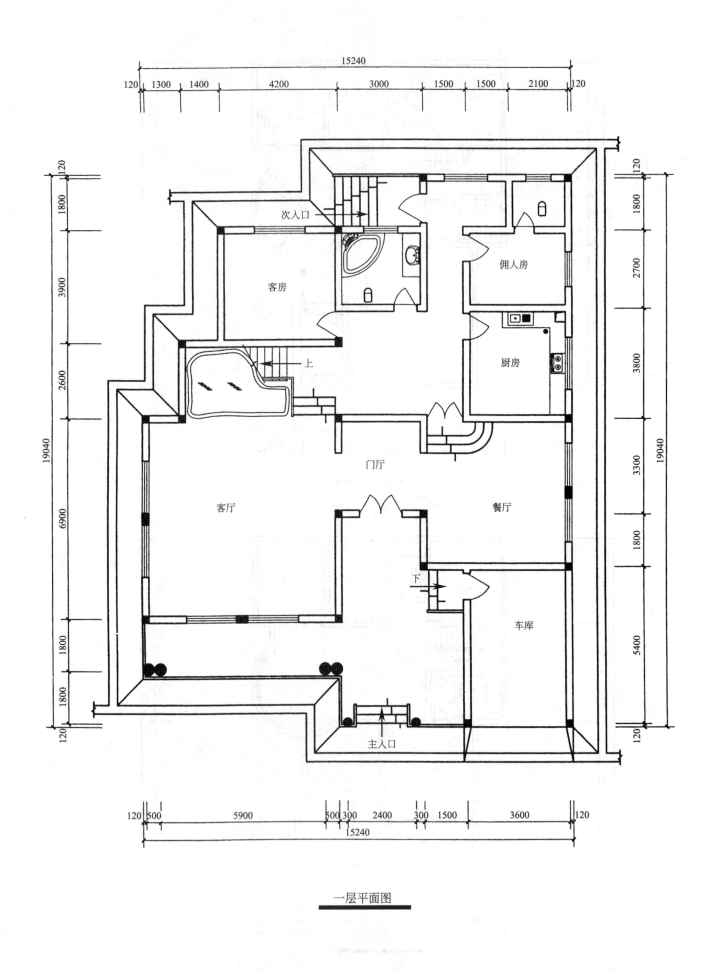

一层平面图

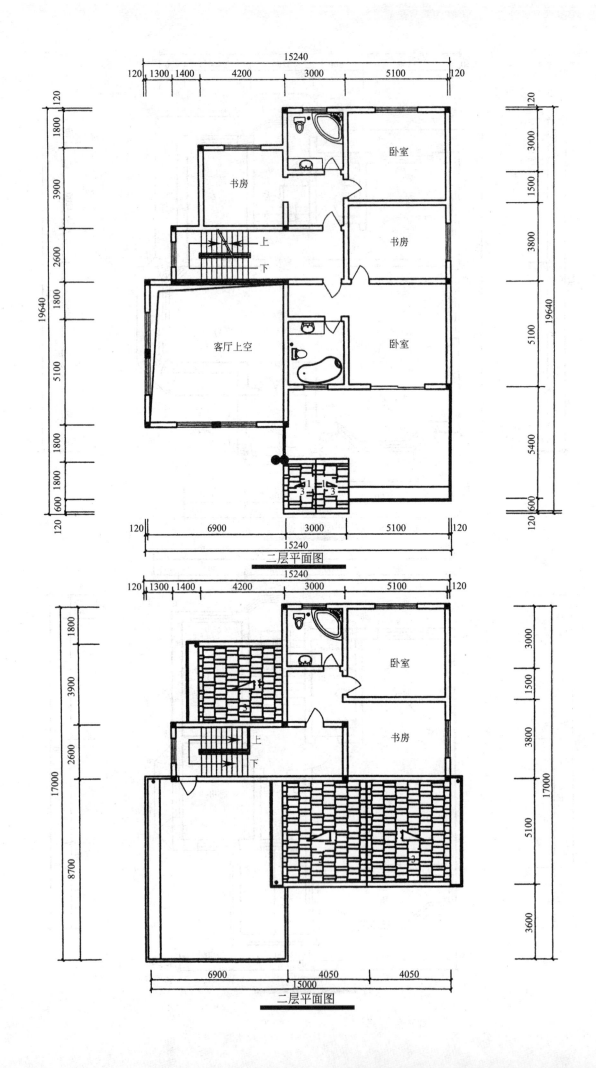

二层平面图

二层平面图

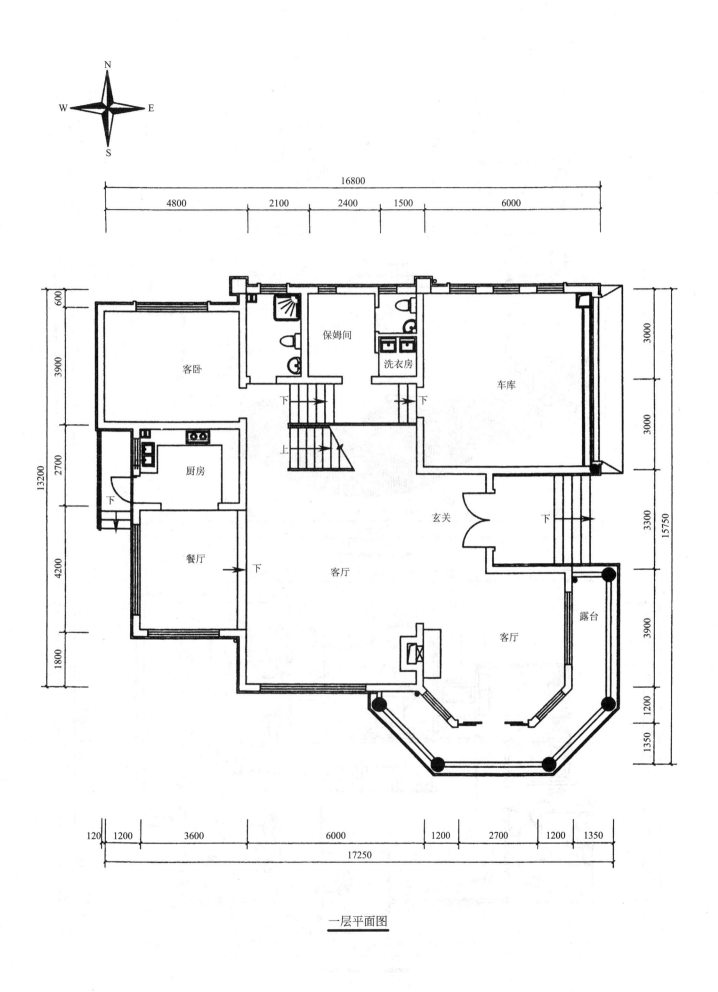

一层平面图

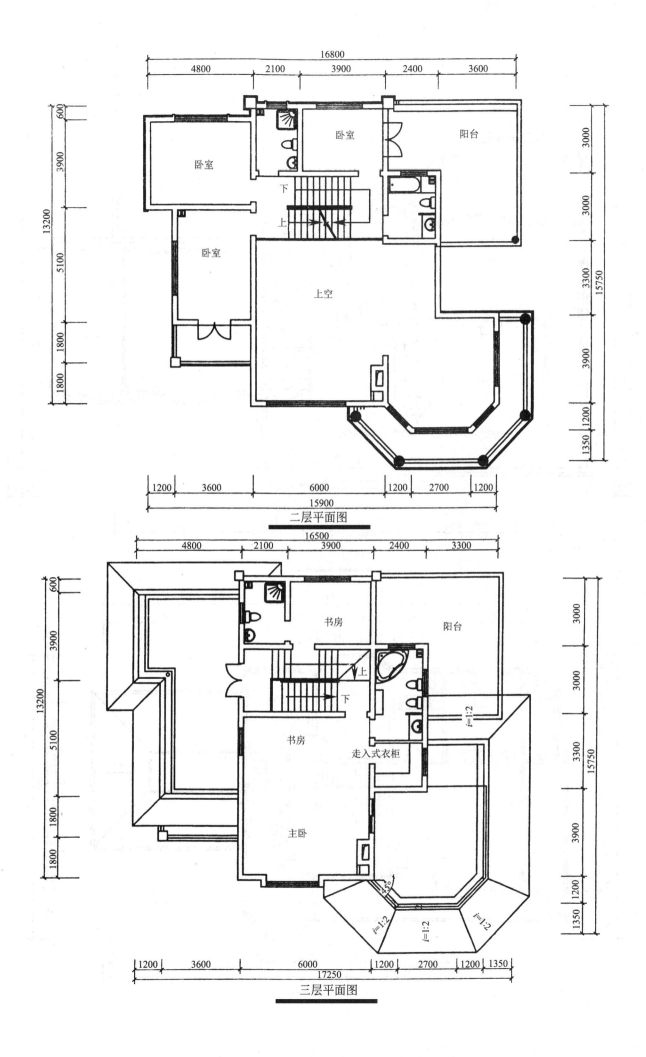

二层平面图

三层平面图

055

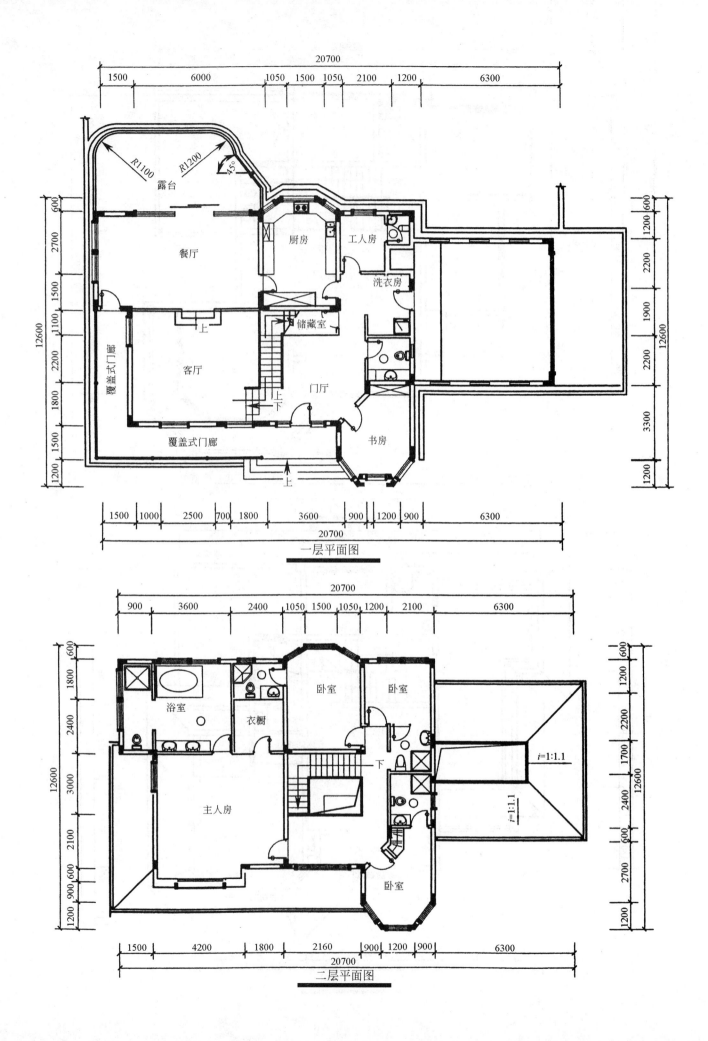

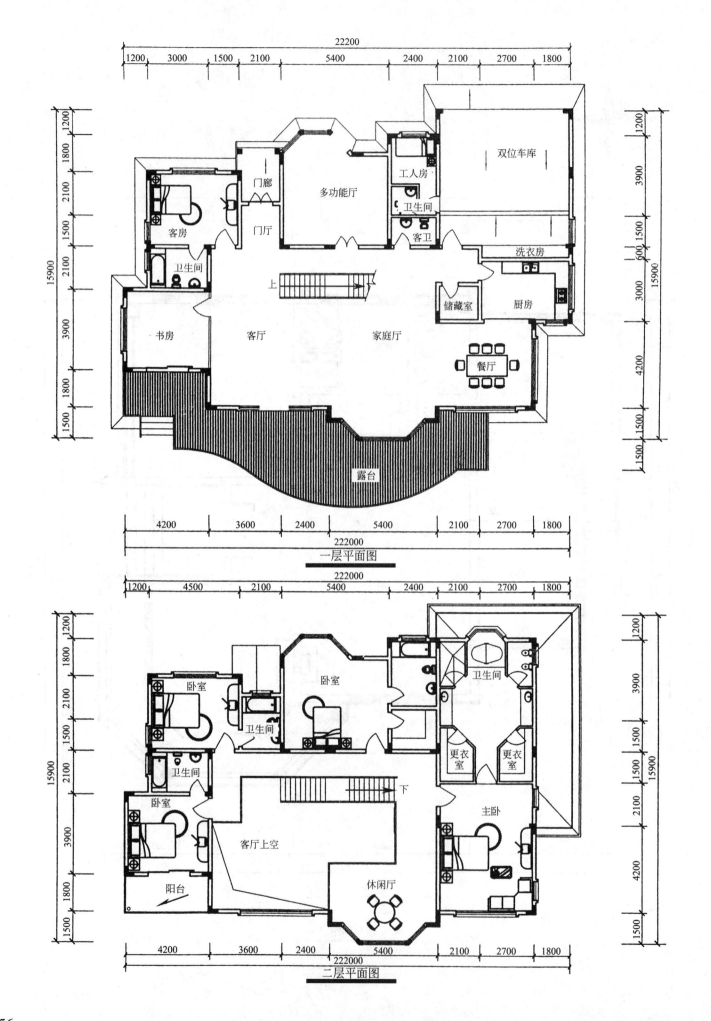

一层平面图

二层平面图

一层平面图

二层平面图

056

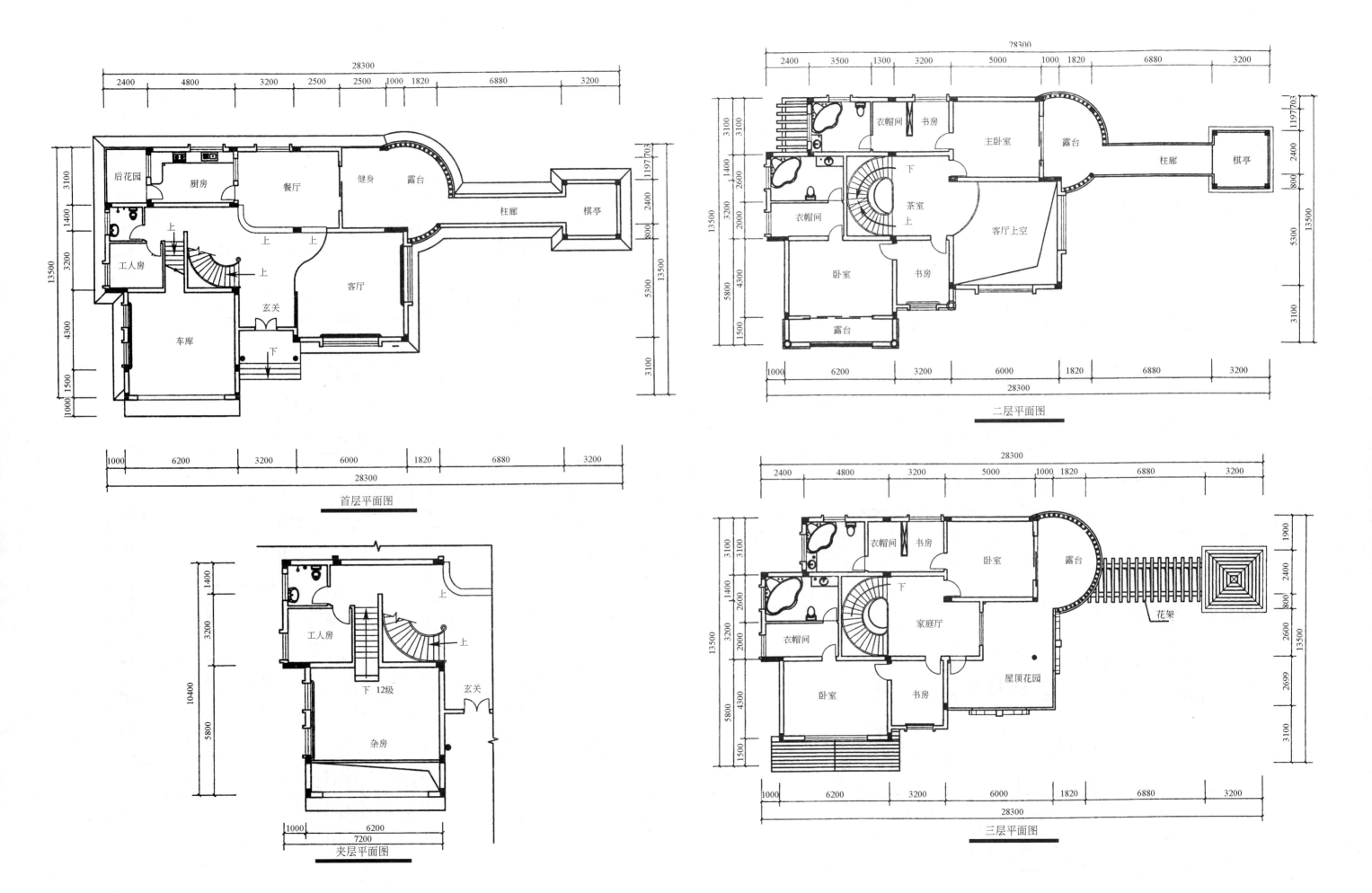

首层平面图

后花园　厨房　餐厅　健身　露台
柱廊　棋亭
工人房
上　上
玄关
客厅
车库
下

28300
2400　4800　3200　2500　2500　1000　1820　6880　3200
13500
3100　1400　3200　4300　1500
1197　703　2400　800　5300　3100

1000　6200　3200　6000　1820　6880　3200
28300

二层平面图

衣帽间　书房
主卧室　露台
柱廊　棋亭
衣帽间　茶室　上
卧室　书房　客厅上空
露台

28300
2400　3500　1300　3200　5000　1000　1820　6880　3200
13500
3100　1400　2600　2000　4300　1500
1197　703　2400　800　5300　3100

1000　6200　3200　6000　1820　6880　3200
28300

夹层平面图

工人房
上
下　12级　玄关
杂房

10400
1400　3200　5800

1000　6200
7200

三层平面图

衣帽间　书房
卧室　露台
衣帽间　家庭厅　花架
卧室　书房　屋顶花园

28300
2400　4800　3200　5000　1000　1820　6880　3200
13500
3100　1400　2600　2000　4300　1500
1900　2400　800　2600　2699　3100

1000　6200　3200　6000　1820　6880　3200
28300

057

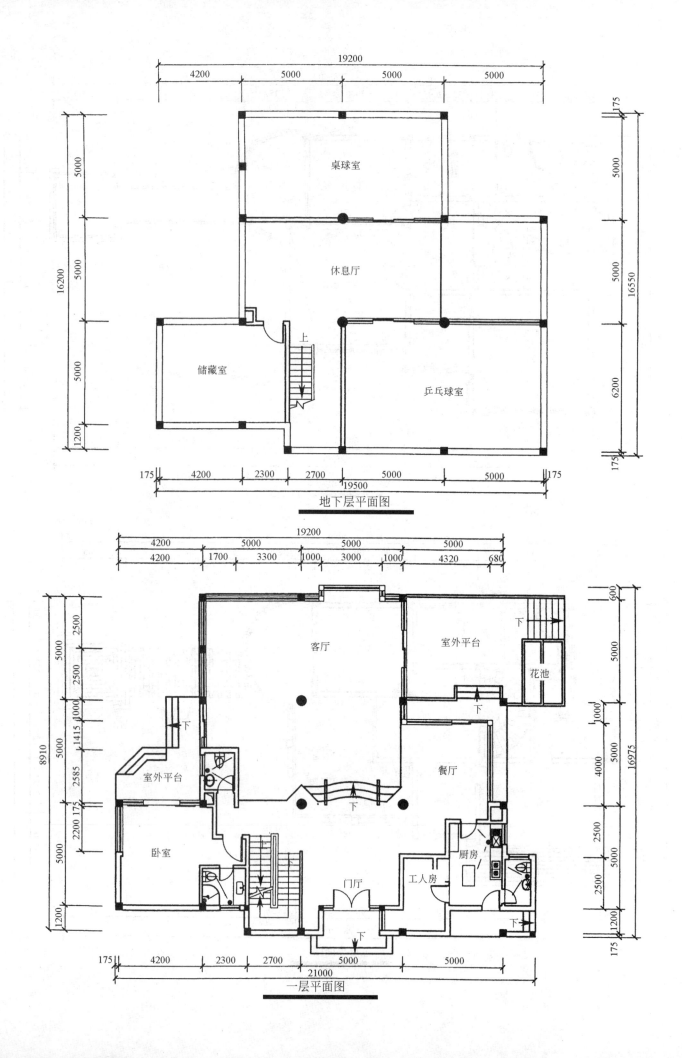

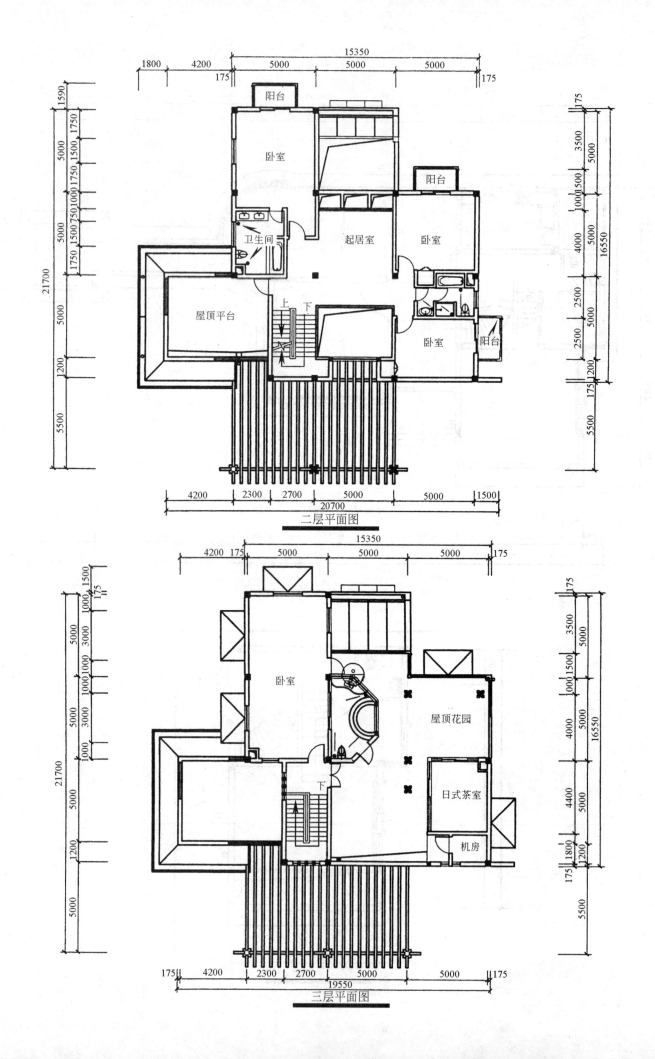

058

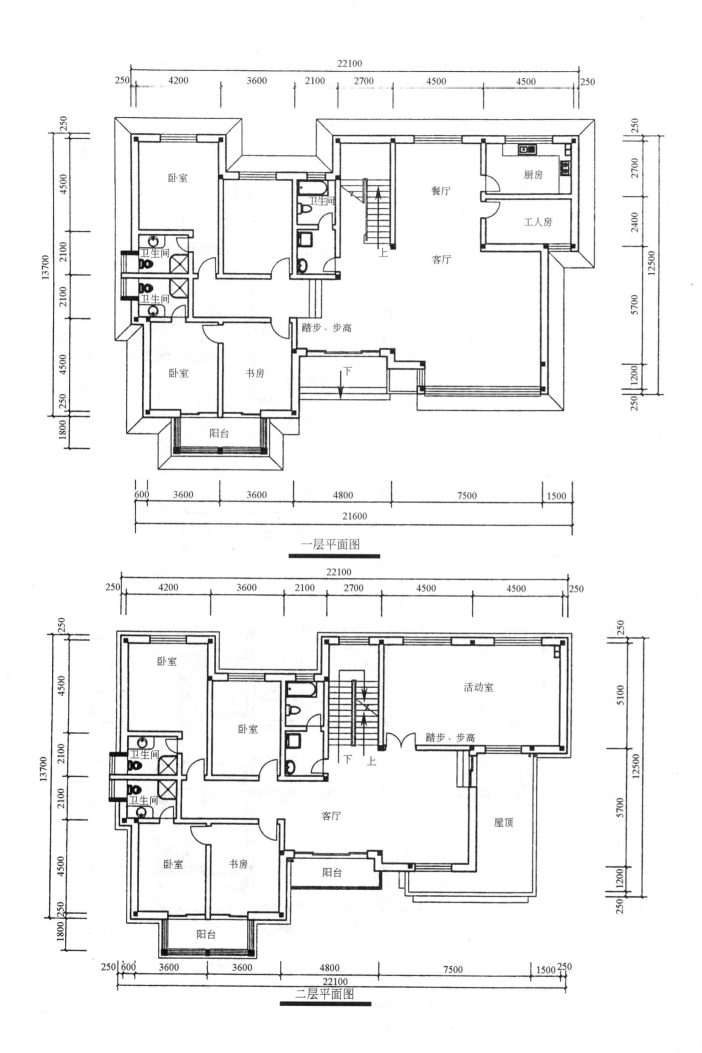

一层平面图

二层平面图

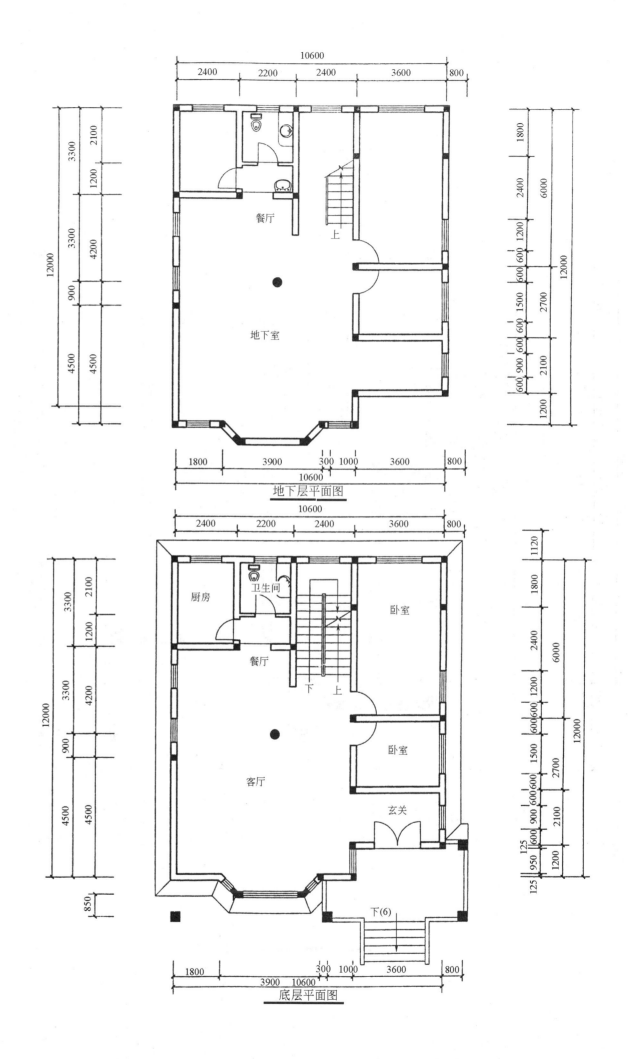

地下层平面图

底层平面图

059

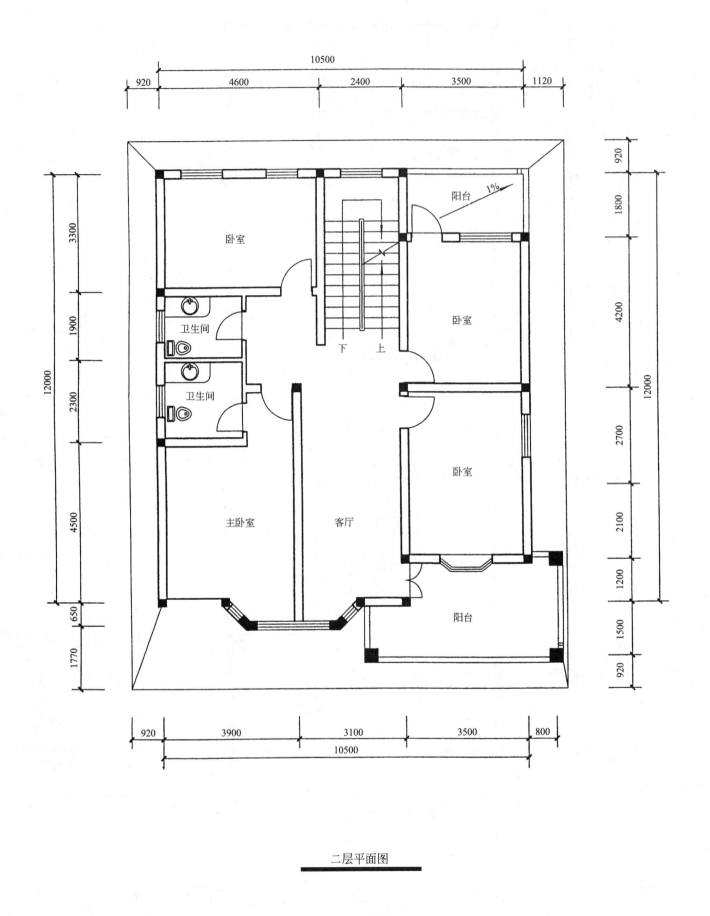

二层平面图

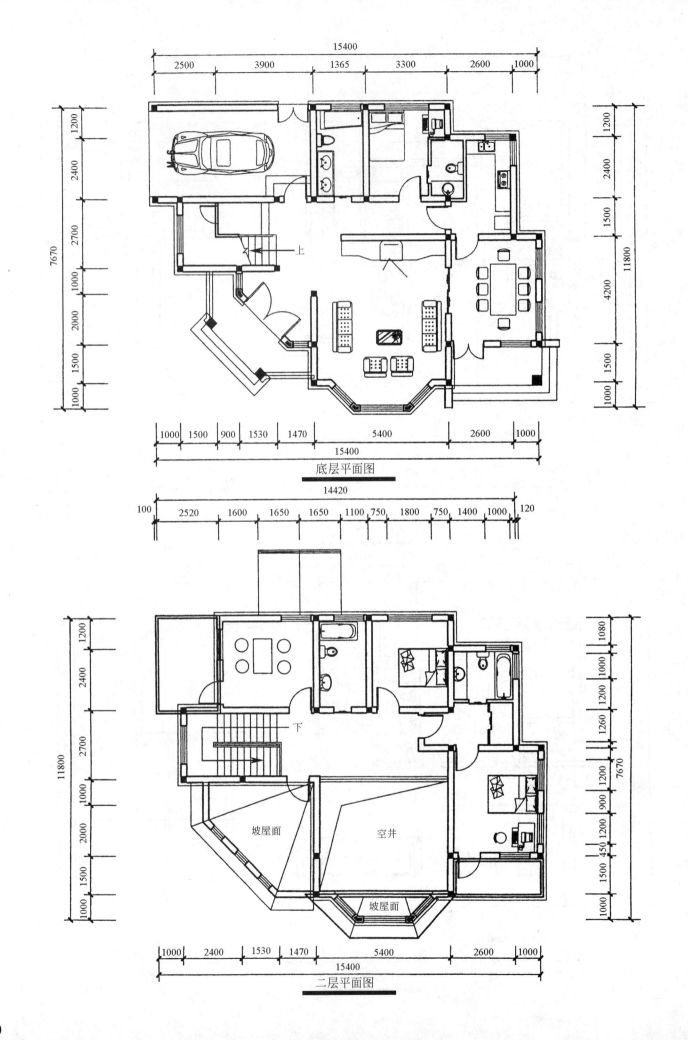

底层平面图

二层平面图

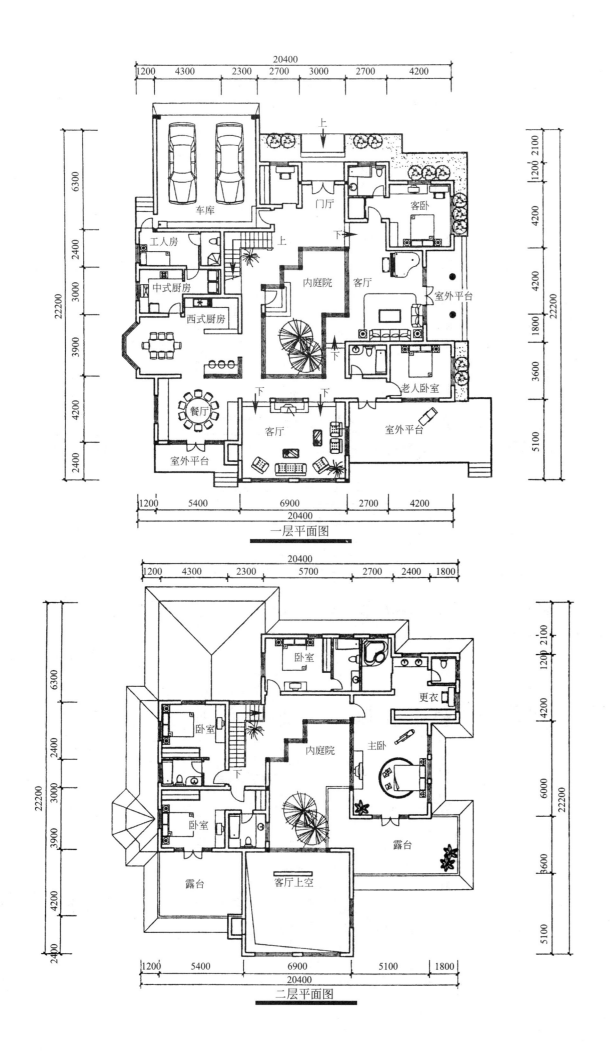

一层平面图

二层平面图

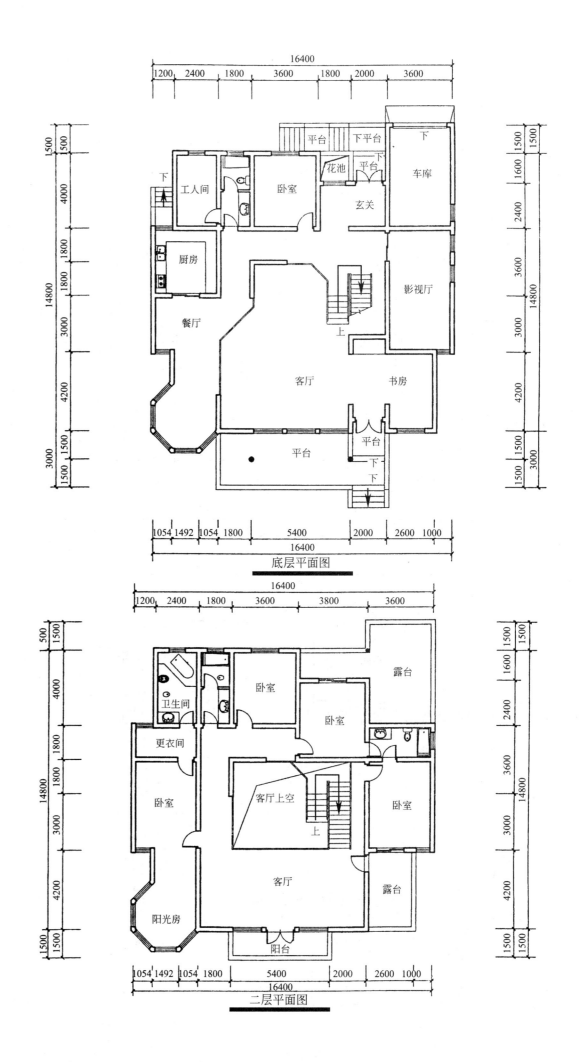

底层平面图

二层平面图

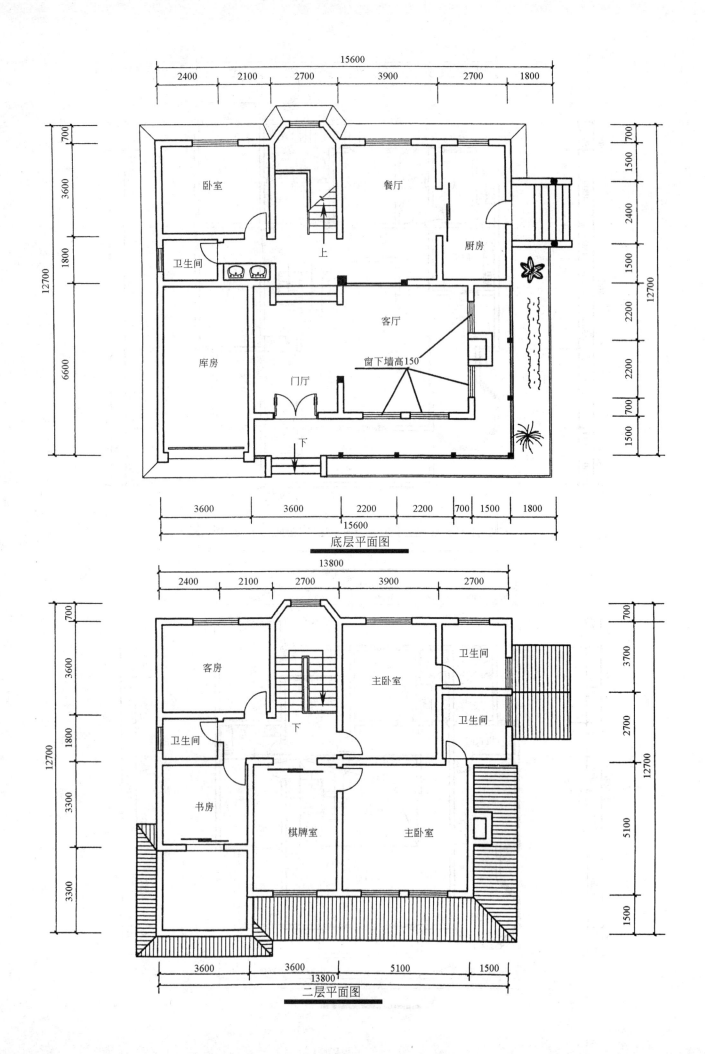

底层平面图

二层平面图

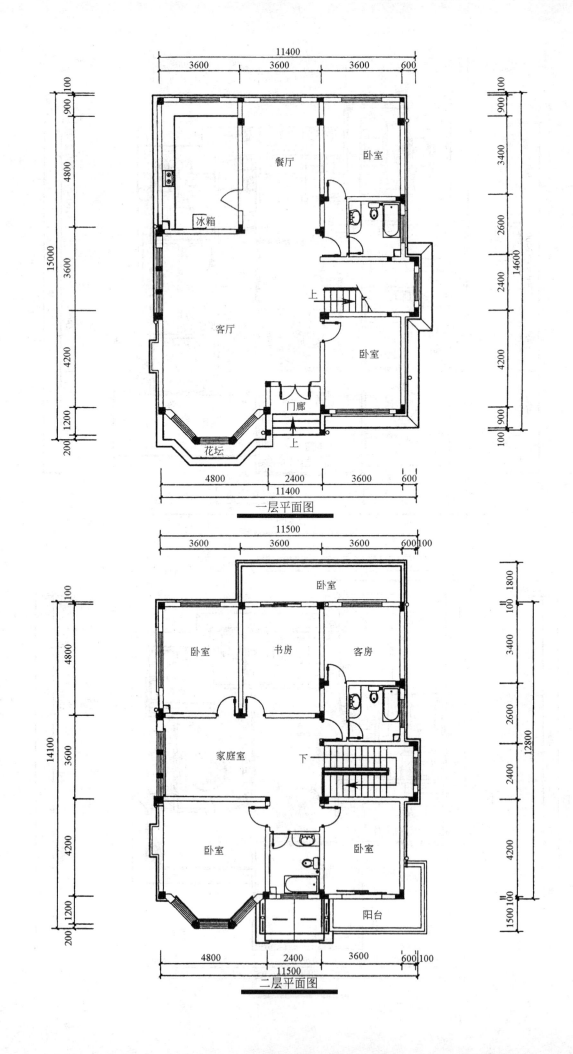

一层平面图

二层平面图

062

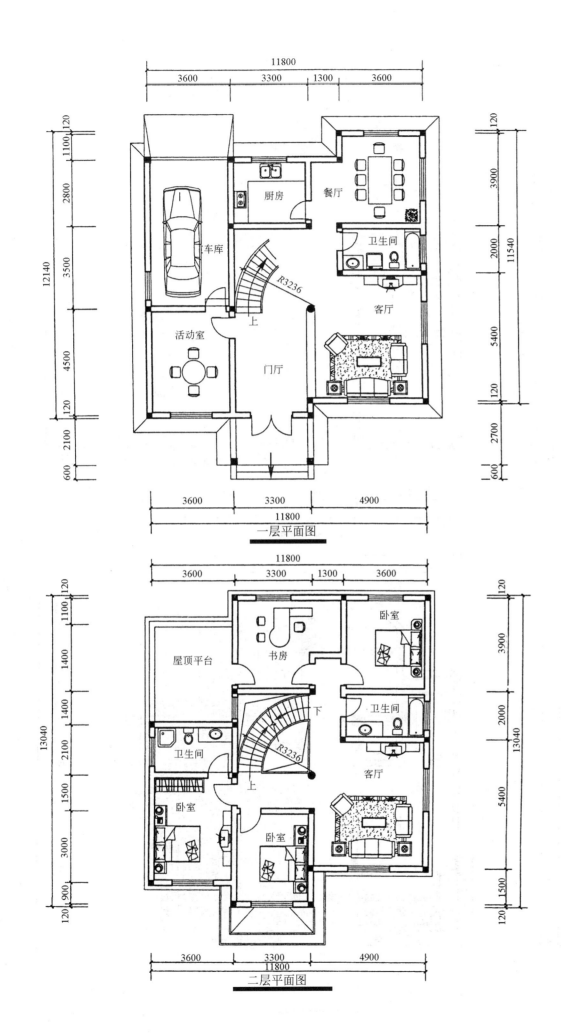

一层平面图

二层平面图

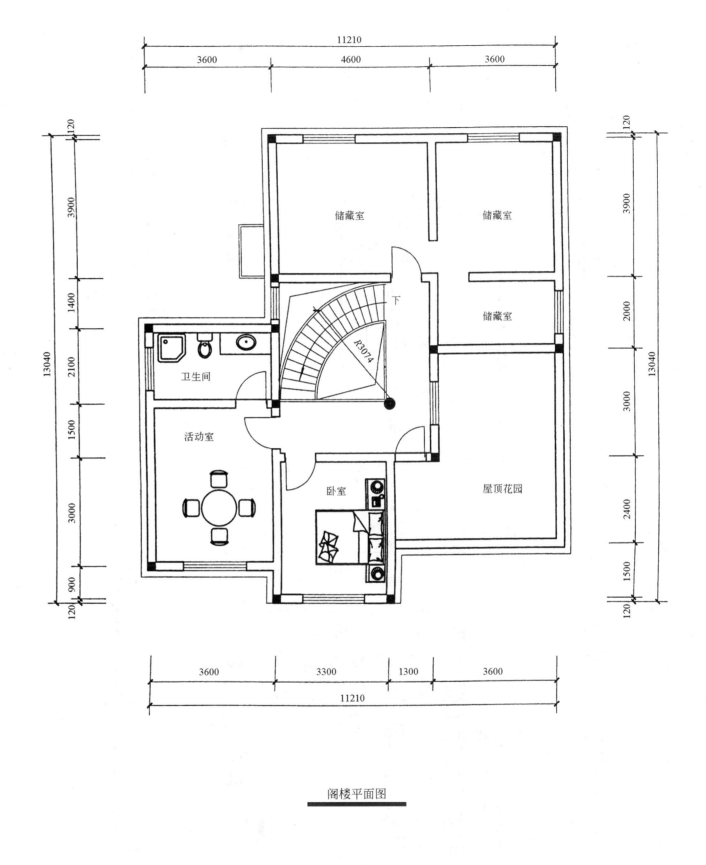

阁楼平面图

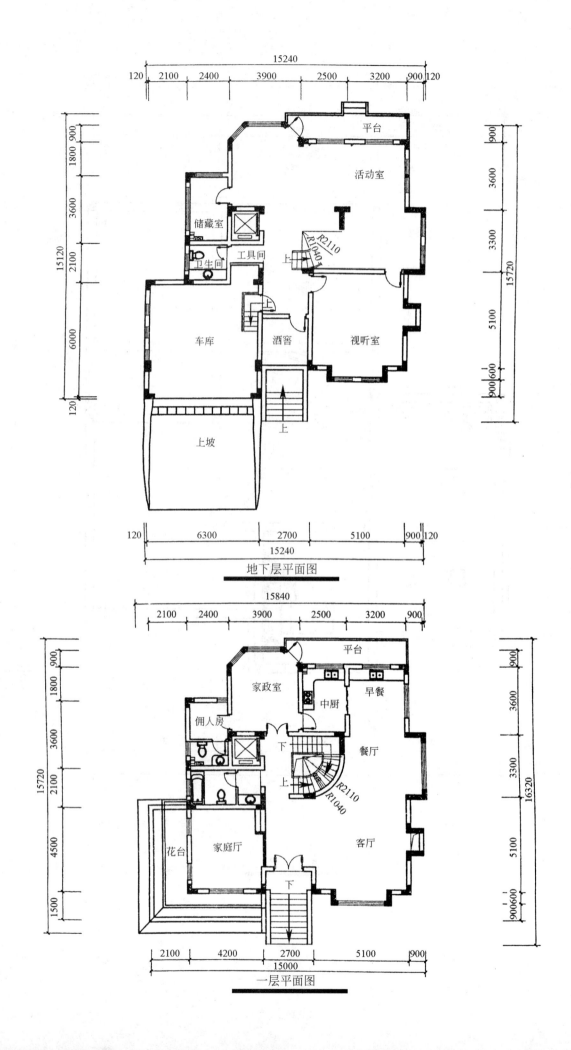

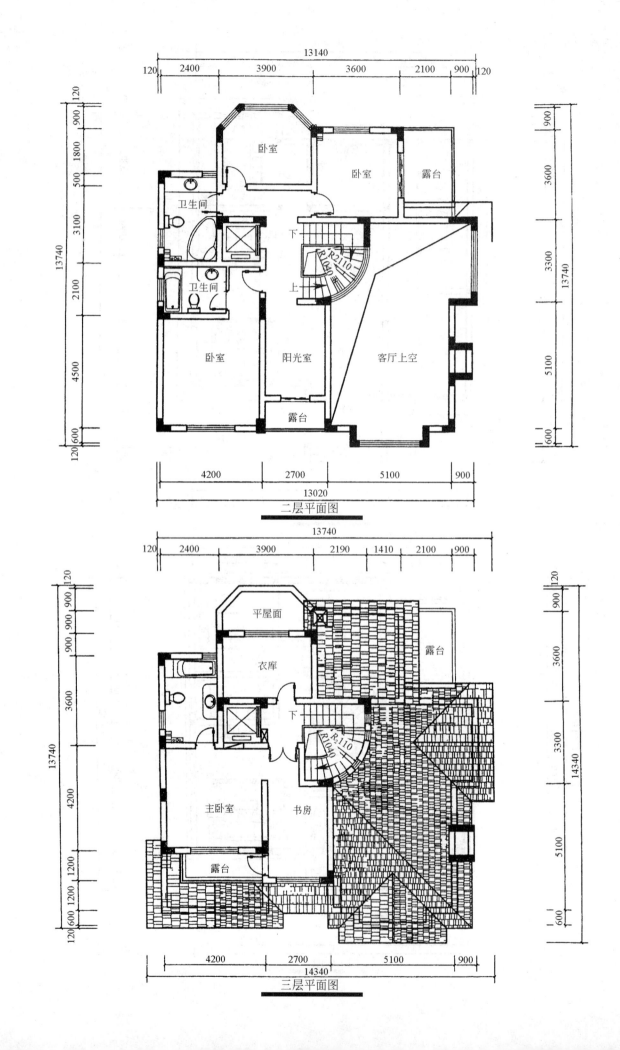

地下层平面图

一层平面图

二层平面图

三层平面图

064

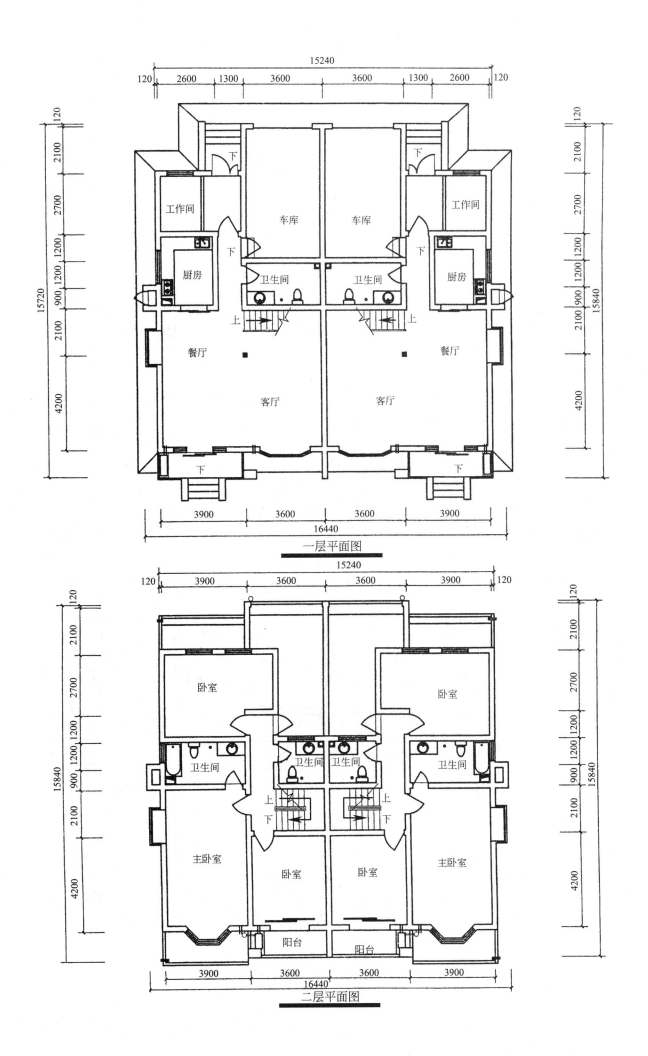

一层平面图

二层平面图

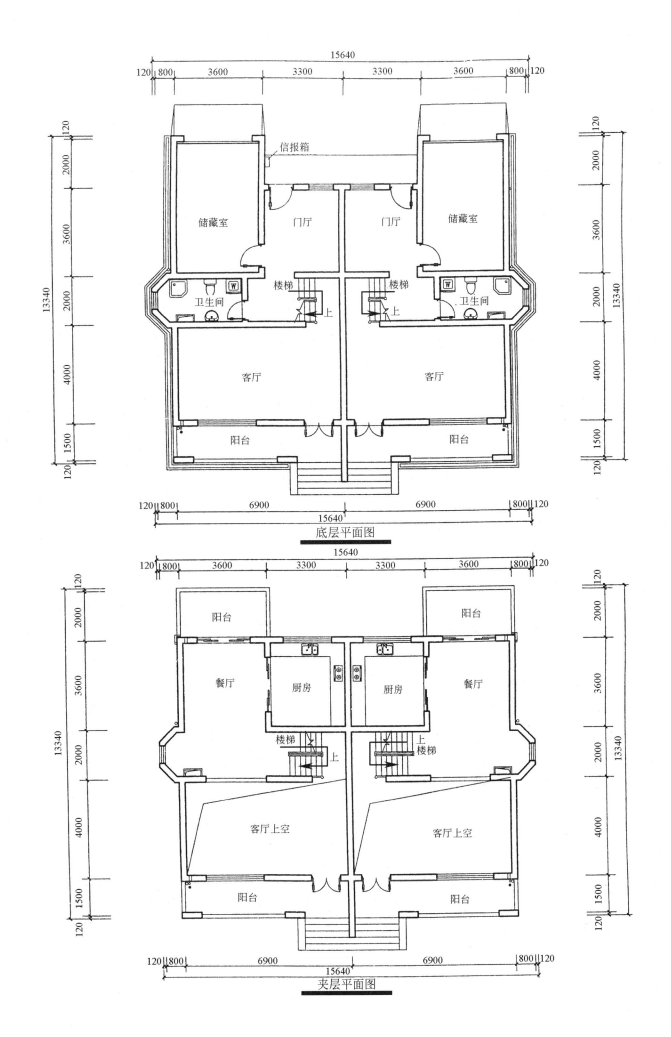

底层平面图

夹层平面图

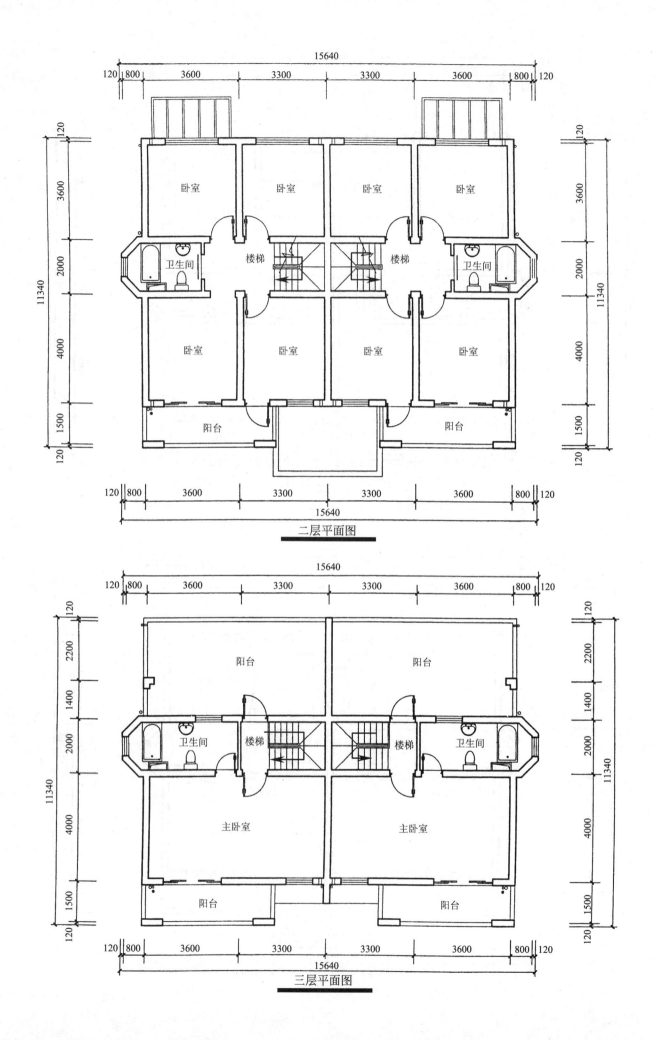

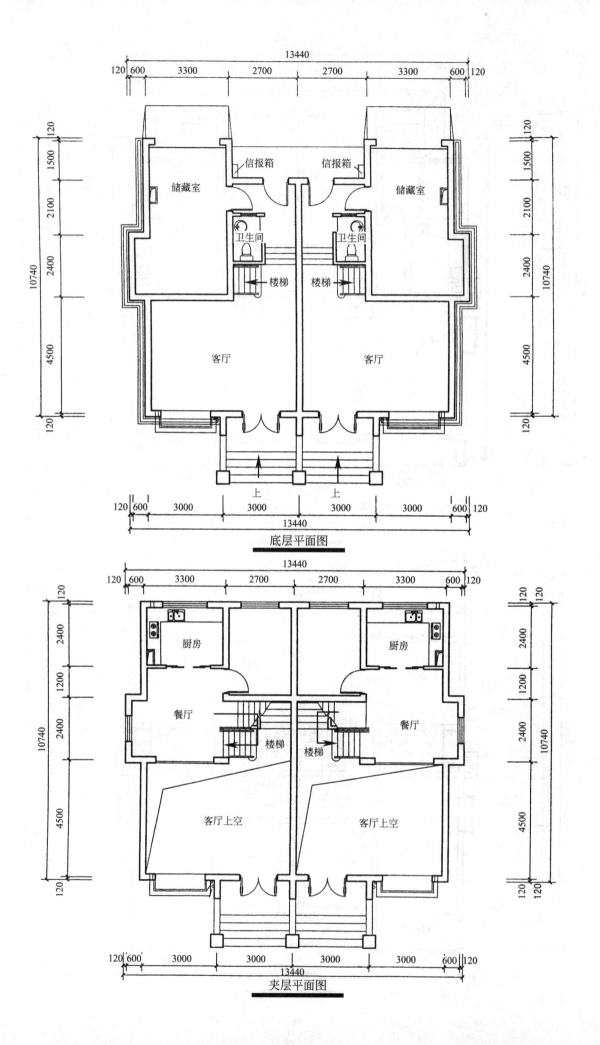

二层平面图

三层平面图

底层平面图

夹层平面图

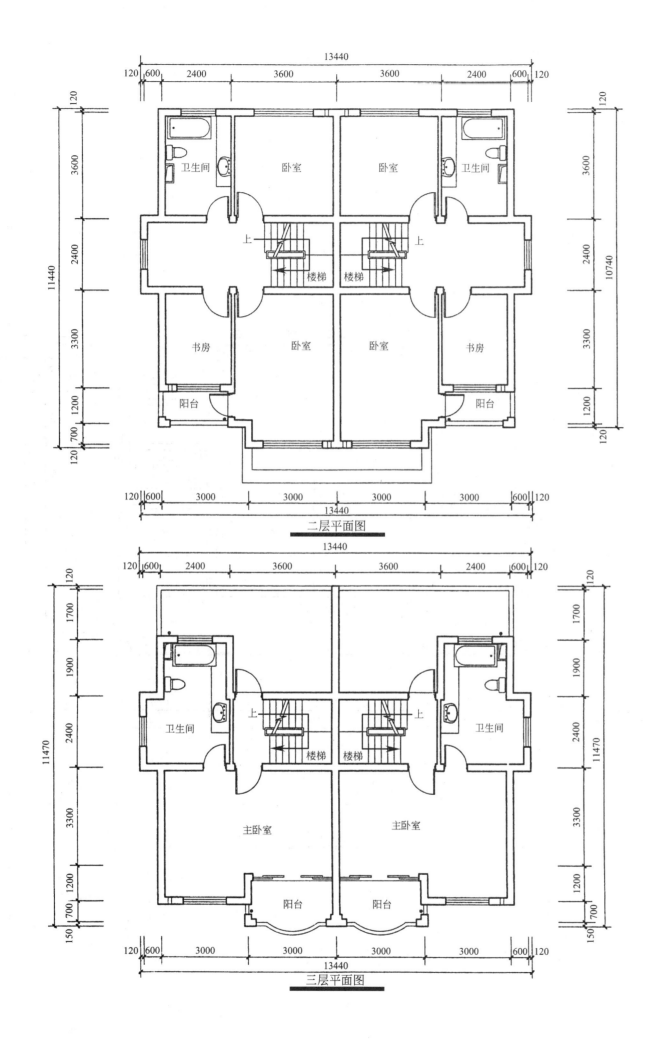

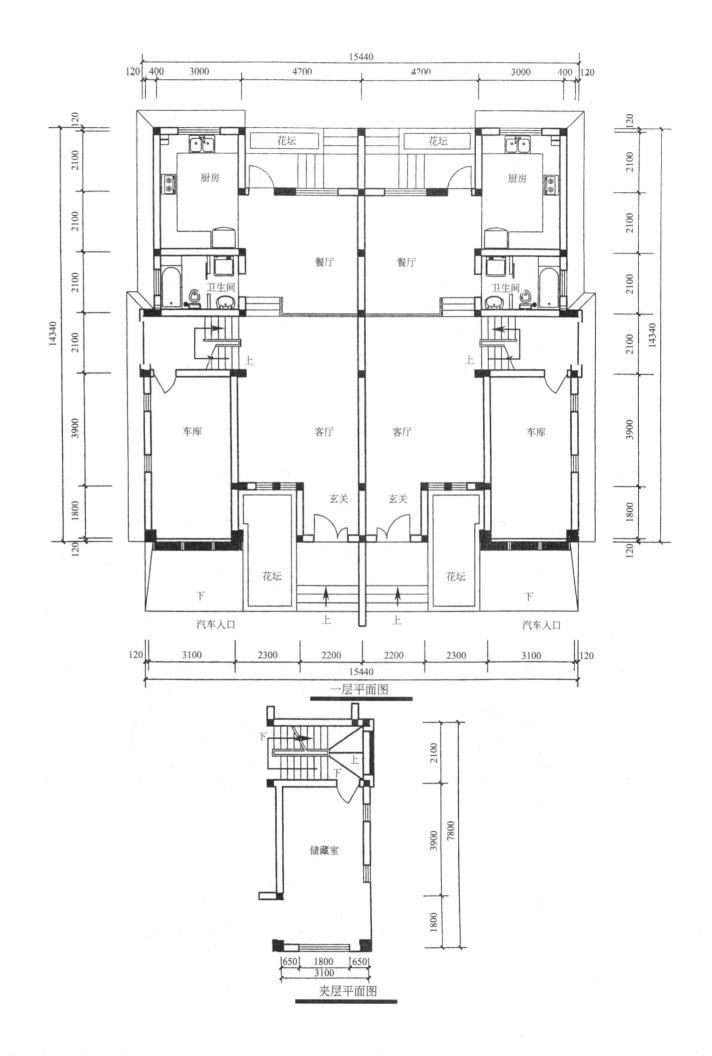

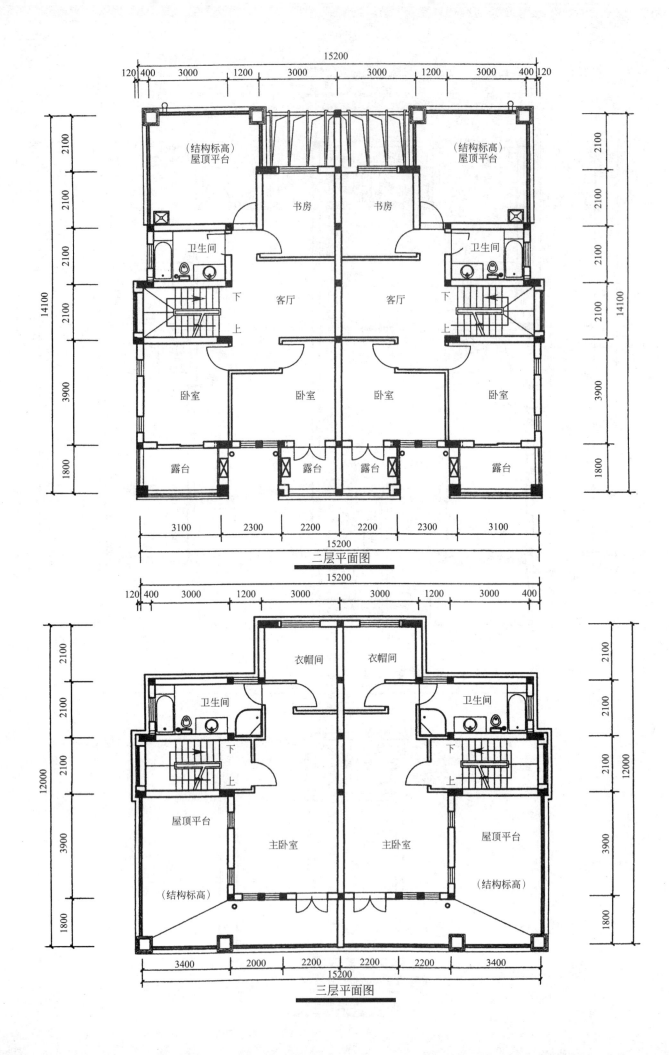

二层平面图

三层平面图

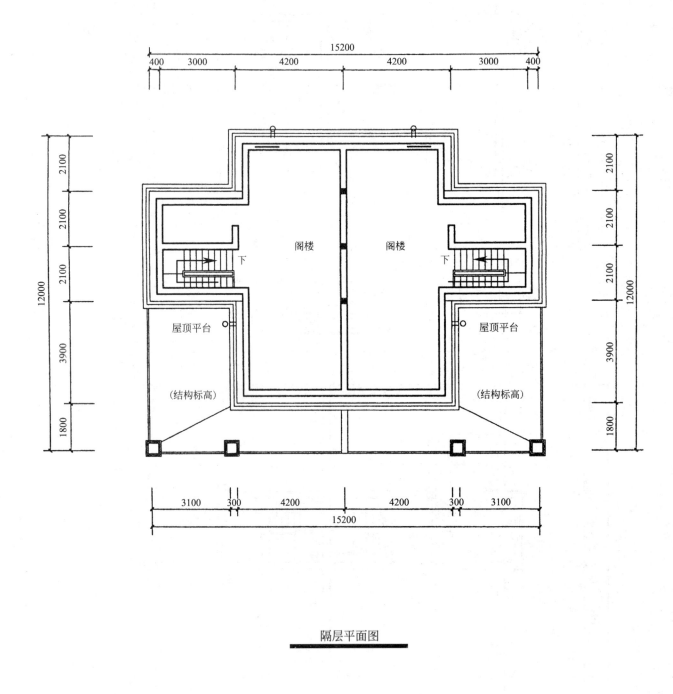

隔层平面图

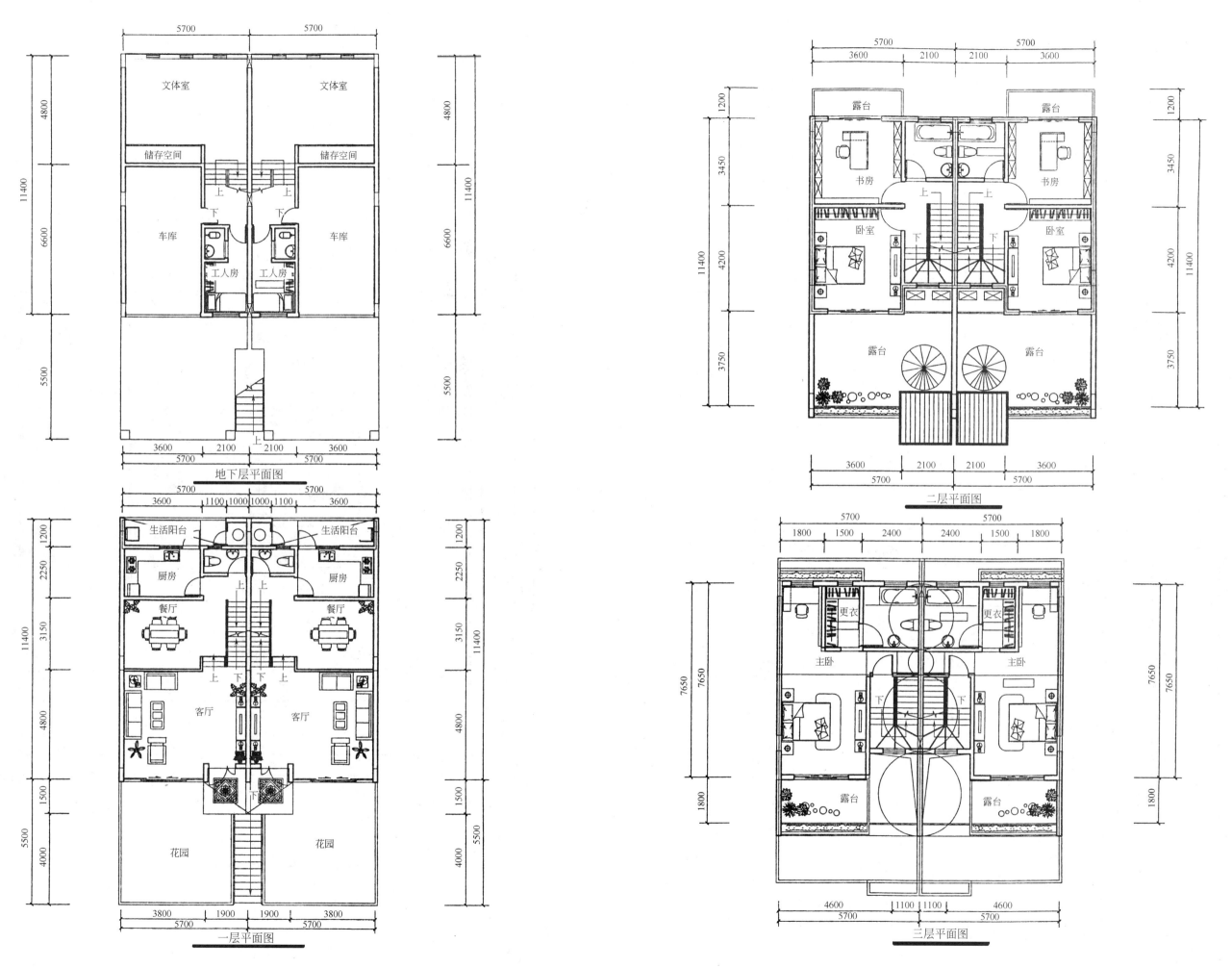

文体室　文体室

储存空间　储存空间

上　上
下　下

车库　车库

工人房　工人房

上

4800
11400
6600
5500

5700　5700

3600　2100　2100　3600
5700　5700

地下层平面图

生活阳台　生活阳台

厨房　厨房

餐厅　餐厅

上　上
上　下　下　上

客厅　客厅

下

花园　花园

3600　1100 1000 1000 1100　3600
5700　5700

1200
2250
3150
4800
1500
4000
11400

3800　1900　1900　3800
5700　5700

一层平面图

露台　露台

书房　书房

上　上

卧室　卧室

下　下

露台　露台

5700　5700
3600　2100　2100　3600

1200
3450
4200
3750
11400

3600　2100　2100　3600
5700　5700

二层平面图

更衣　更衣

主卧　主卧

下　下

露台　露台

5700　5700
1800　1500　2400　2400　1500　1800

7650
1800

4600　1100 1100　4600
5700　5700

三层平面图

069

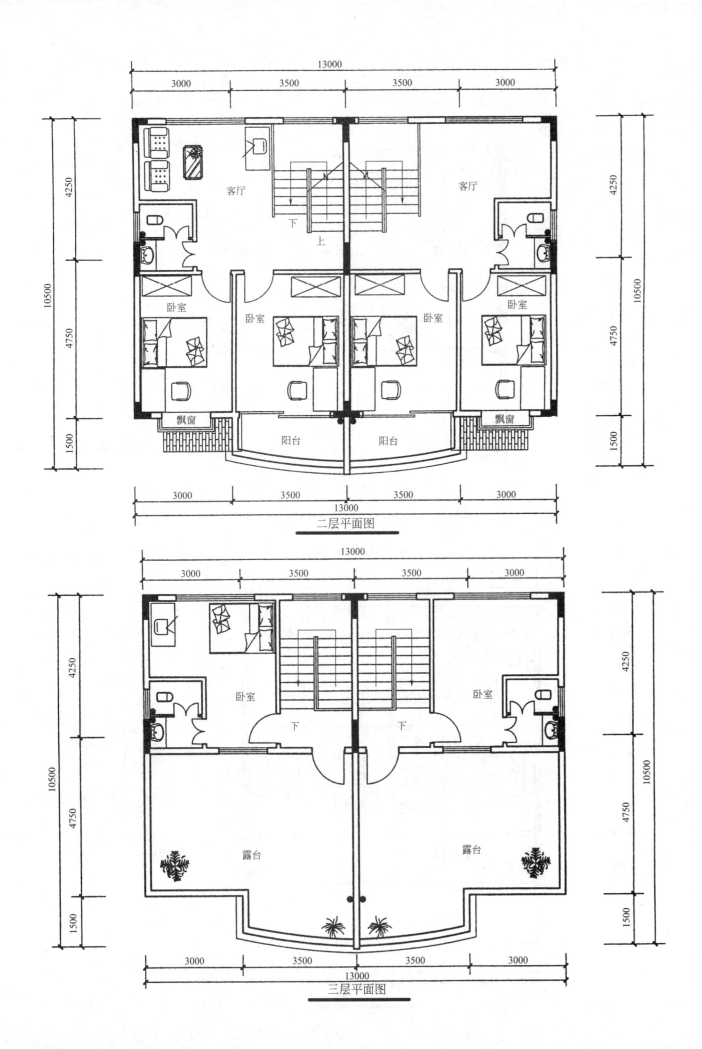

二层平面图

三层平面图

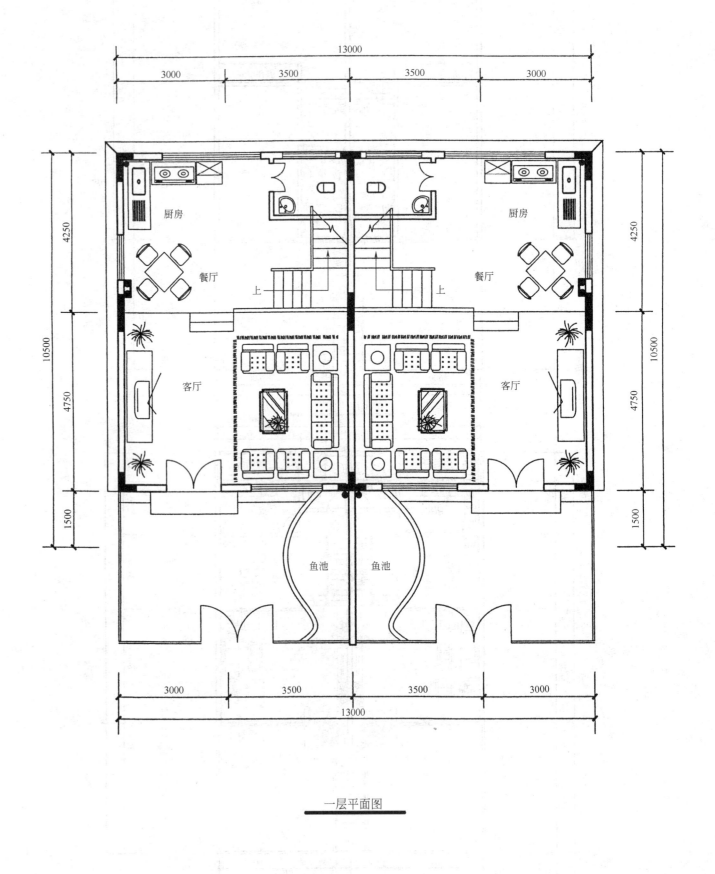

一层平面图

070

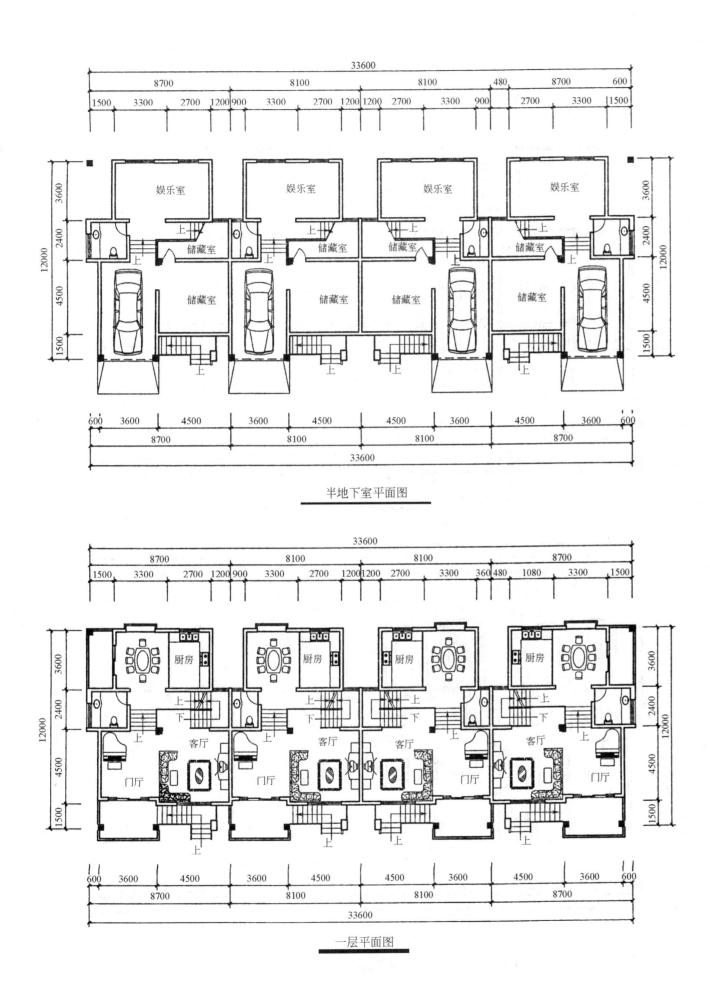

半地下室平面图

一层平面图

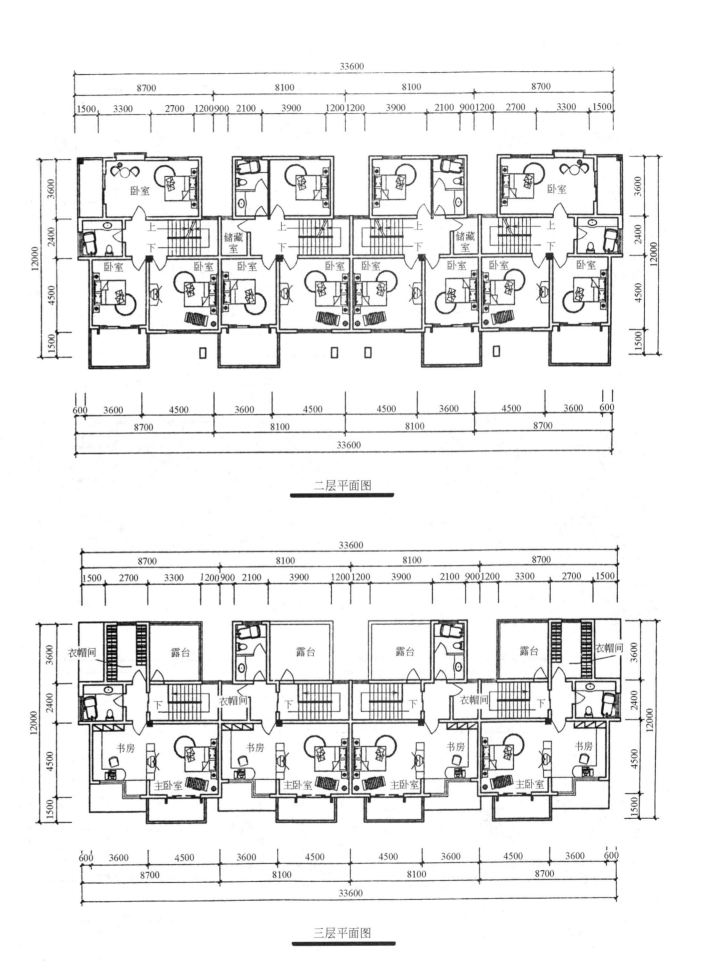

二层平面图

三层平面图

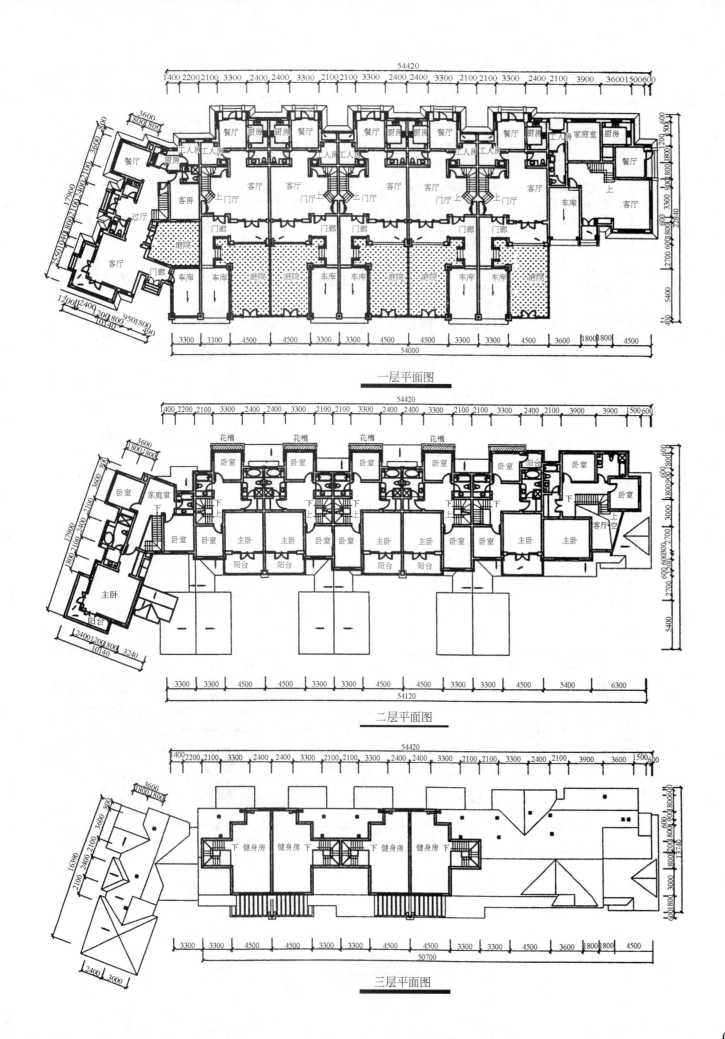

一层平面图

二层平面图

三层平面图

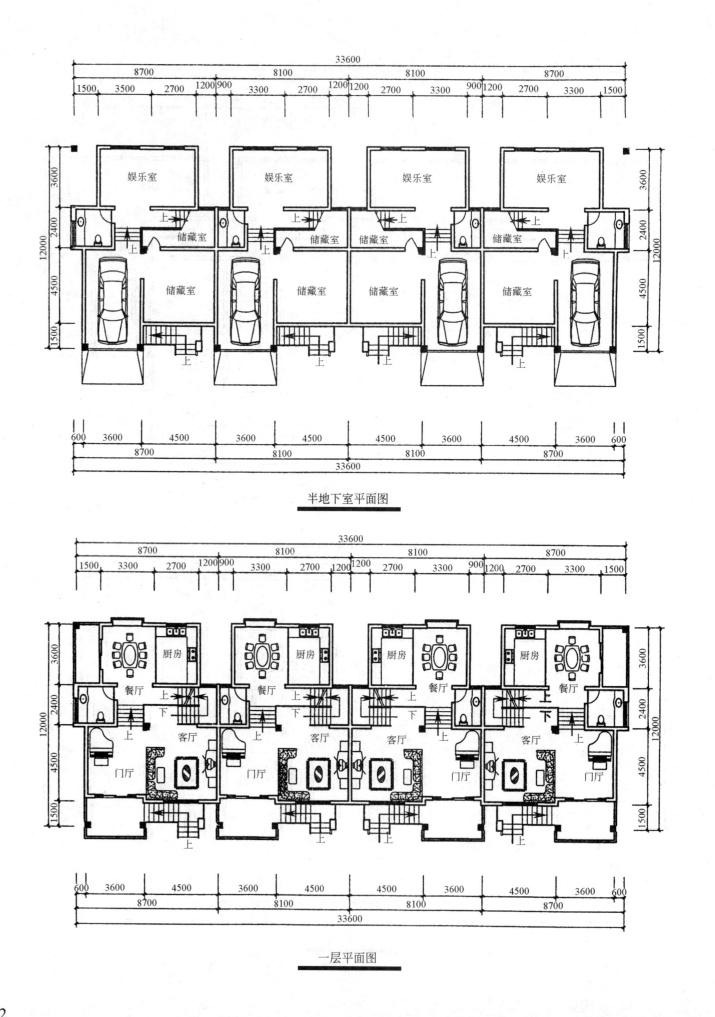

半地下室平面图

一层平面图

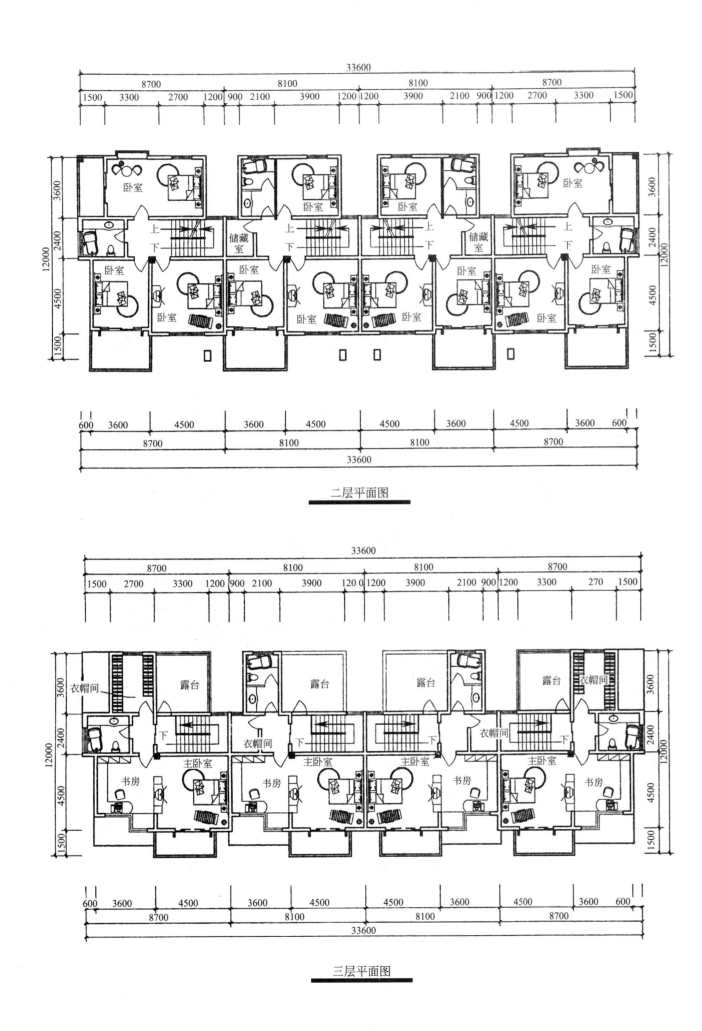

二层平面图

三层平面图

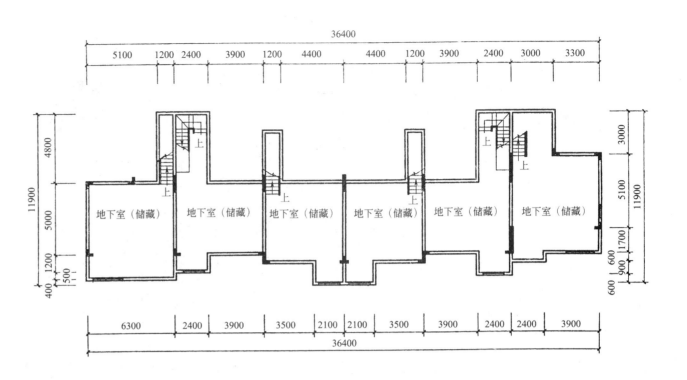

地下室平面图

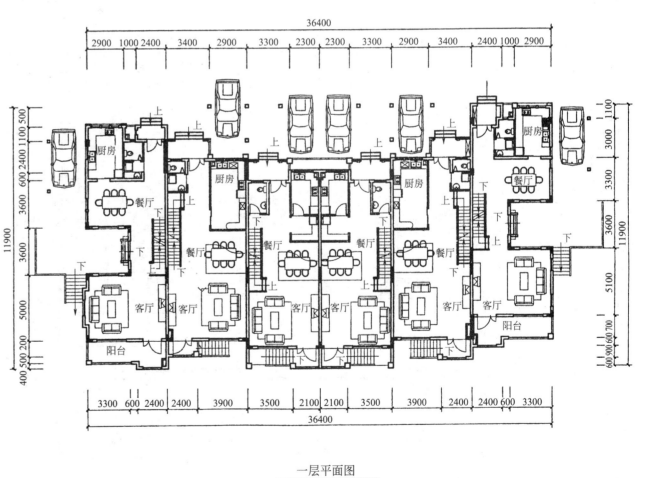

一层平面图

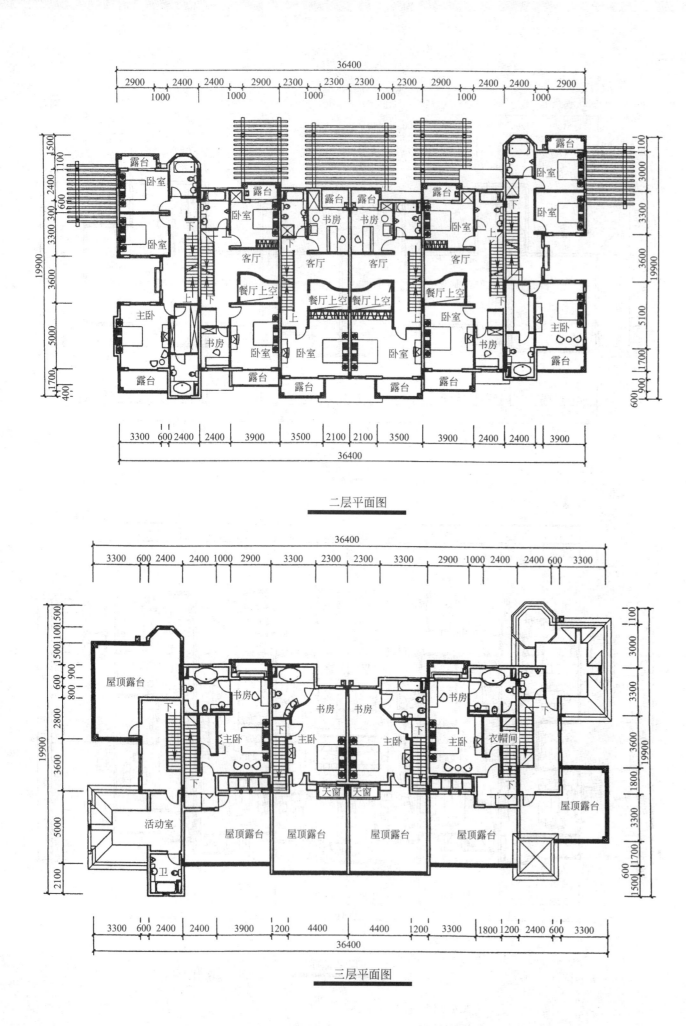

二层平面图

三层平面图

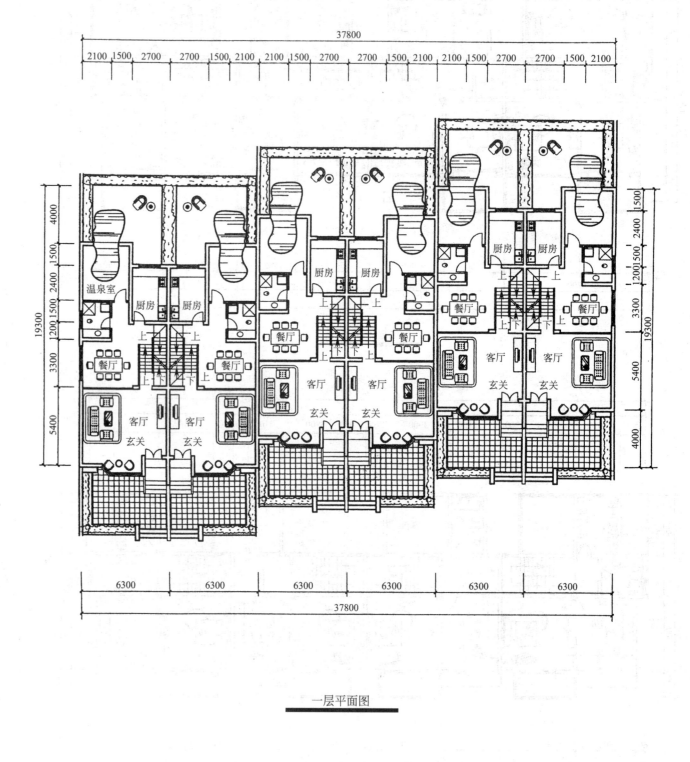

一层平面图

074

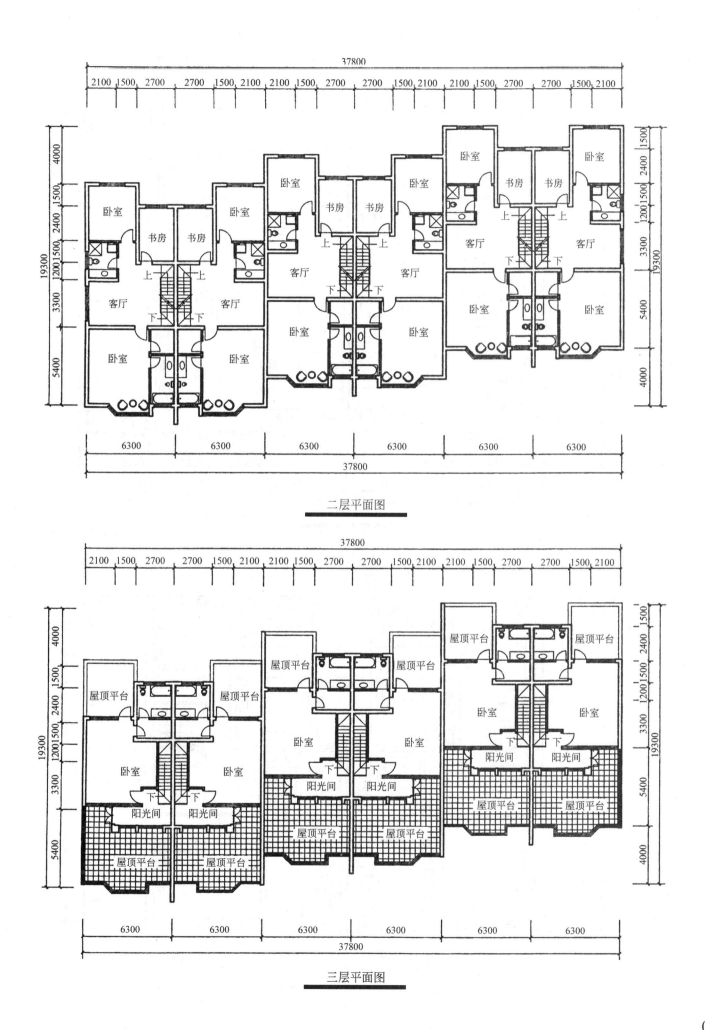

二层平面图

三层平面图

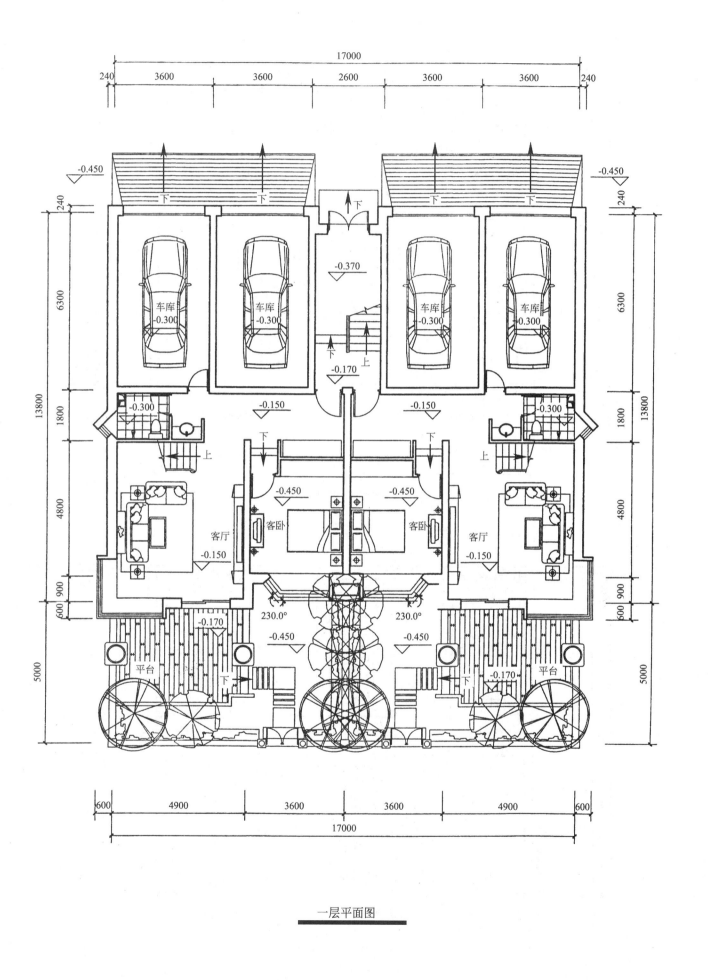

一层平面图

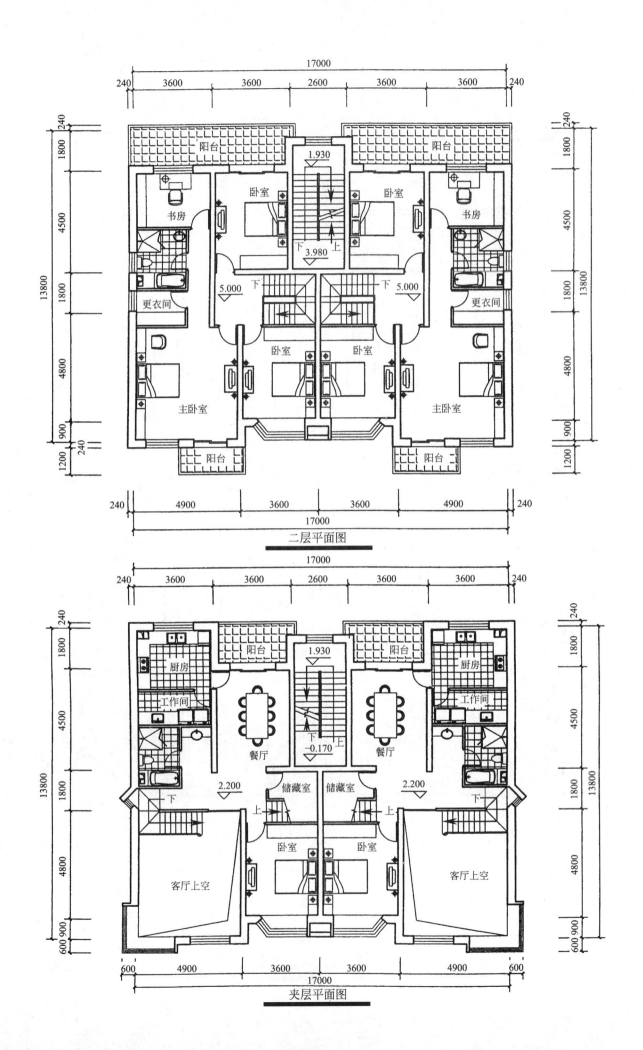

二层平面图

夹层平面图

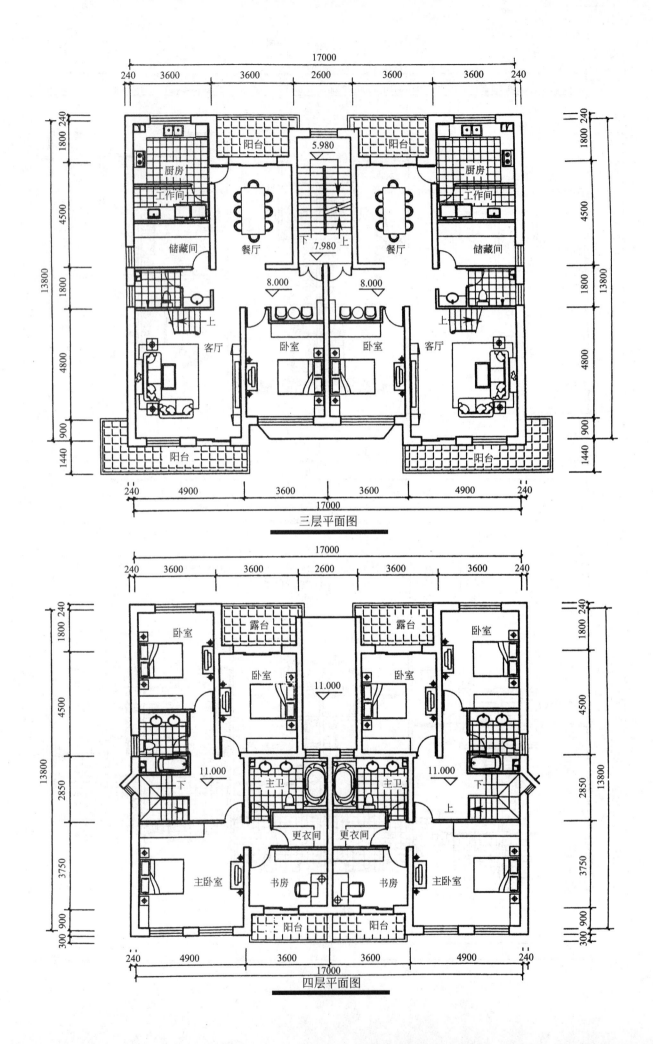

三层平面图

四层平面图

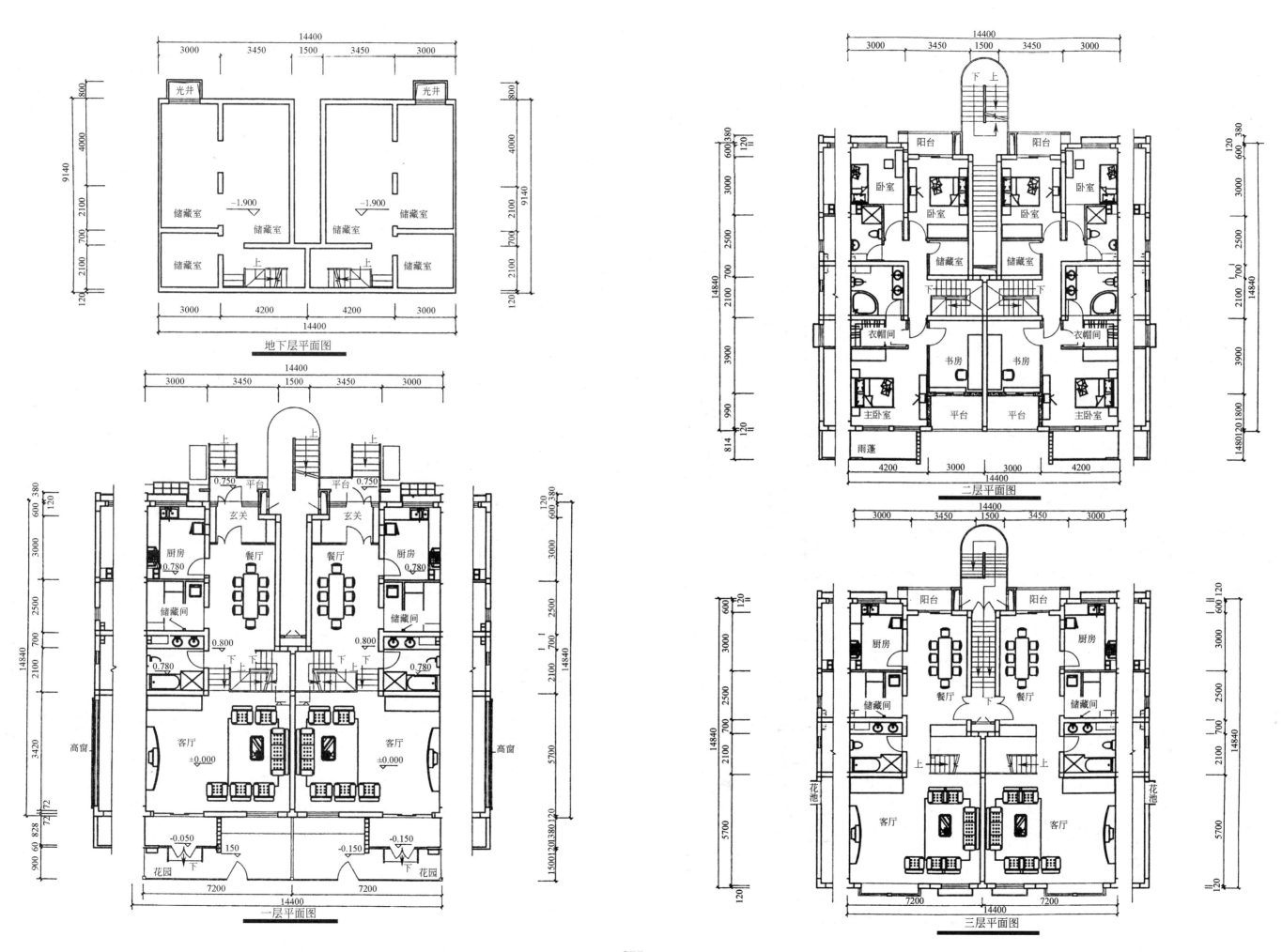

地下层平面图

一层平面图

二层平面图

三层平面图

077

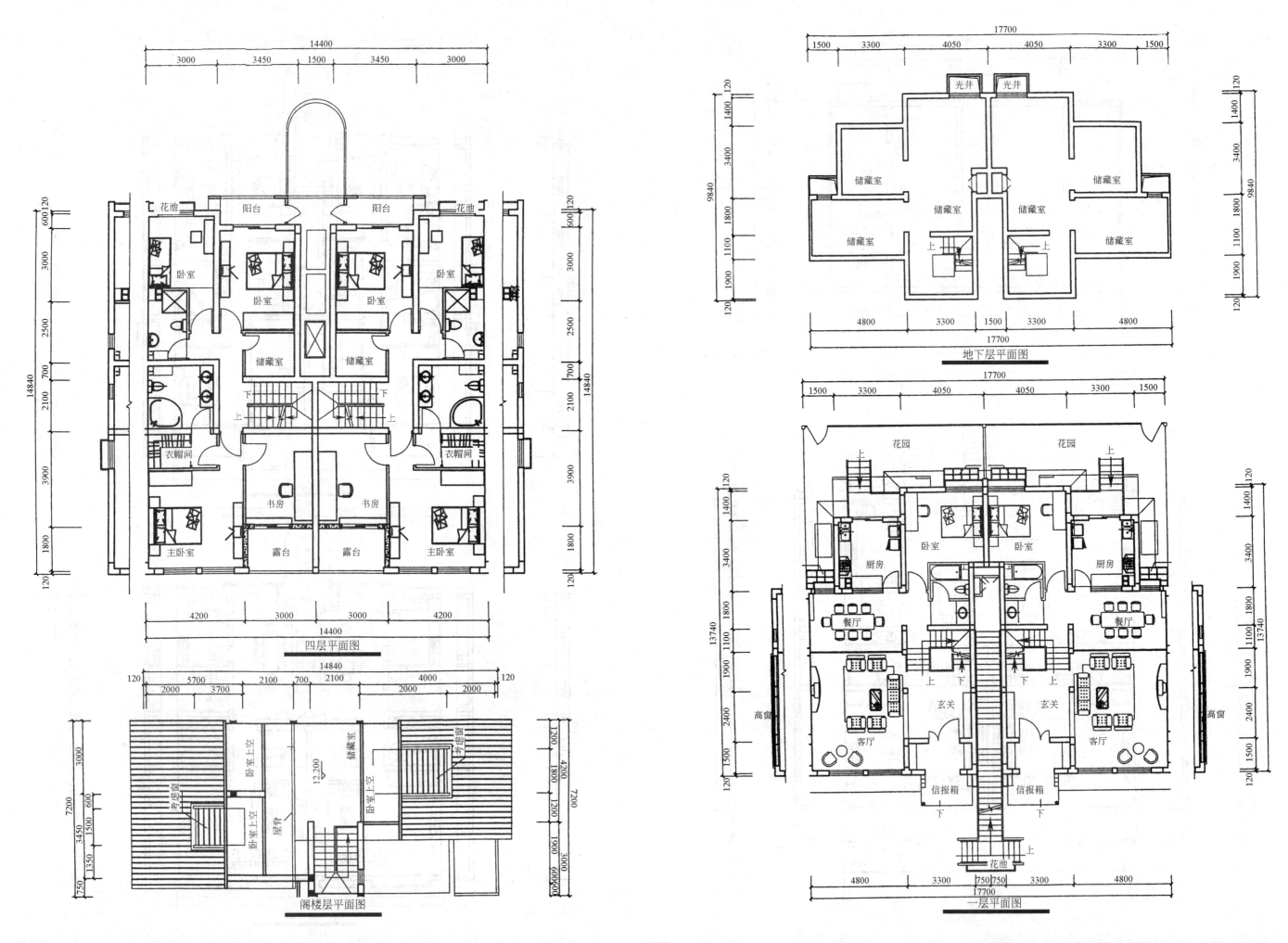

四层平面图

阁楼层平面图

地下层平面图

一层平面图

078

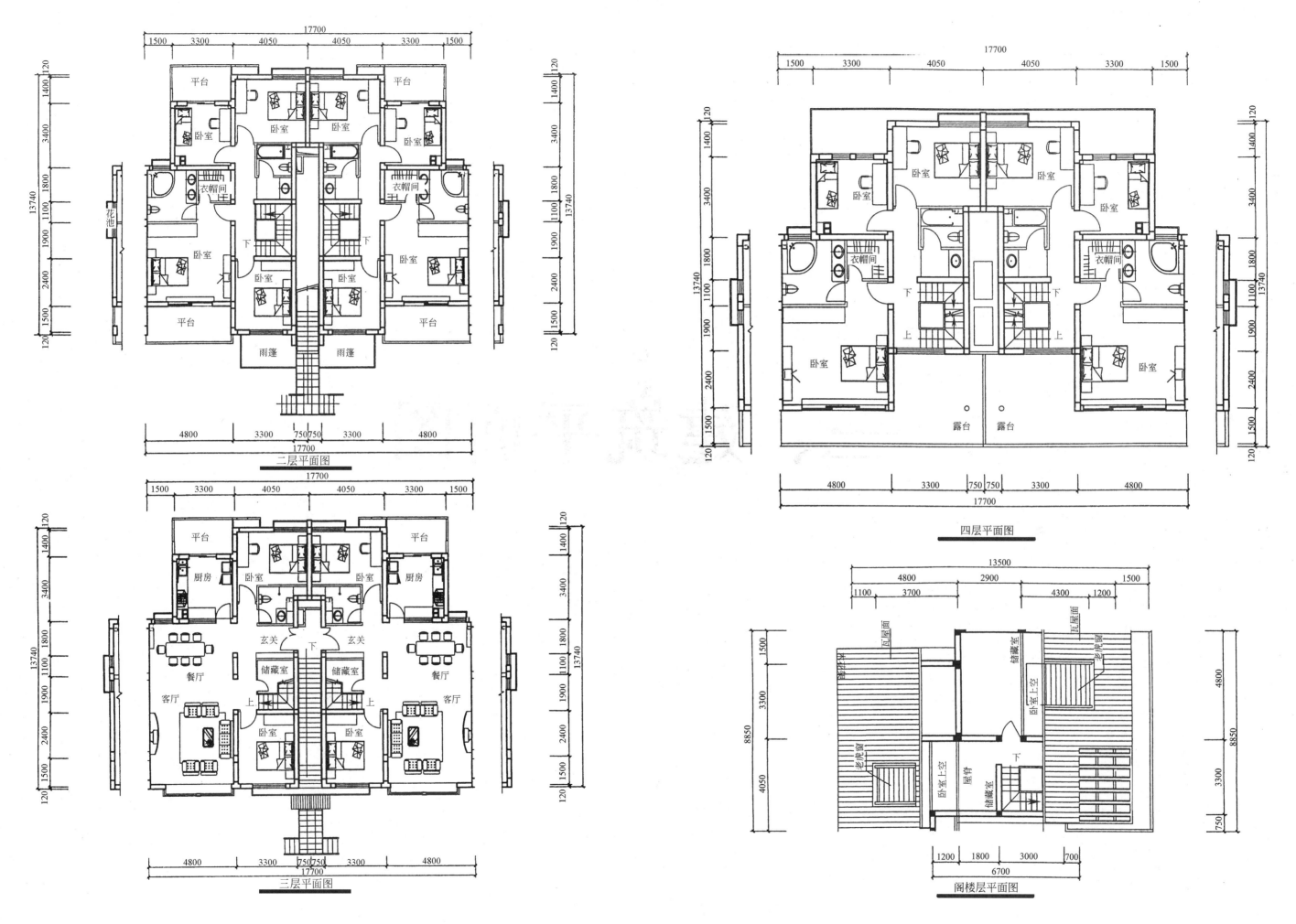

二层平面图

四层平面图

三层平面图

阁楼层平面图

079

三、建筑平面图

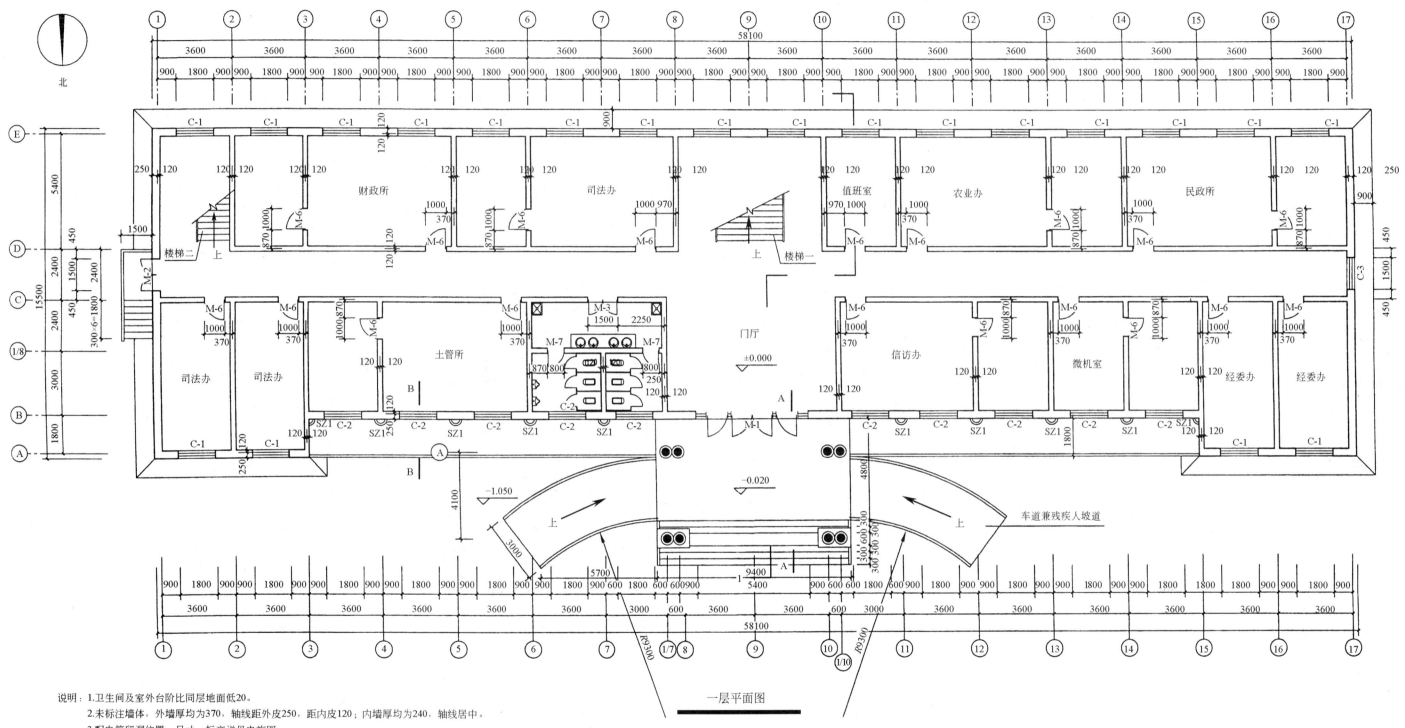

一层平面图

说明：1.卫生间及室外台阶比同层地面低20。
2.未标注墙体，外墙厚均为370，轴线距外皮250，距内皮120；内墙厚均为240，轴线居中。
3.配电箱留洞位置、尺寸、标高详见电施图。
4.坡道做法见88J12-13-1，扶手做法见88J12-12-4。
5.SZ1为内400GRC罗马石柱。

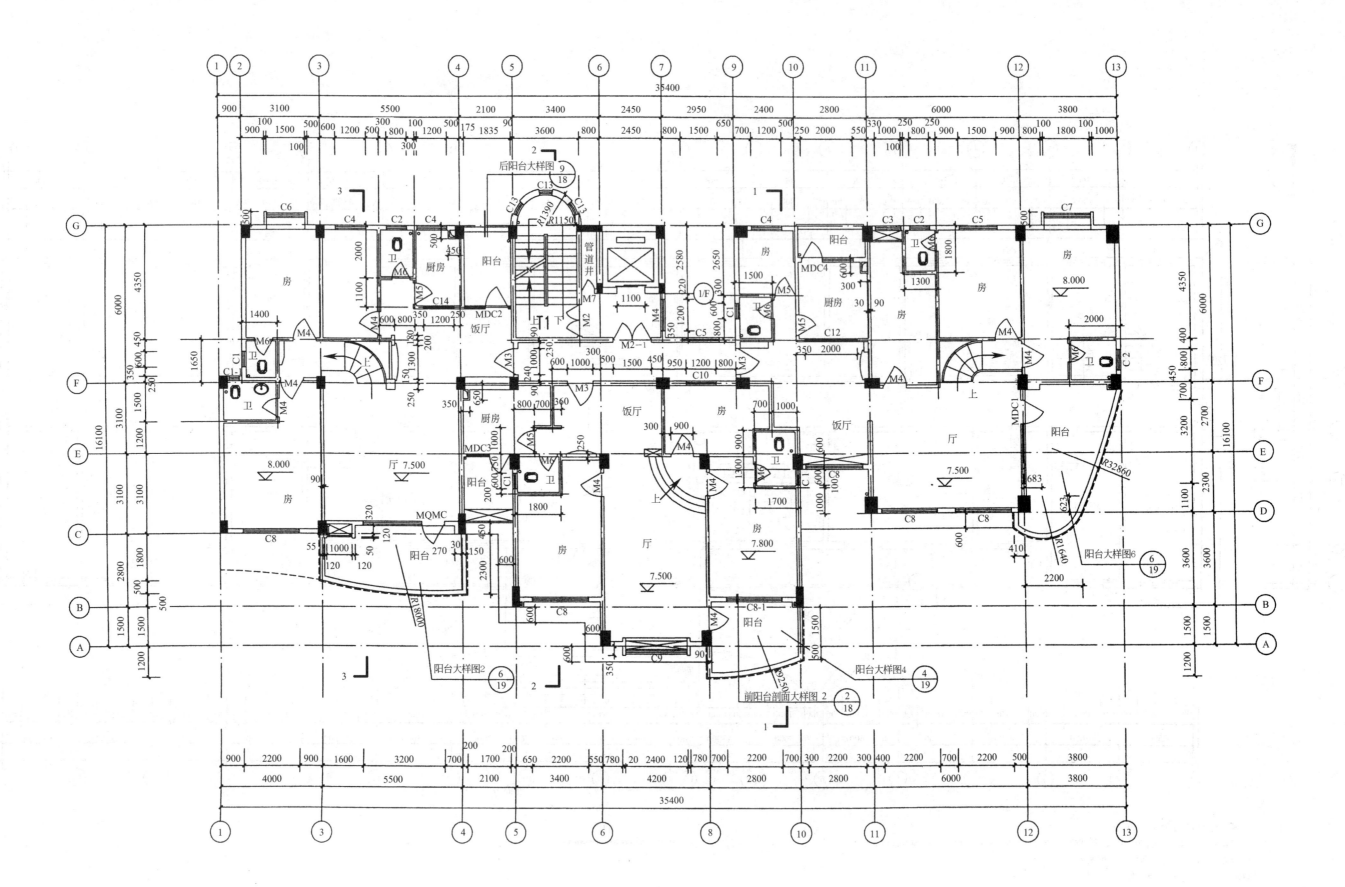

后阳台大样图

阳台

管道井

饭厅

厨房

阳台大样图6

阳台大样图2

阳台大样图4

前阳台剖面大样图2

注：1.厨房、卫生间标高比相邻室内标高低0.03m。
卫生间沉池部分的楼面板厚度为120mm。
2.阳台标高比厨房标高低0.05m。
3.未注明门垛为120，未定位门窗在所在房门对内墙中。
4.外墙与分户墙墙厚180mm，内墙墙厚120mm，注明除外。
5.各阳台雨水口做法详见中南图集 98ZJ201 4/23。

二层平面图   1:100

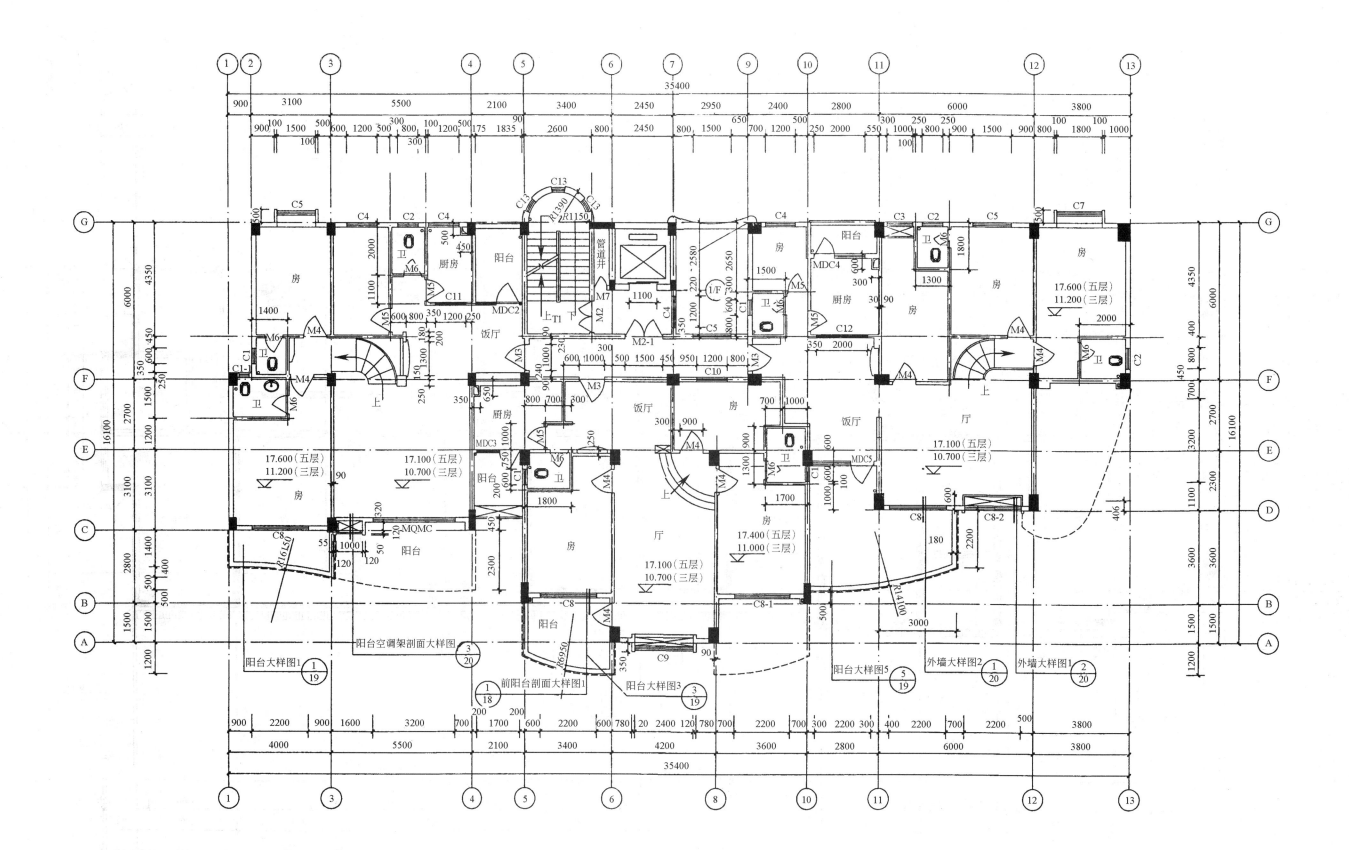

三、五层平面图

1:100

注：1.厨房、卫生间标高比相邻室内标高低0.03m。卫生间沉池部分的楼面板厚度为120mm

2.阳台标高比厨房标高低0.05m。

3.未注明门垛为120，未定位门窗于所在房间的内墙中。

4.外墙与分户墙墙厚180mm，内墙墙厚120mm，注明除外。

5.各阳台雨水口做法详见中南图集98AJ201 4/23。

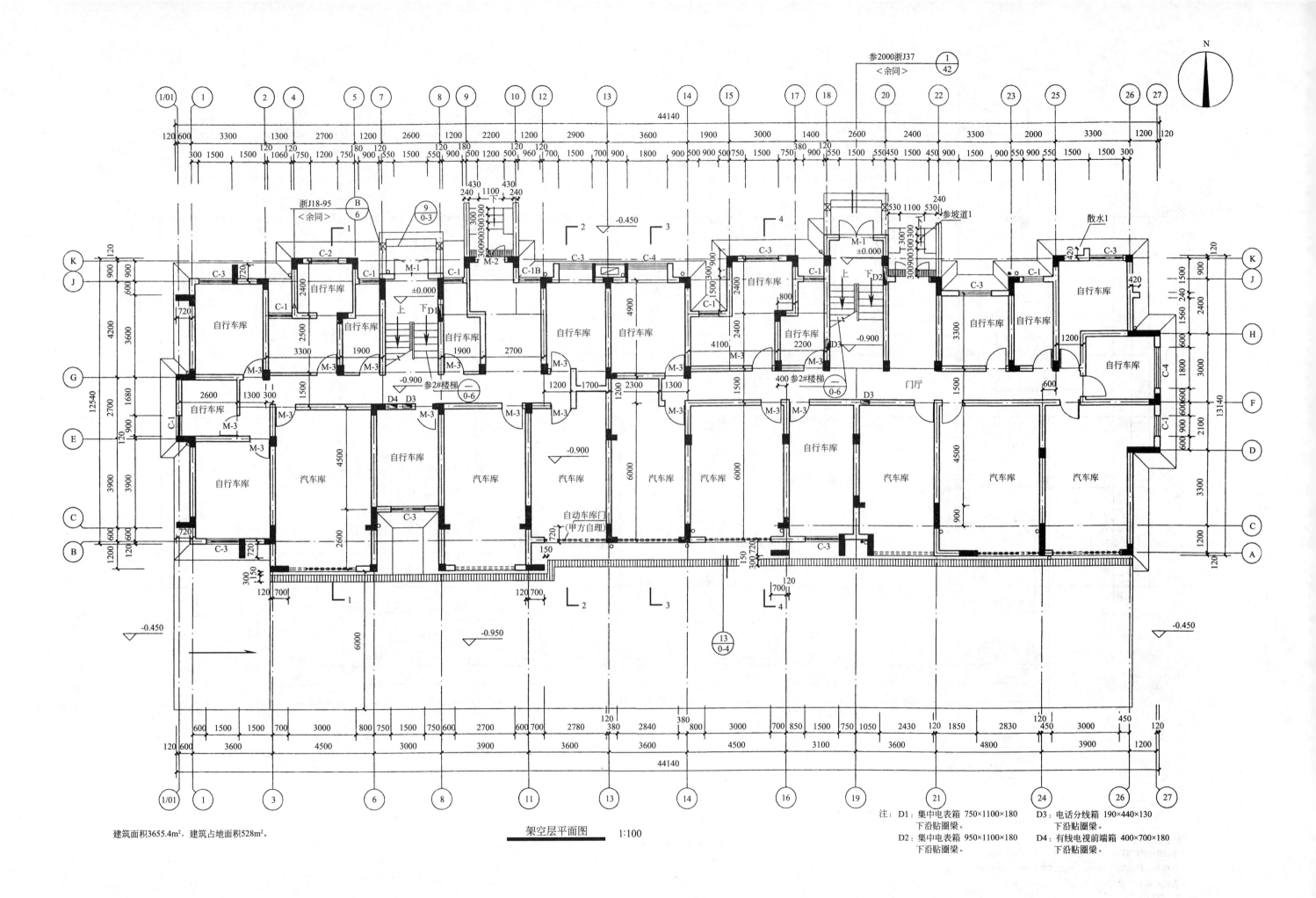

架空层平面图　1:100

建筑面积3655.4m²，建筑占地面积528m²。

注：
D1：集中电表箱 750×1100×180 下沿贴圈梁。
D2：集中电表箱 950×1100×180 下沿贴圈梁。
D3：电话分线箱 190×440×130 下沿贴圈梁。
D4：有线电视前端箱 400×700×180 下沿贴圈梁。

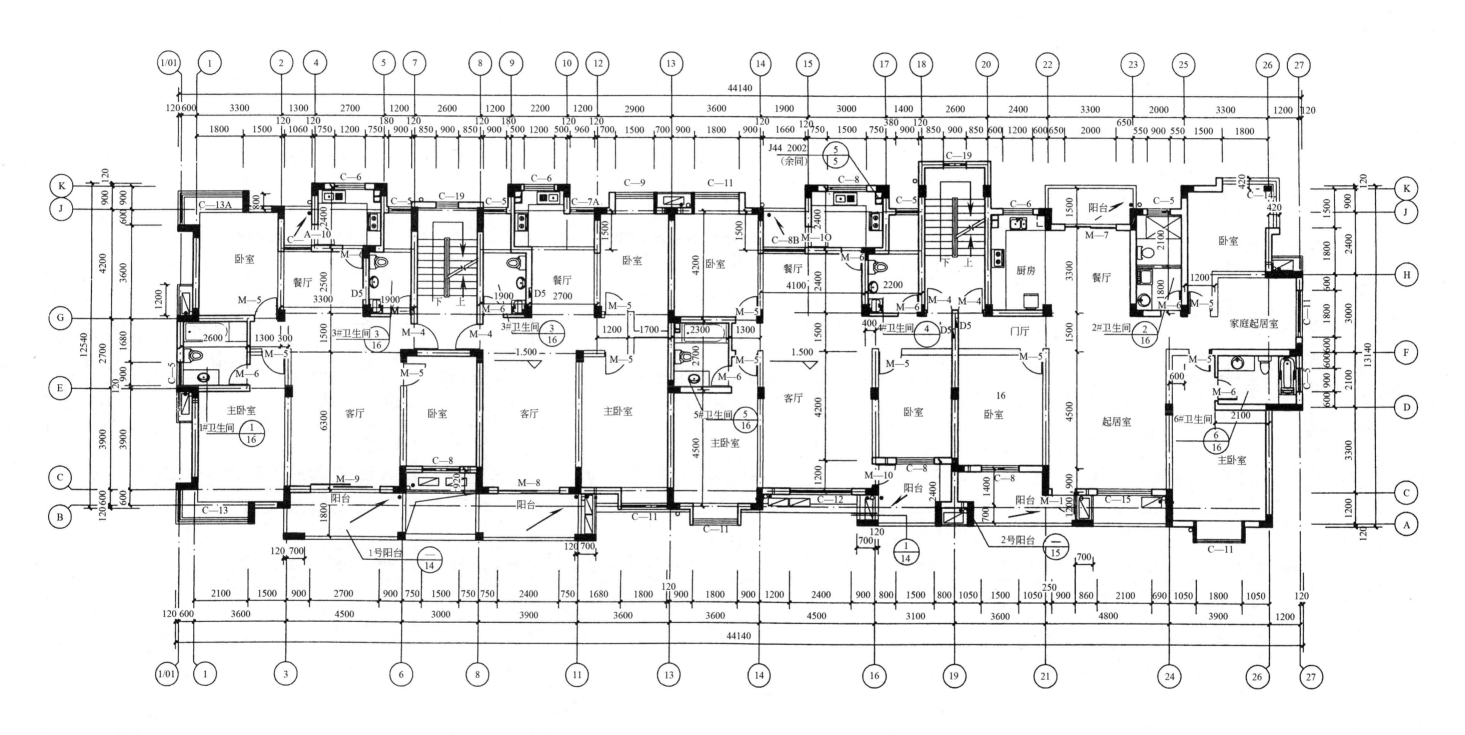

一层平面图　　1:100

注：
D5：户配箱 360×210×120　H=1.8m。

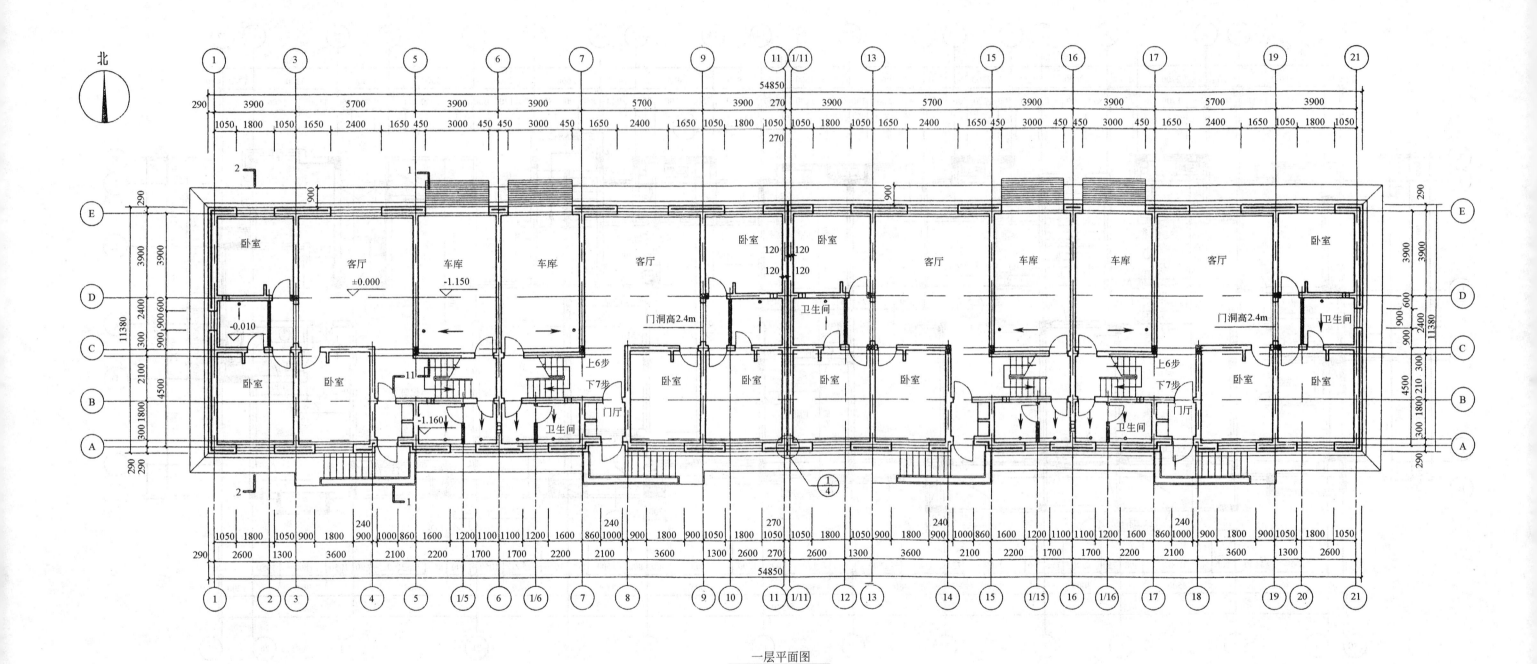

北

一层平面图

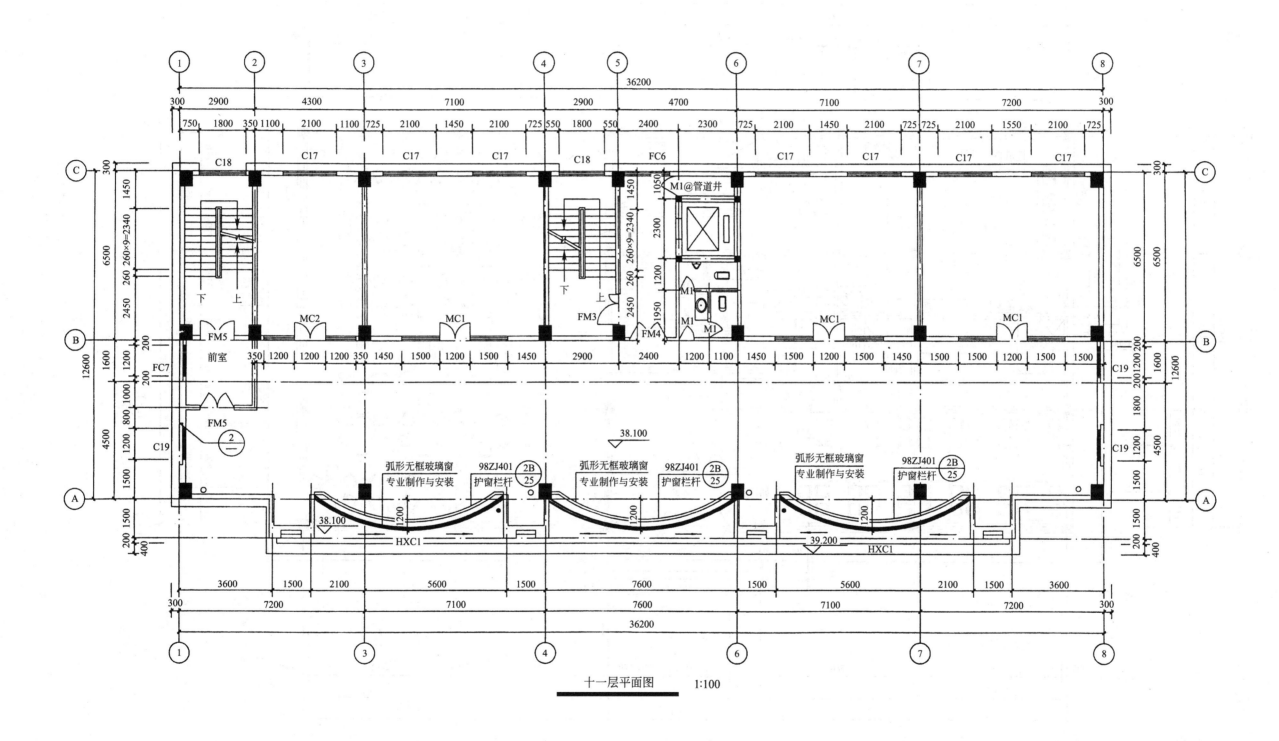

弧形无框玻璃窗
专业制作与安装

弧形无框玻璃窗
专业制作与安装

弧形无框玻璃窗
专业制作与安装

98ZJ401
护窗栏杆

98ZJ401
护窗栏杆

98ZJ401
护窗栏杆

十一层平面图　　1:100

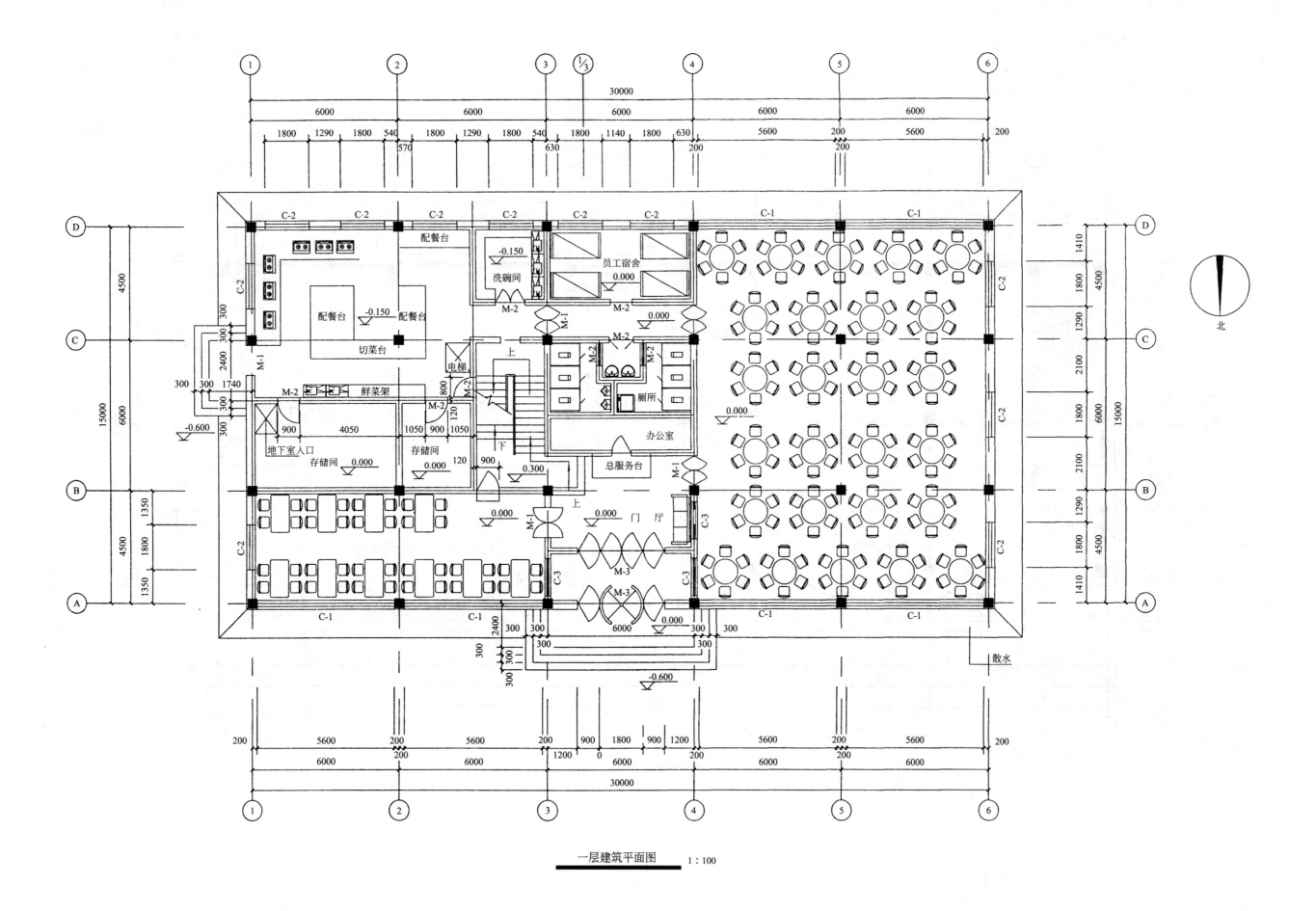

一层建筑平面图　1：100

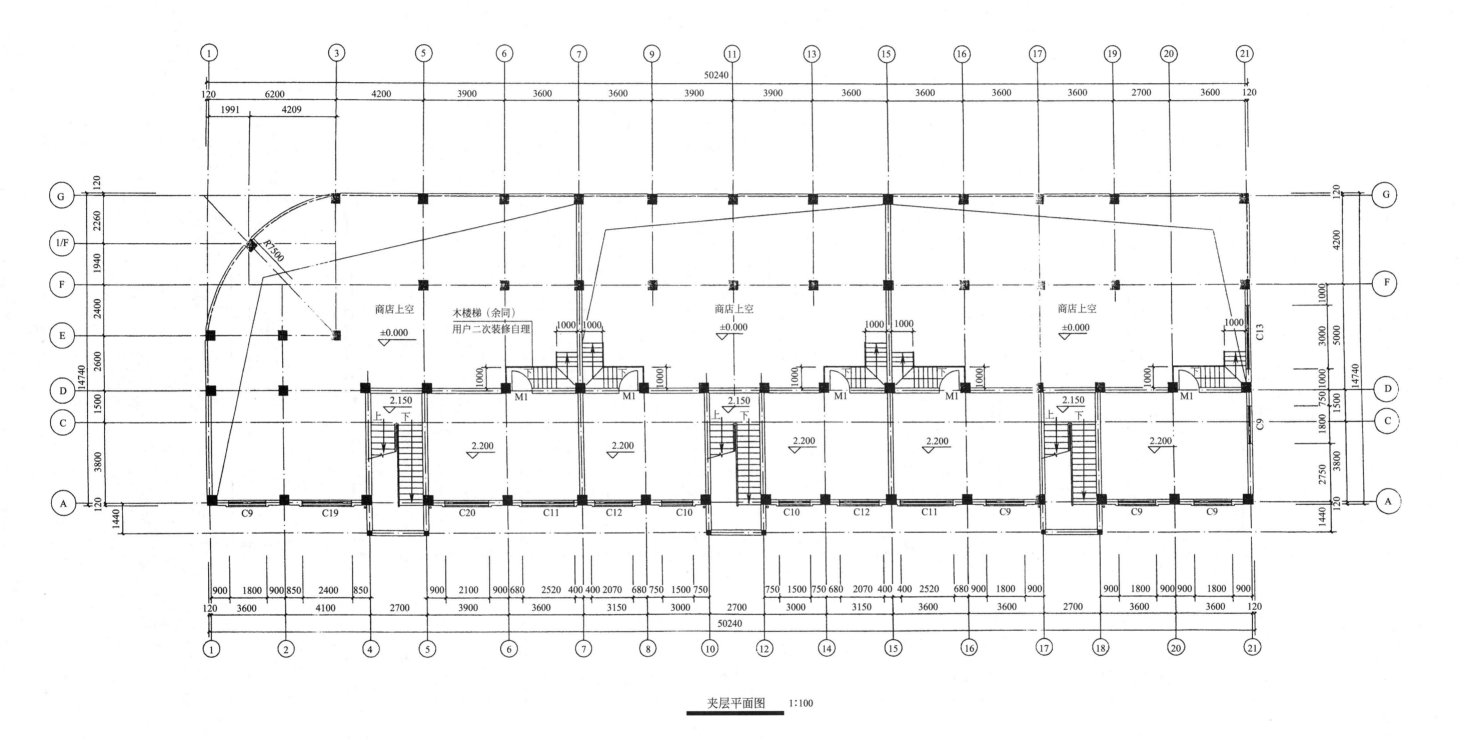

夹层平面图　1:100

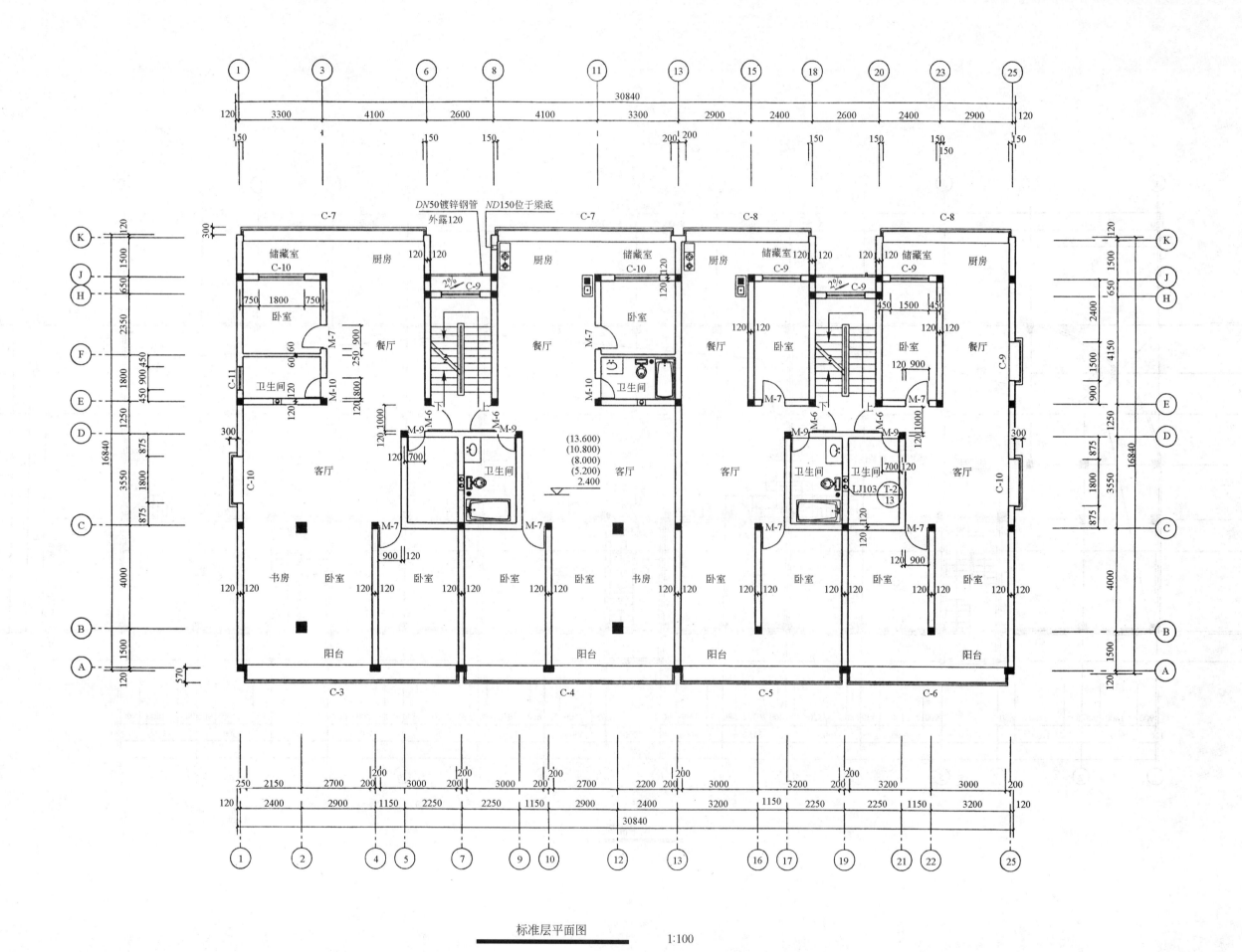

标准层平面图　1:100

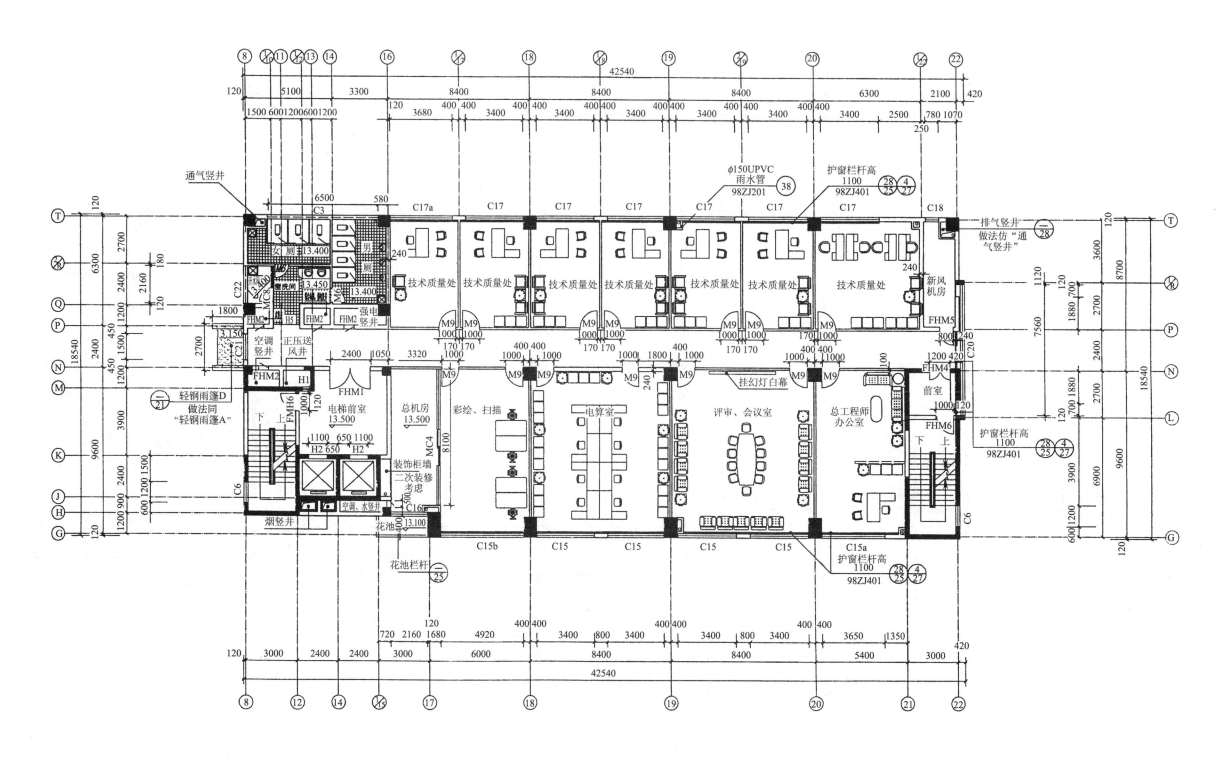

五层平面图

本层建筑面积：772m²

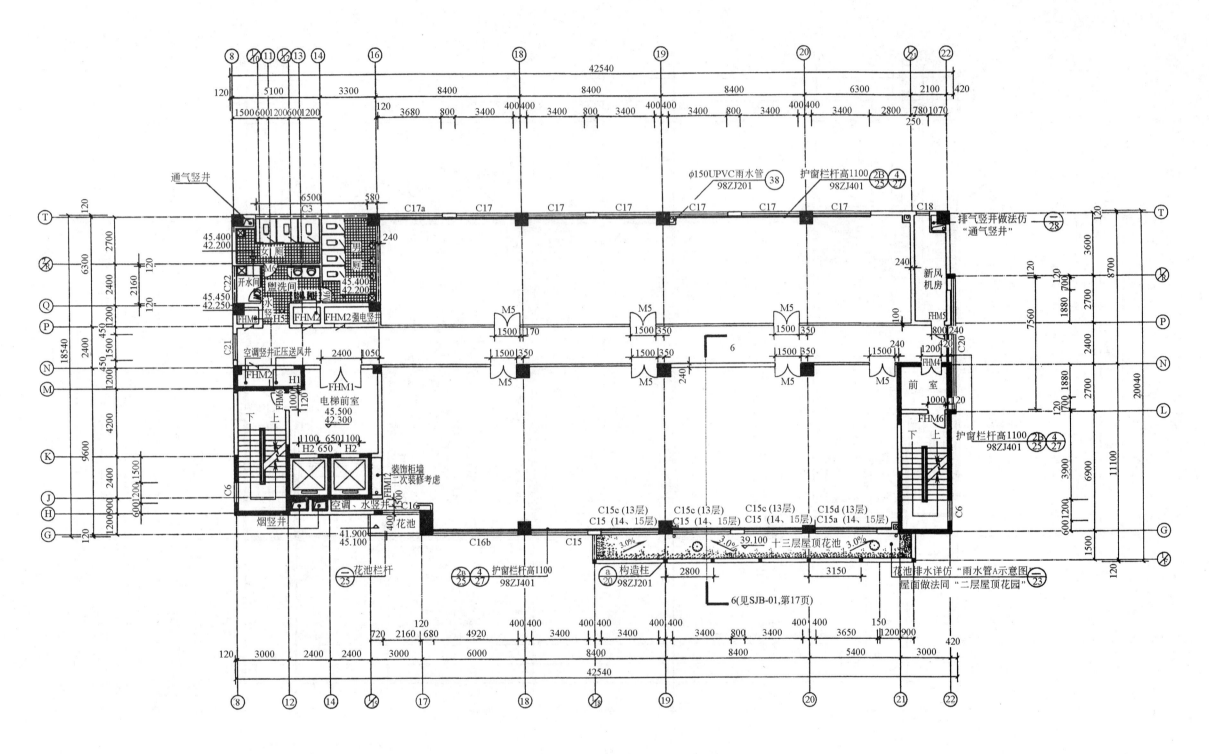

十四、十五层平面图

本层建筑面积：772m²

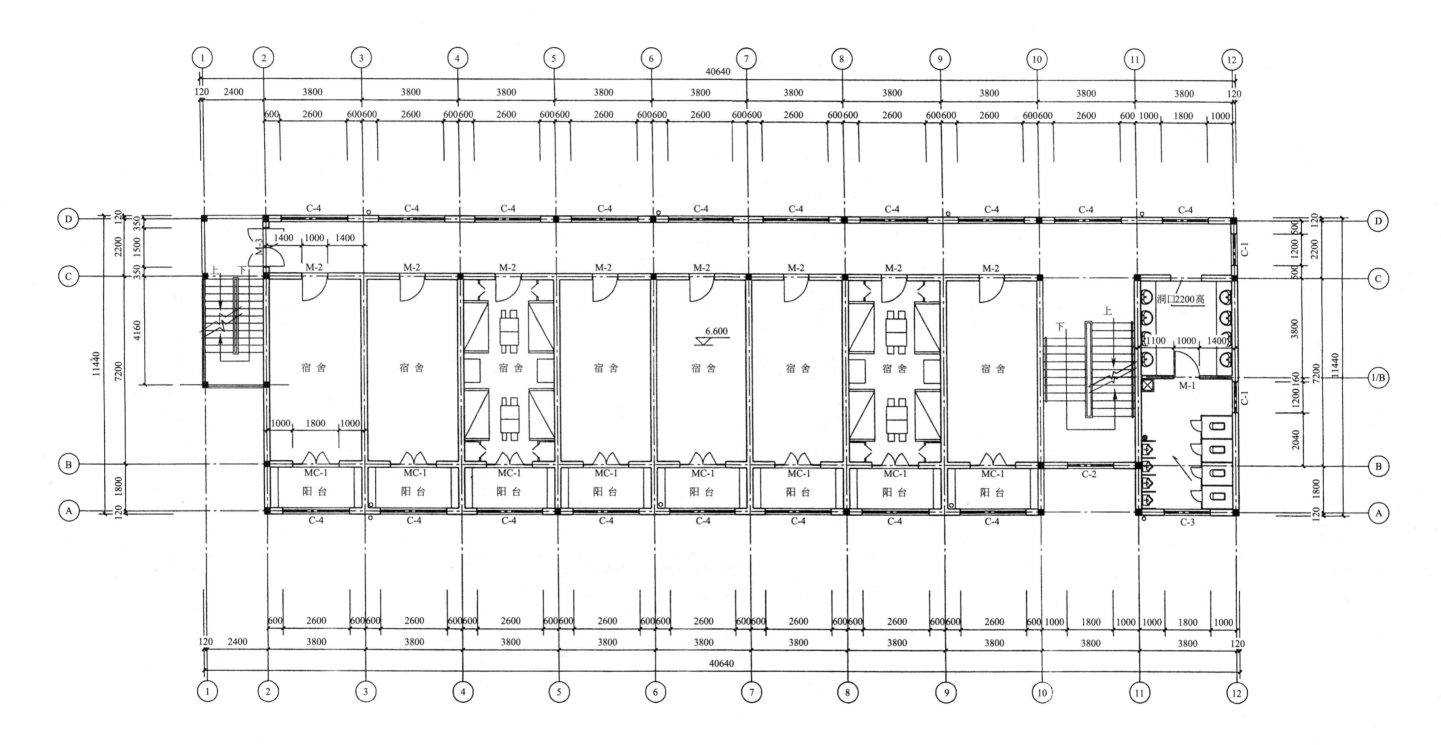

三层平面图 1:100

注：凡图中未注明尺寸参见一层平面

093

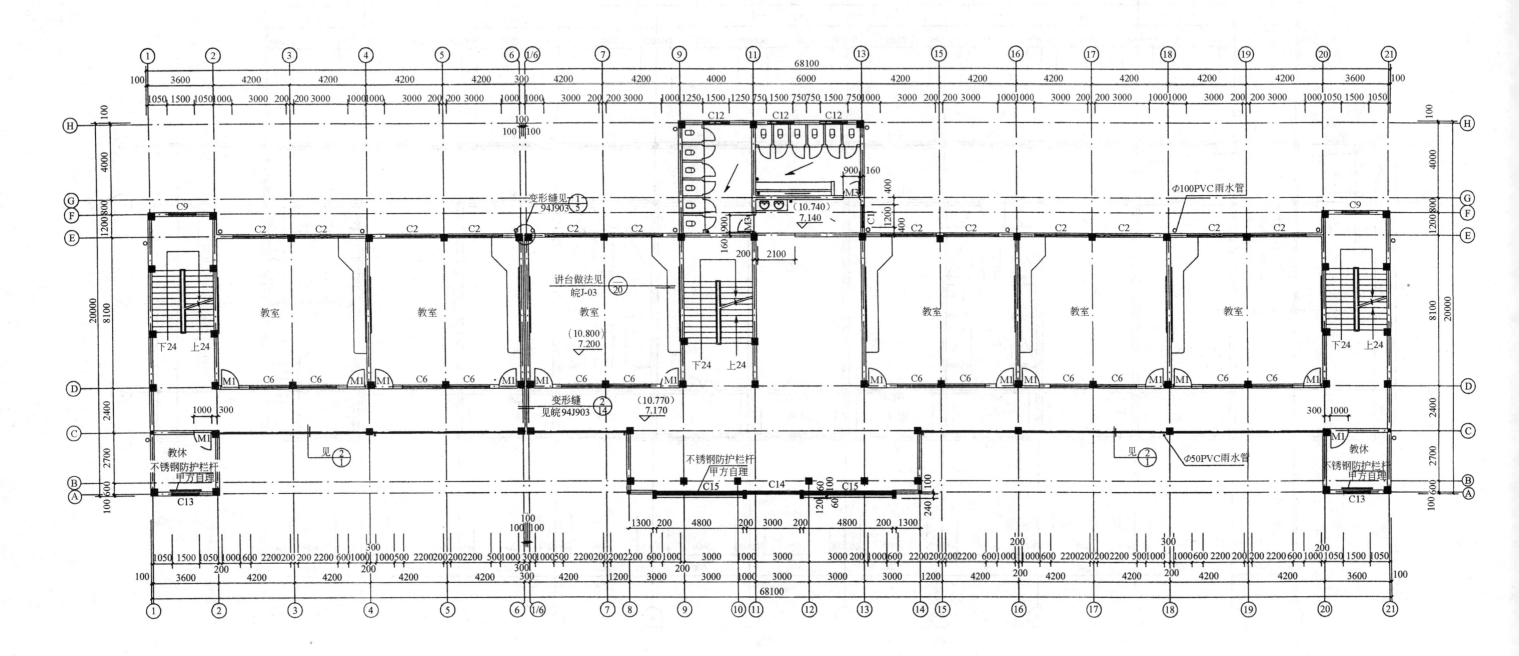

三、四层平面图 1:100

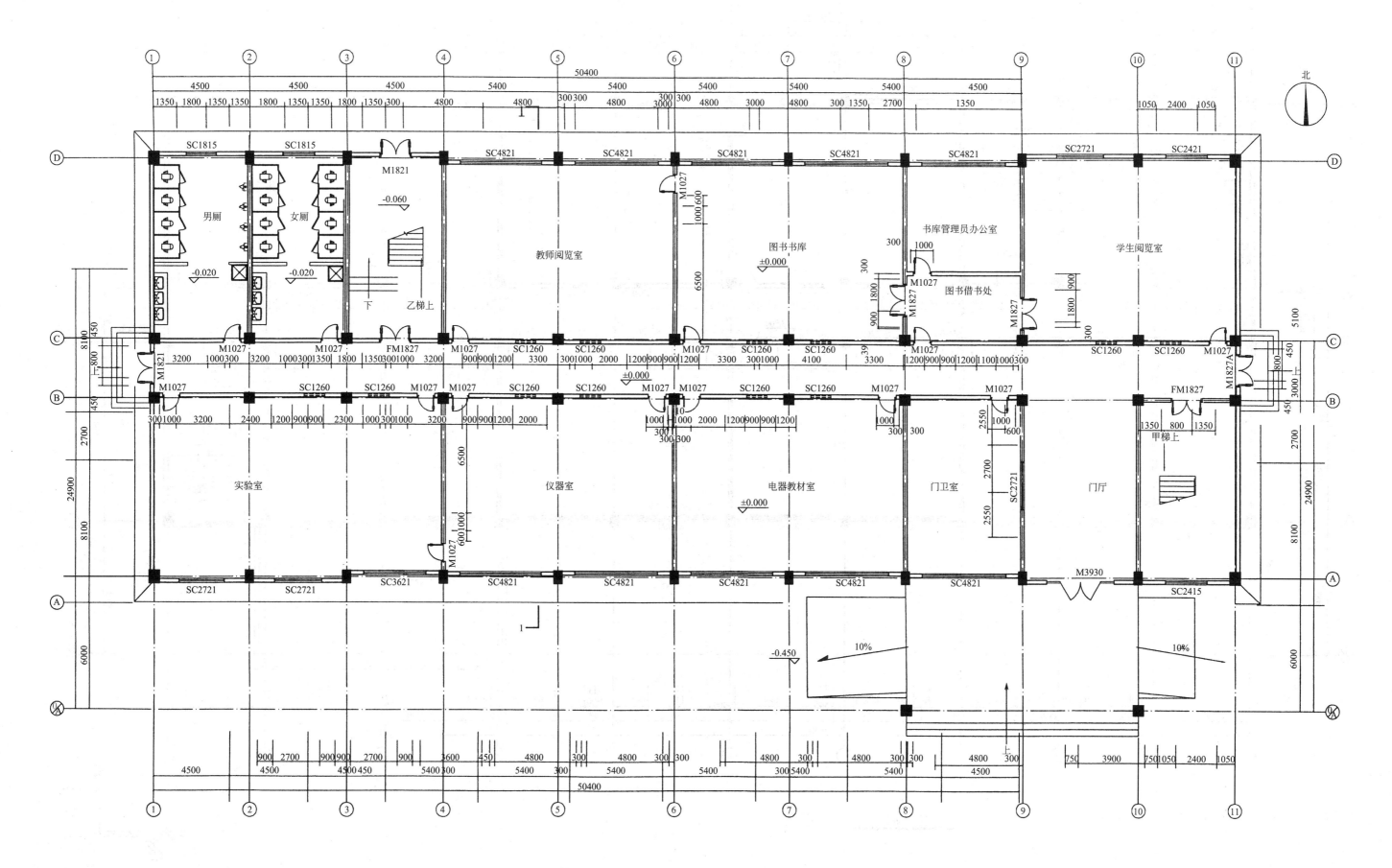

一层平面图 1:100

注：构造柱布置详结构图

095

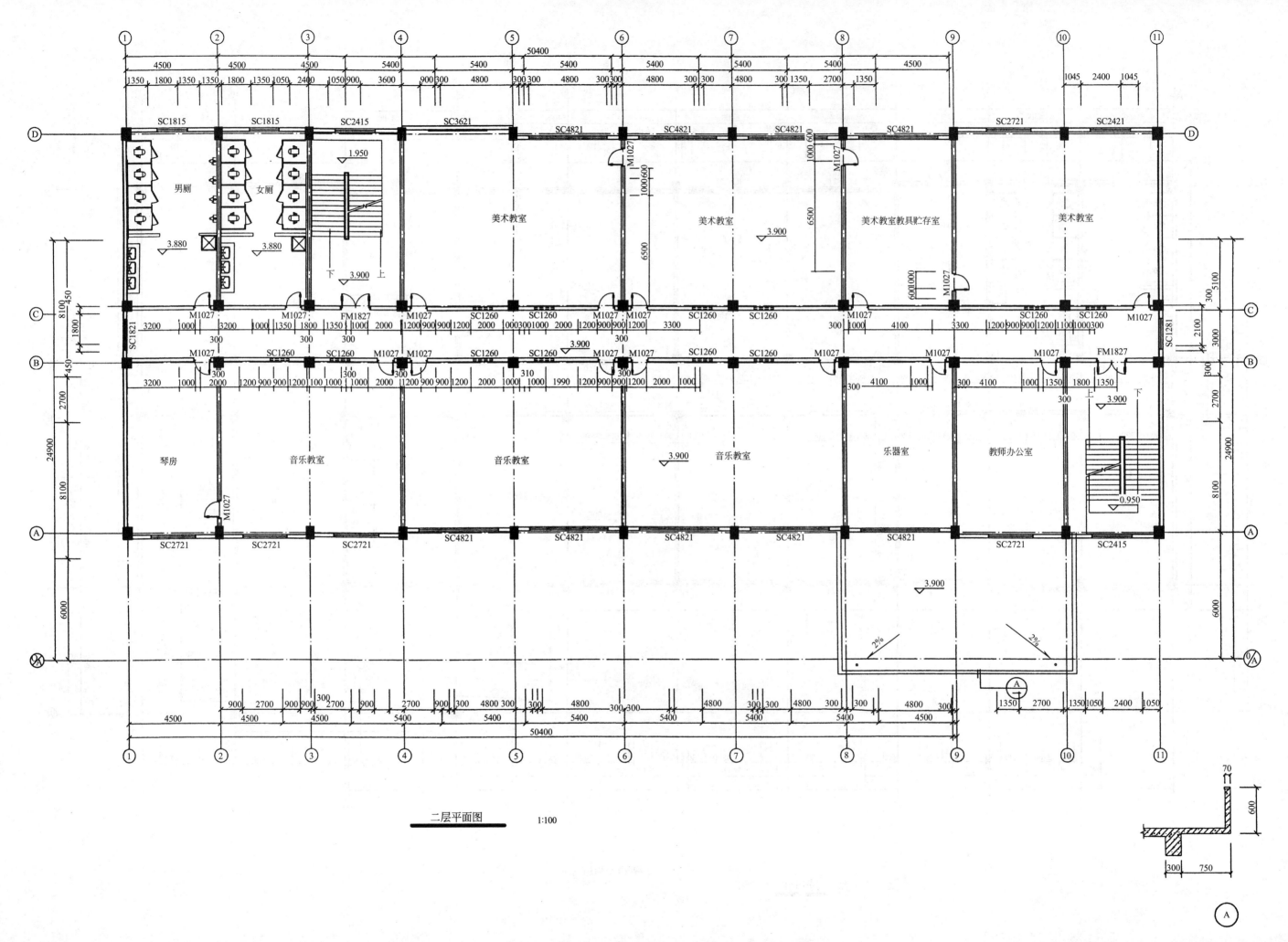

二层平面图　　1:100

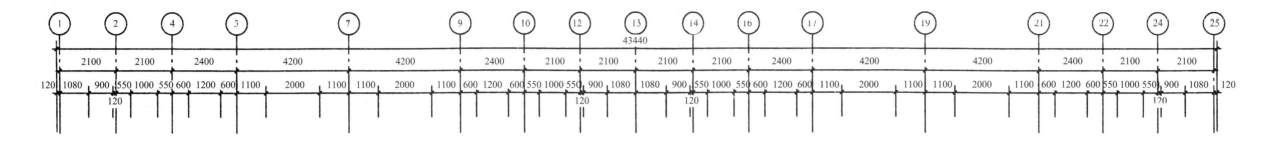

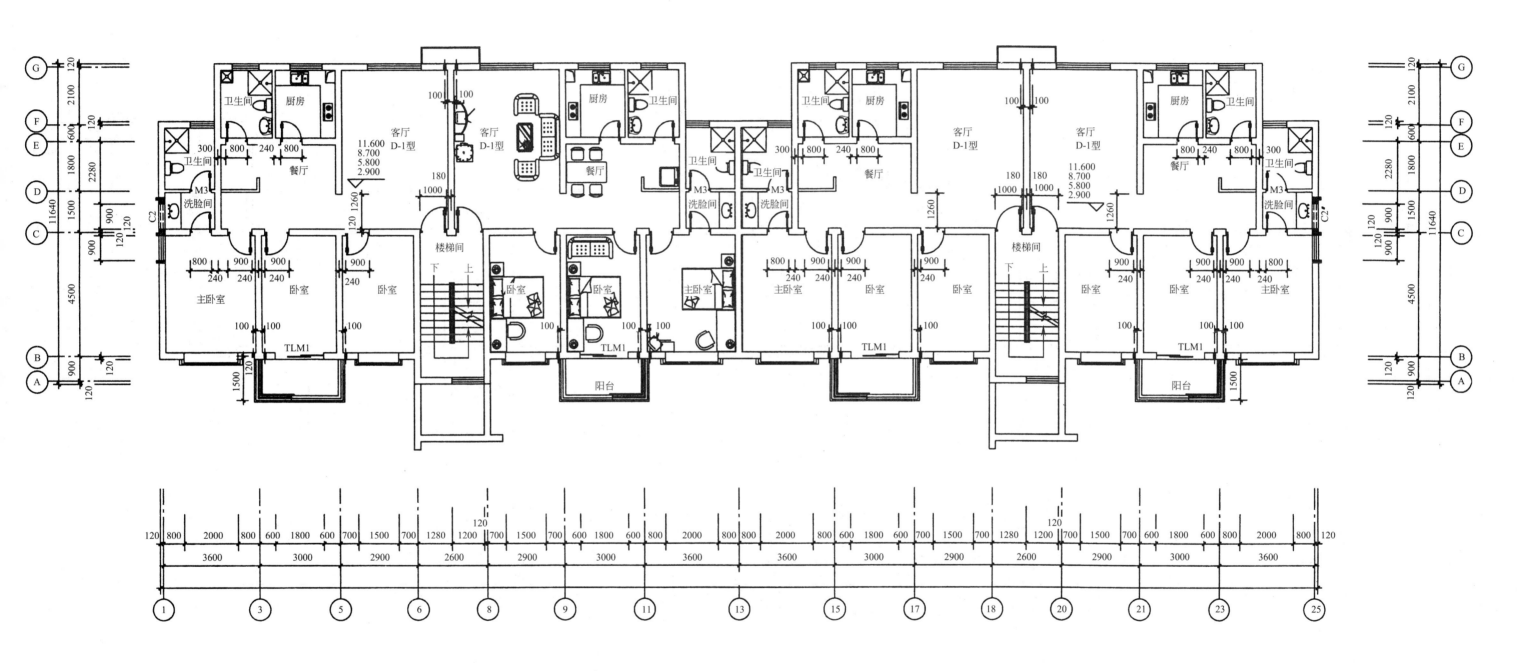

二～五层平面图　　1:100

××设计院		工程总称			
		项　目	××多层住宅楼（一）		
院　长		审　核		设计号	
总工程师		校　对	二～五层平面图	图　别	建施
室主任		设　计		图　号	04
项目负责人		制　图		日　期	

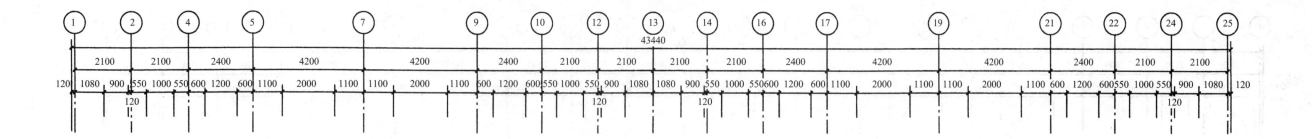

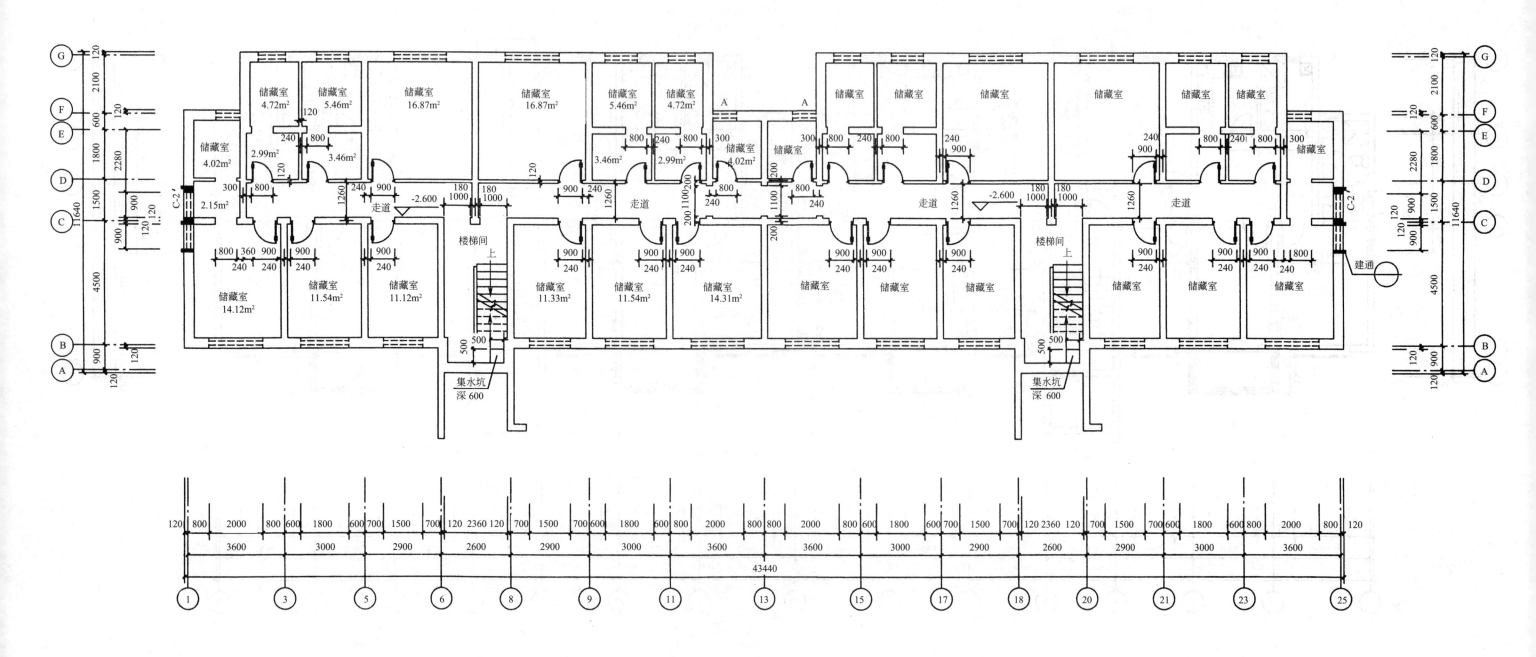

地下室平面图　1:100

注：地下室所有外墙为370砖墙，内墙除注明外均为240砖墙。

XX设计院		工程总称			
		项　目	XX多层住宅楼（一）		
院　长	审　核			设计号	
总工程师	校　对	地下室平面图		图别	建施
室主任	设　计			图号	02
项目负责人	制　图			日　期	

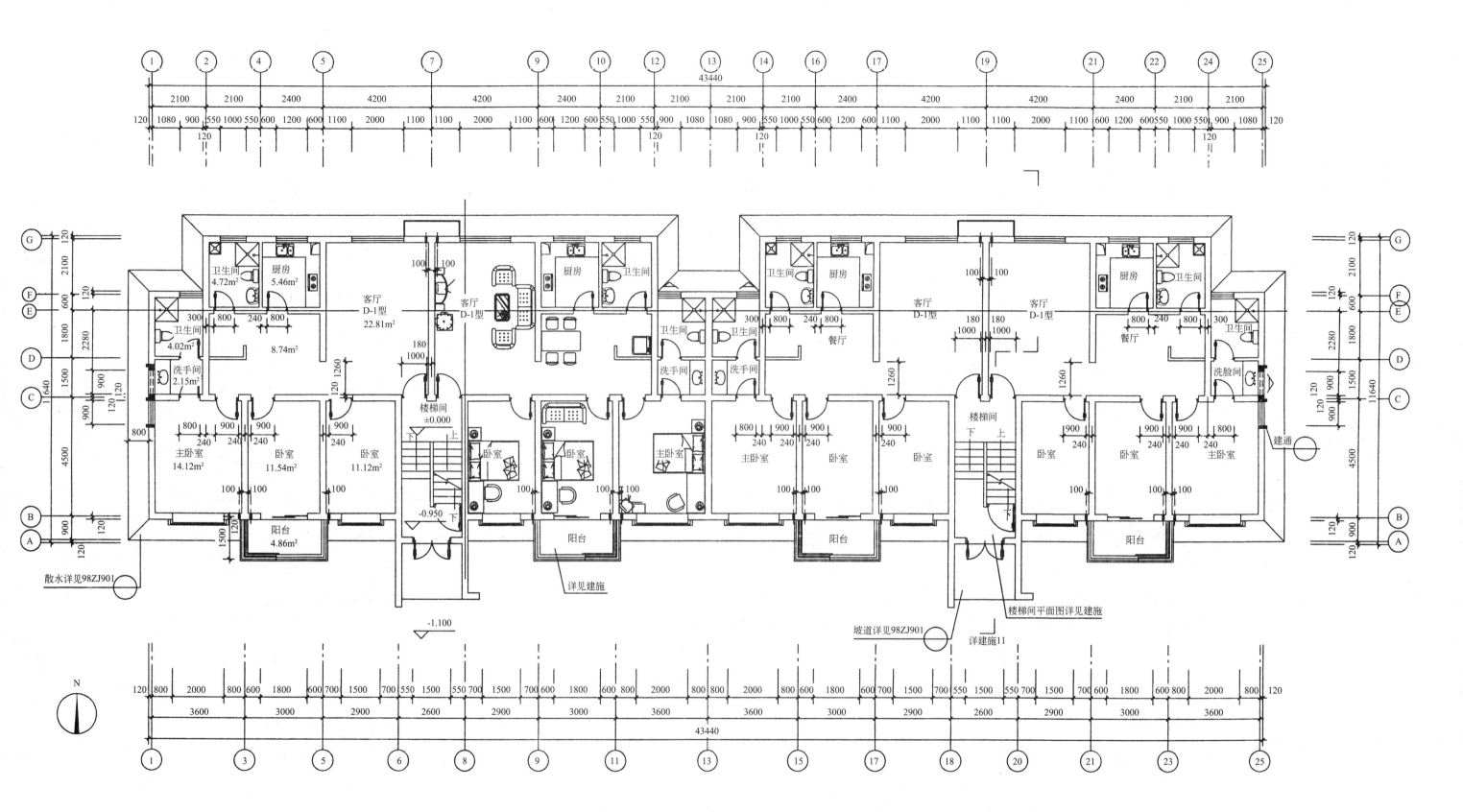

一层平面图

注：户型放大平面图详见建施 12

散水详见98ZJ901

坡道详见98ZJ901

详见建施11

楼梯间平面图详见建施

详见建施

N

XX设计院		工程总称			
		项　目	XX多层住宅楼（一）		
院　长		审　核		设计号	
总工程师		校　对		图　别	建施
室主任		设　计	一层平面图	图　号	03
项目负责人		制　图		日　期	

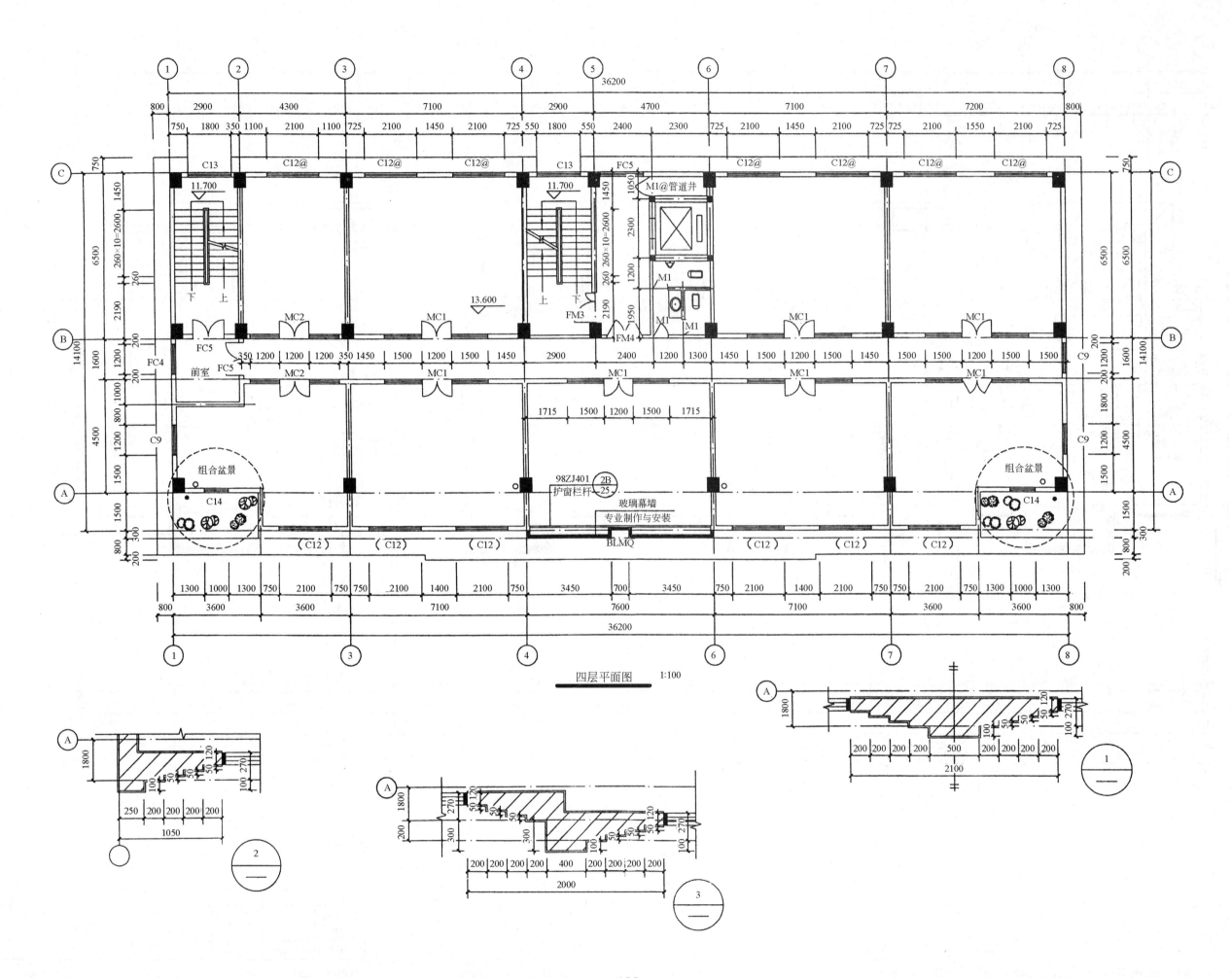

四层平面图　1:100

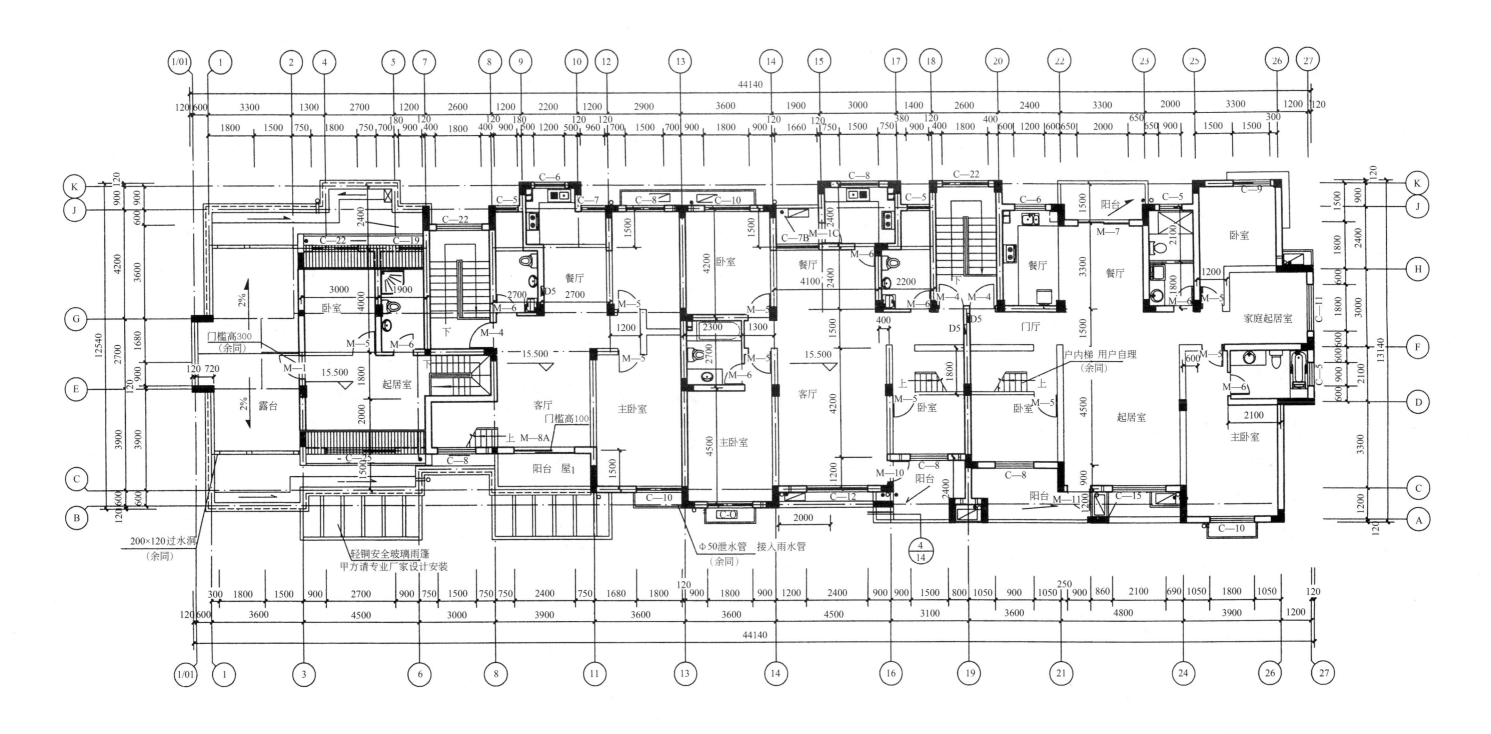

六层平面图　1：100

注：
D5：户配箱 360×210×120 H=1.8m

101

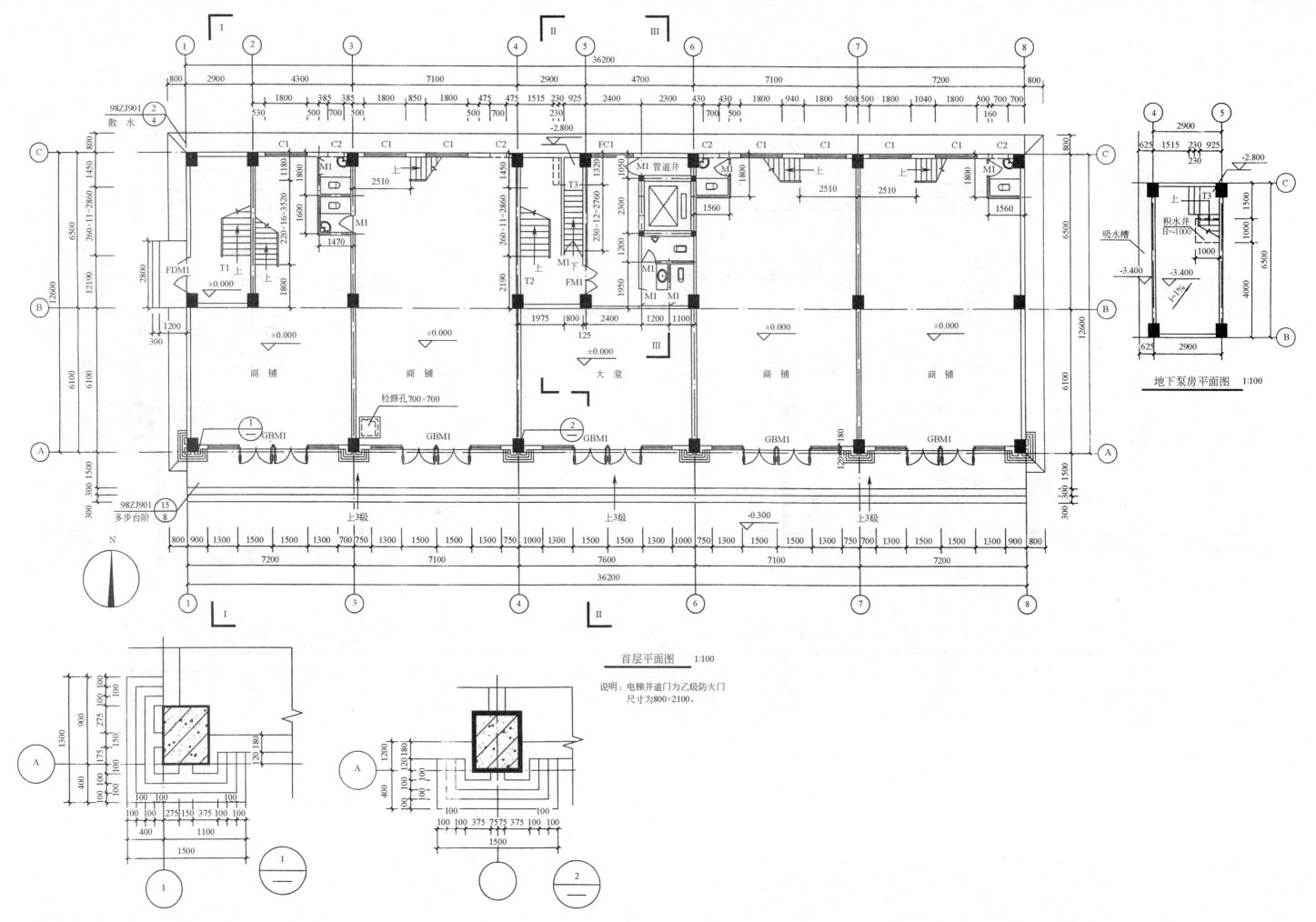

首层平面图 1:100

说明：电梯井道门为乙级防火门
尺寸为800×2100。

地下泵房平面图 1:100

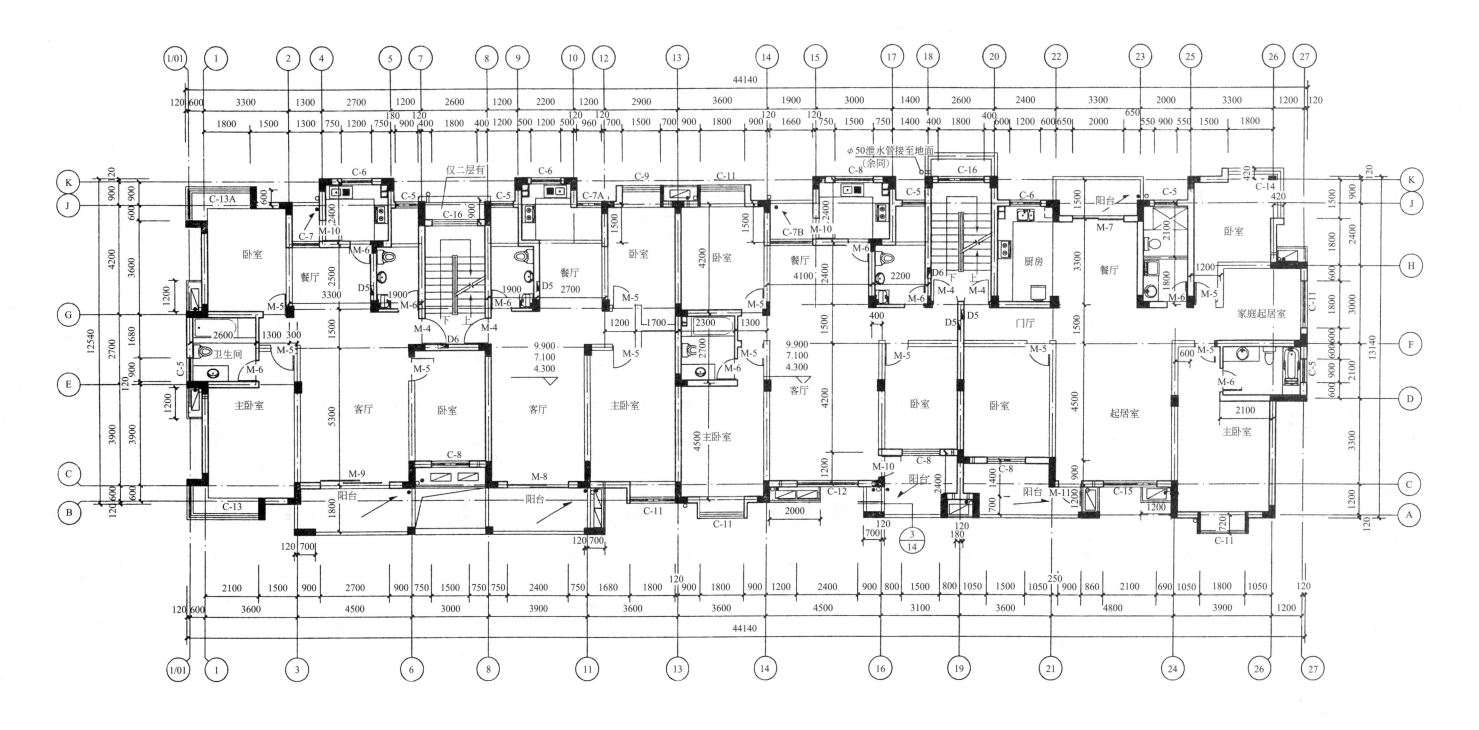

二~四层平面图　　1:100

注:
D5: 户配箱 360×210×120, H=1.8m
D6: 有线电视分配箱 350×420×150, H=1.8m (仅三层有)

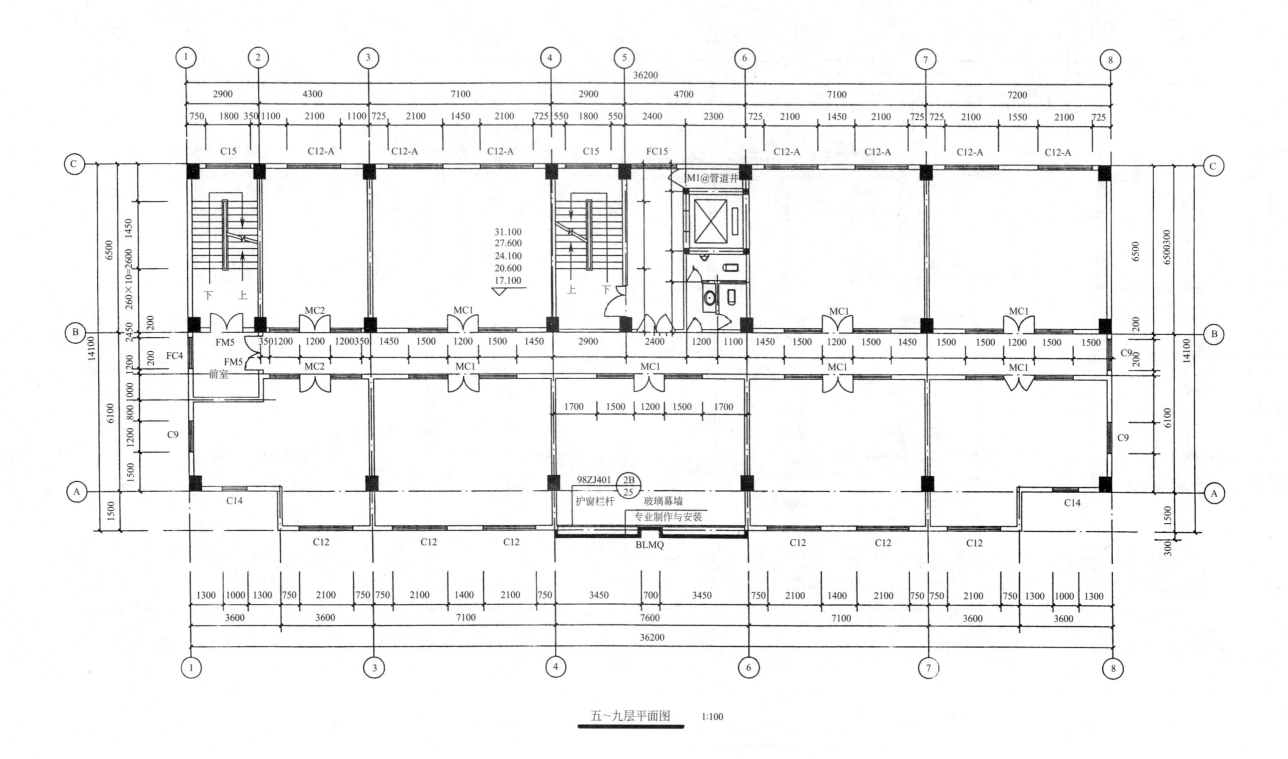

五～九层平面图　1:100

104

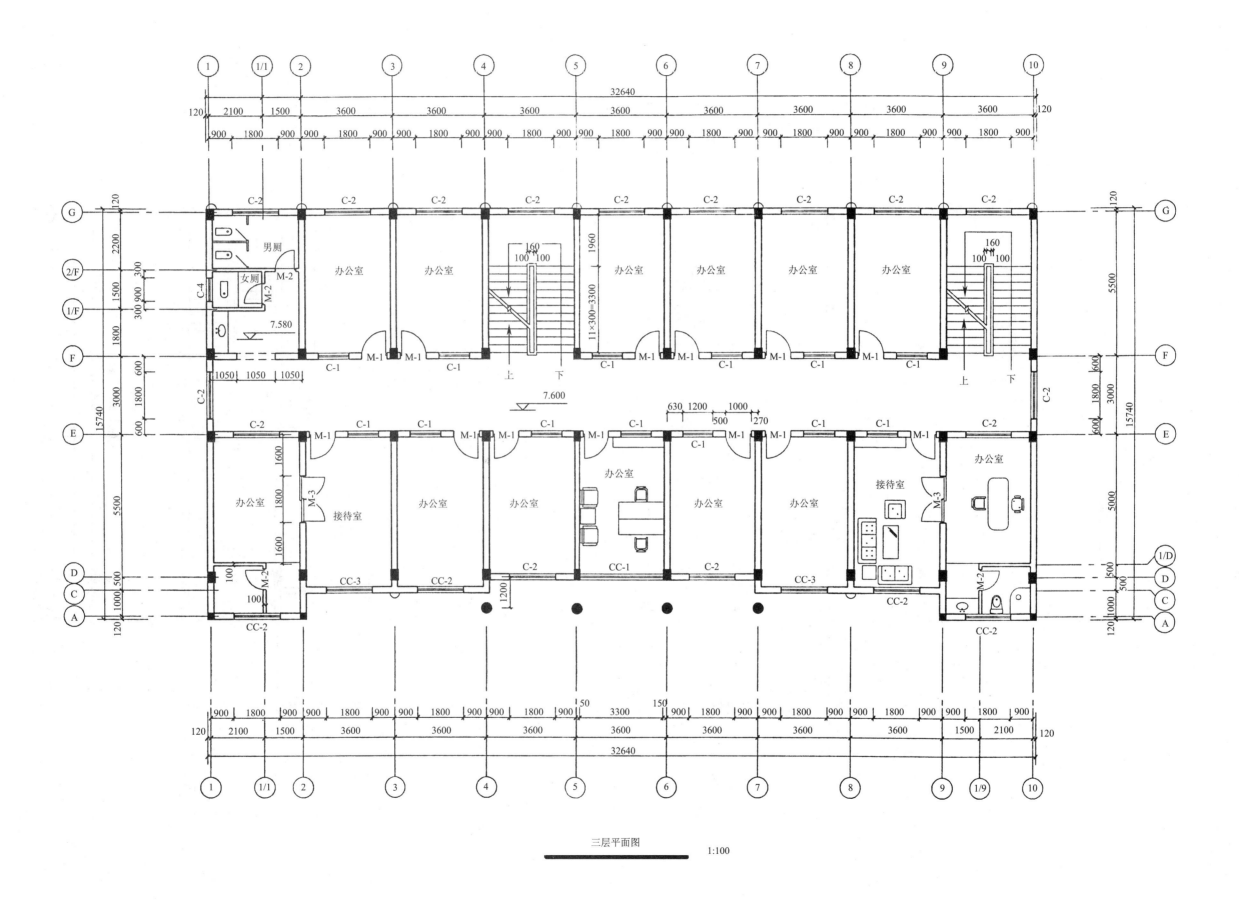

三层平面图 1:100

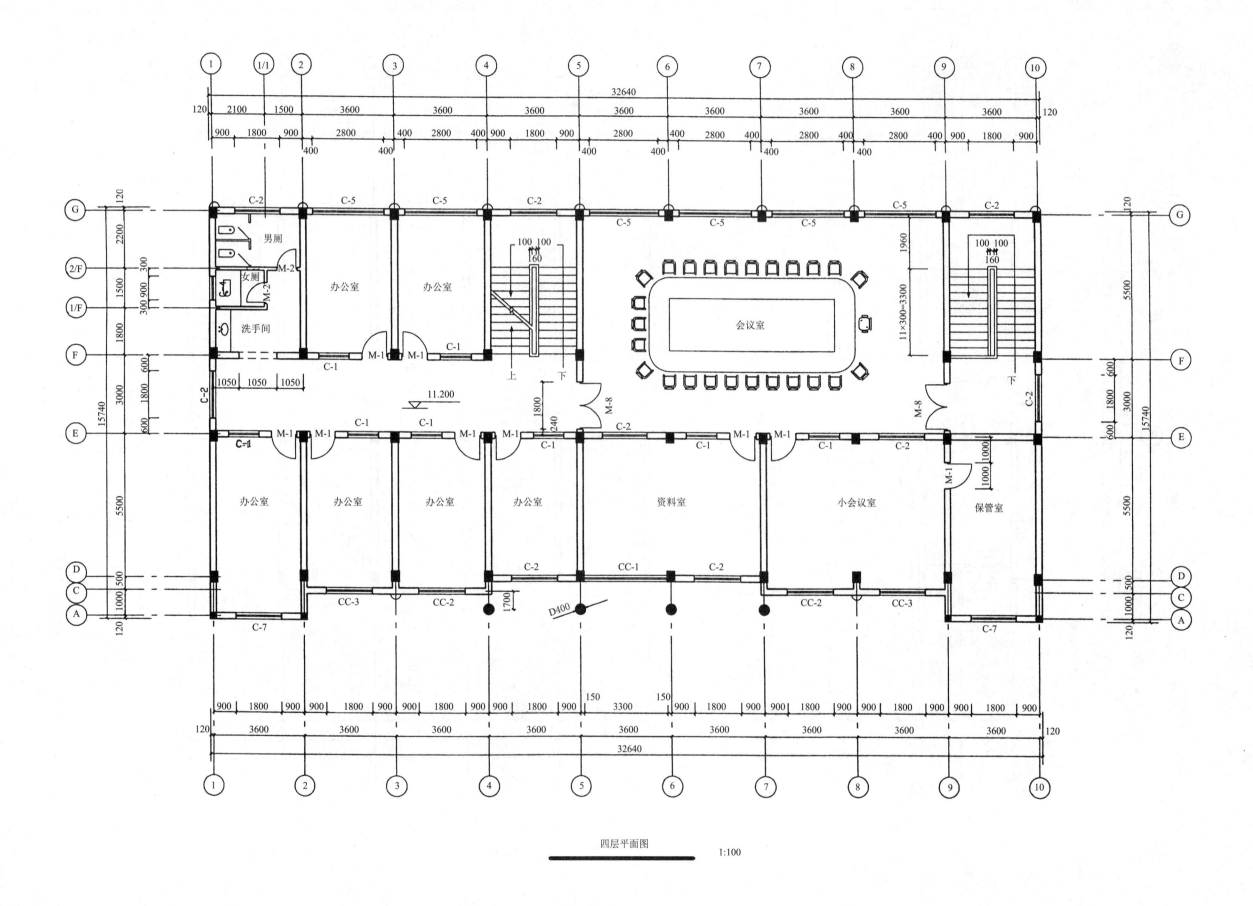

四层平面图　　1:100

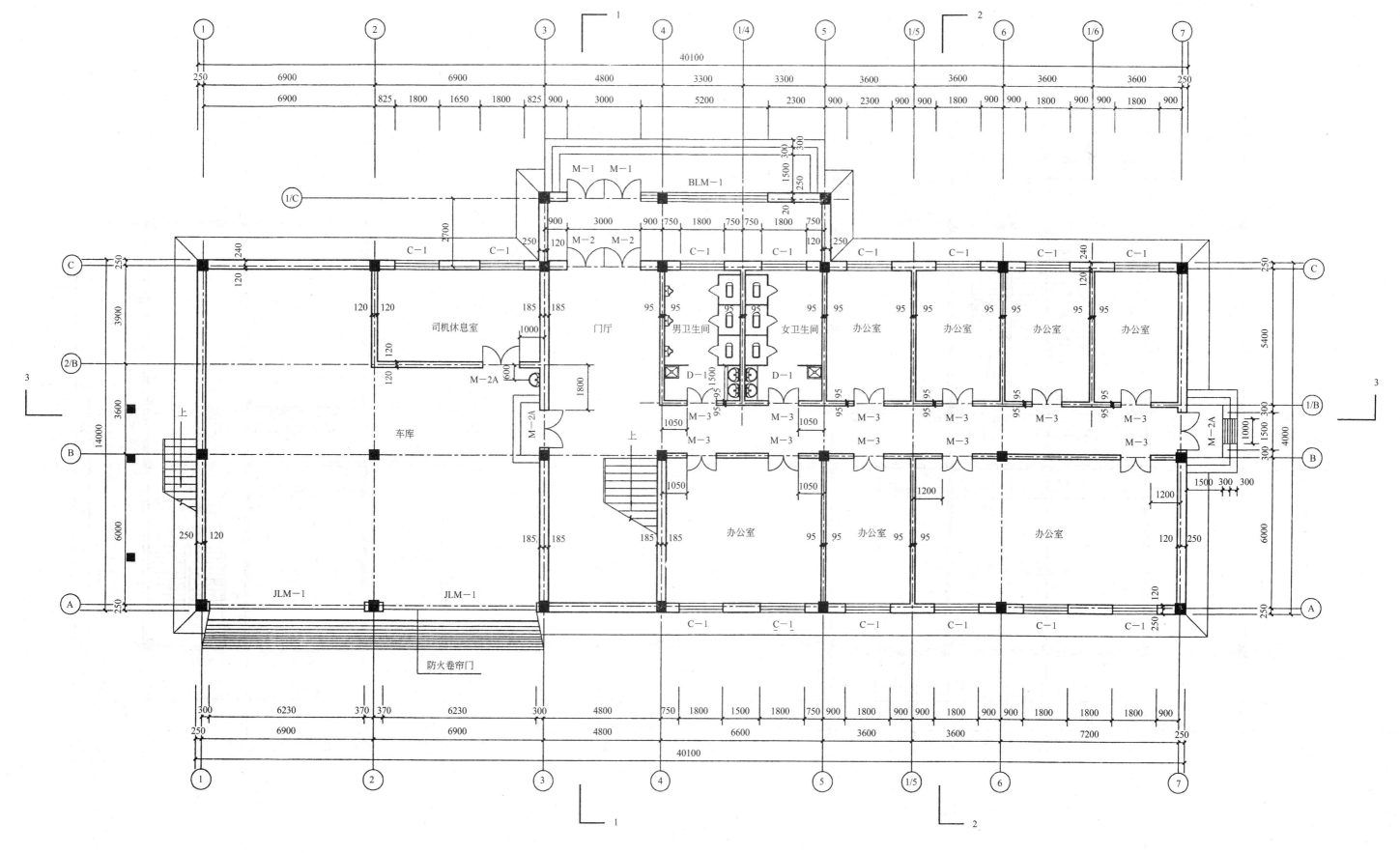

底层平面图 1:100

N

注：1. D-1：1200(宽)×2100(高)。

2. 框架柱、构造柱位置祥见结构图。

3. 未标注门窗洞口相对于两侧轴线局中布置。

4. 未标注内隔墙均为轻质隔墙（材料甲方自定）。

5. 强、弱电表箱位置及尺寸详见电施；消火栓位置及尺寸详见水施。

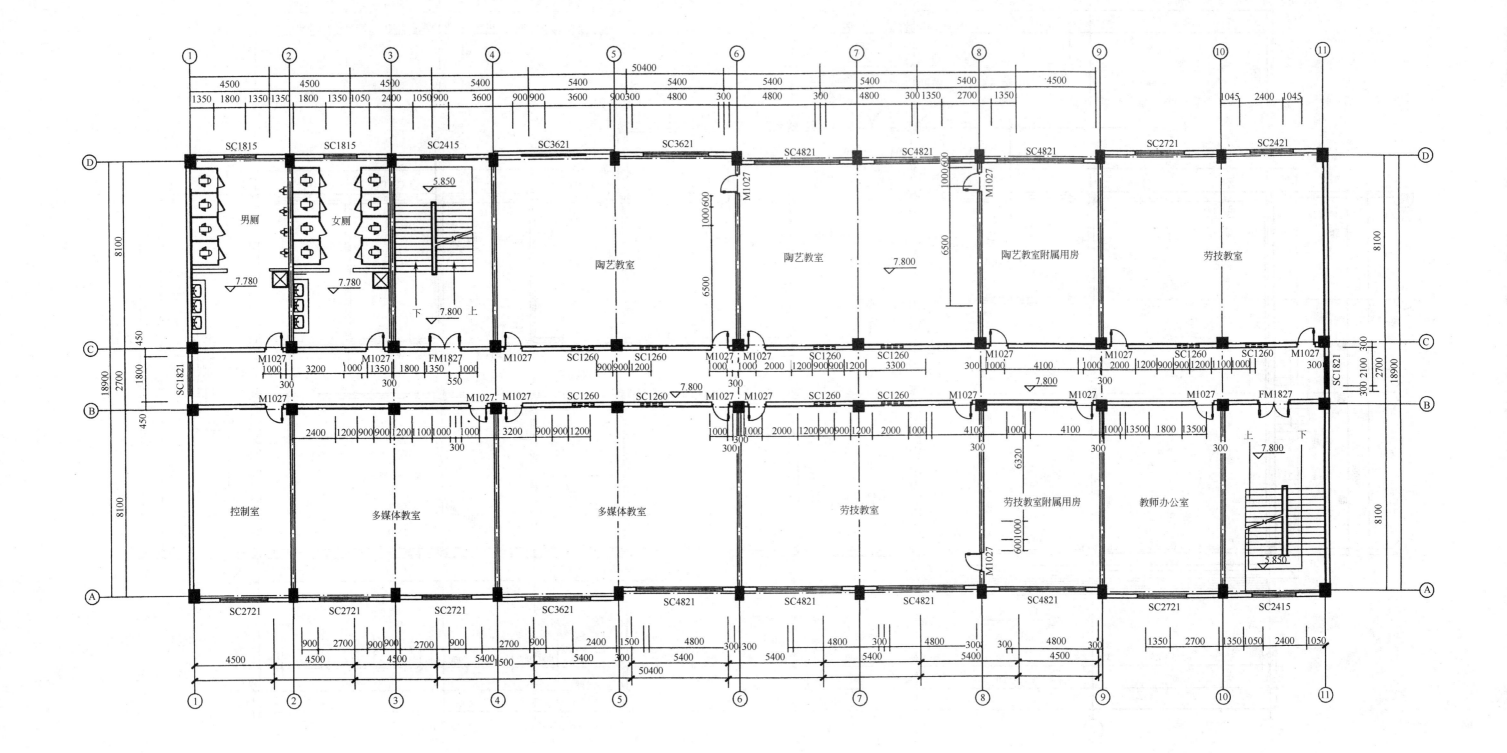

三层平面图 1:100

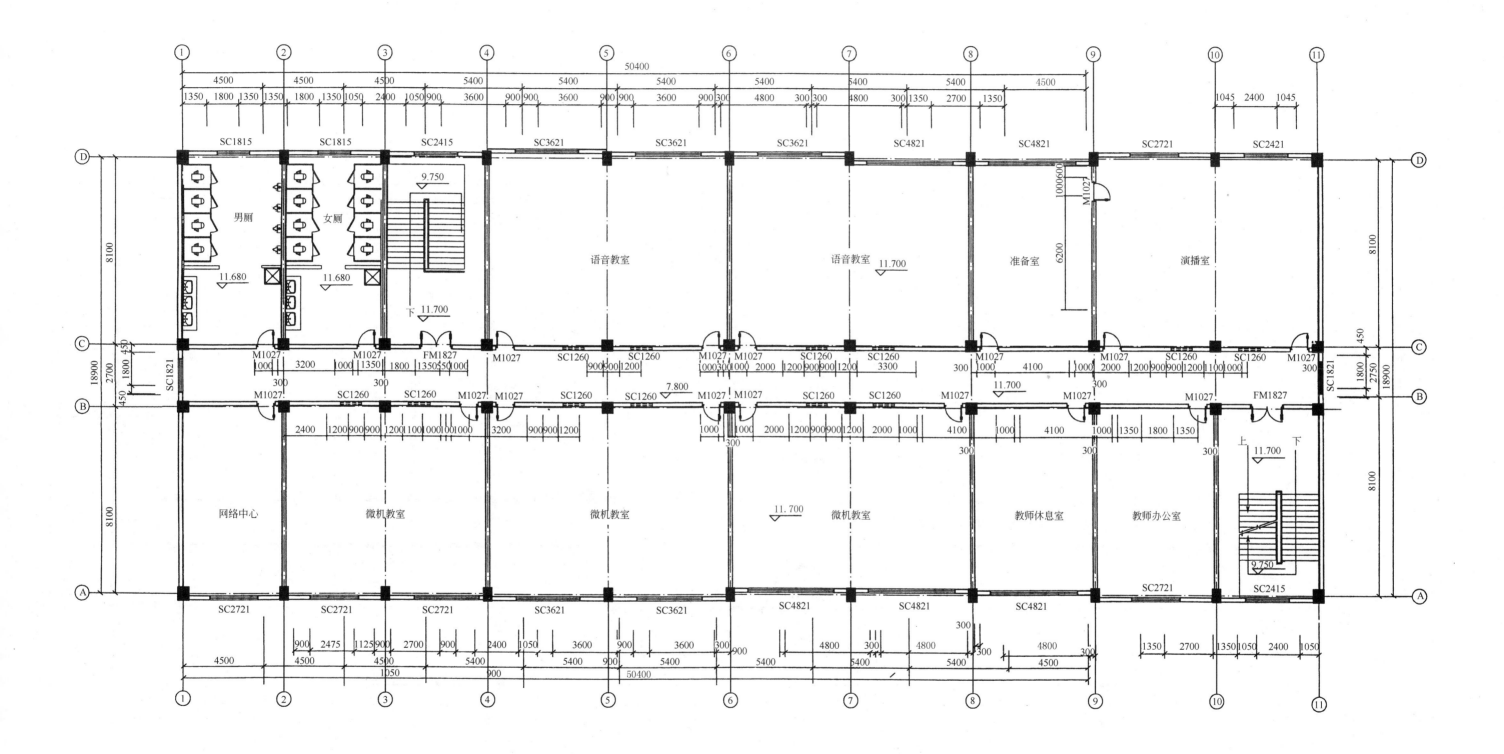

四层平面图　1:100

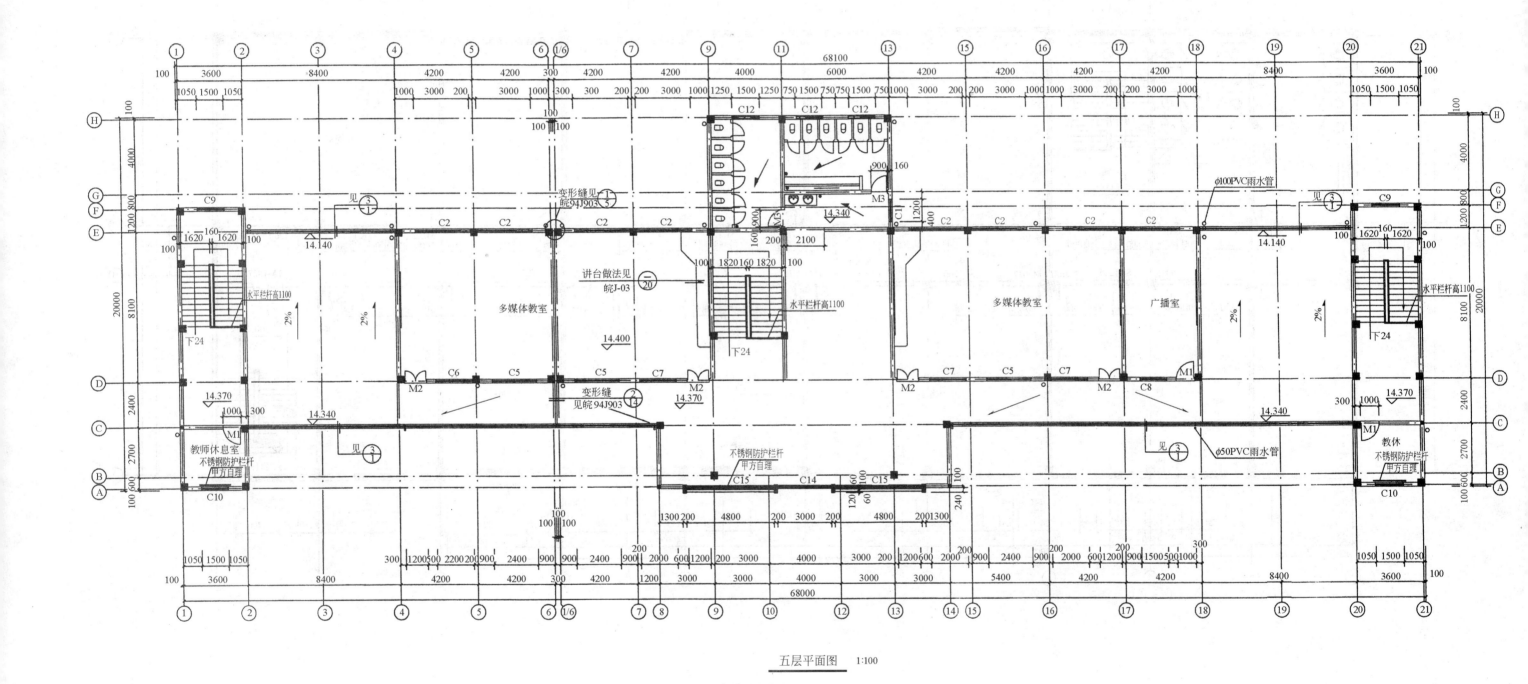

五层平面图　1:100

110

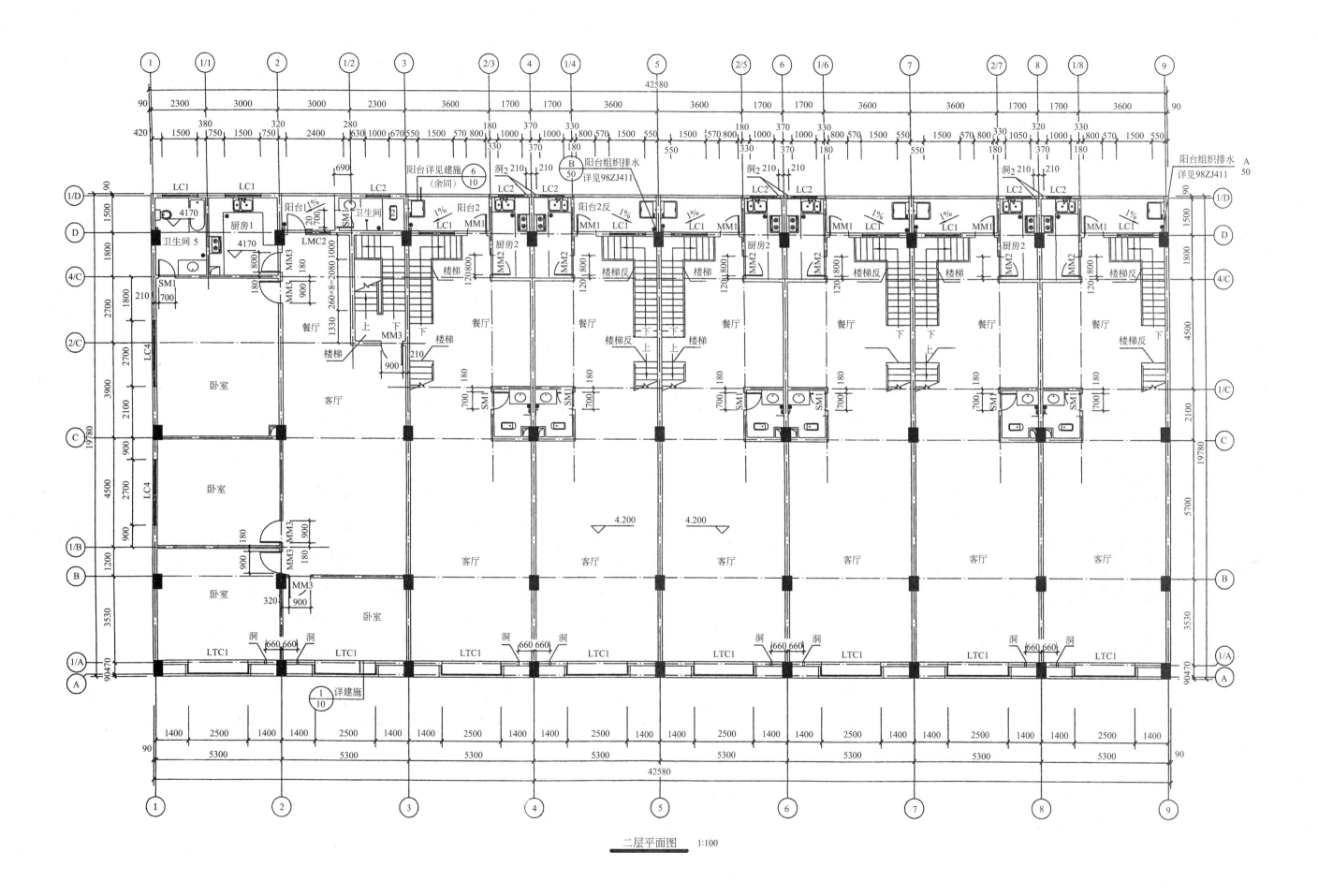

二层平面图 1:100

111

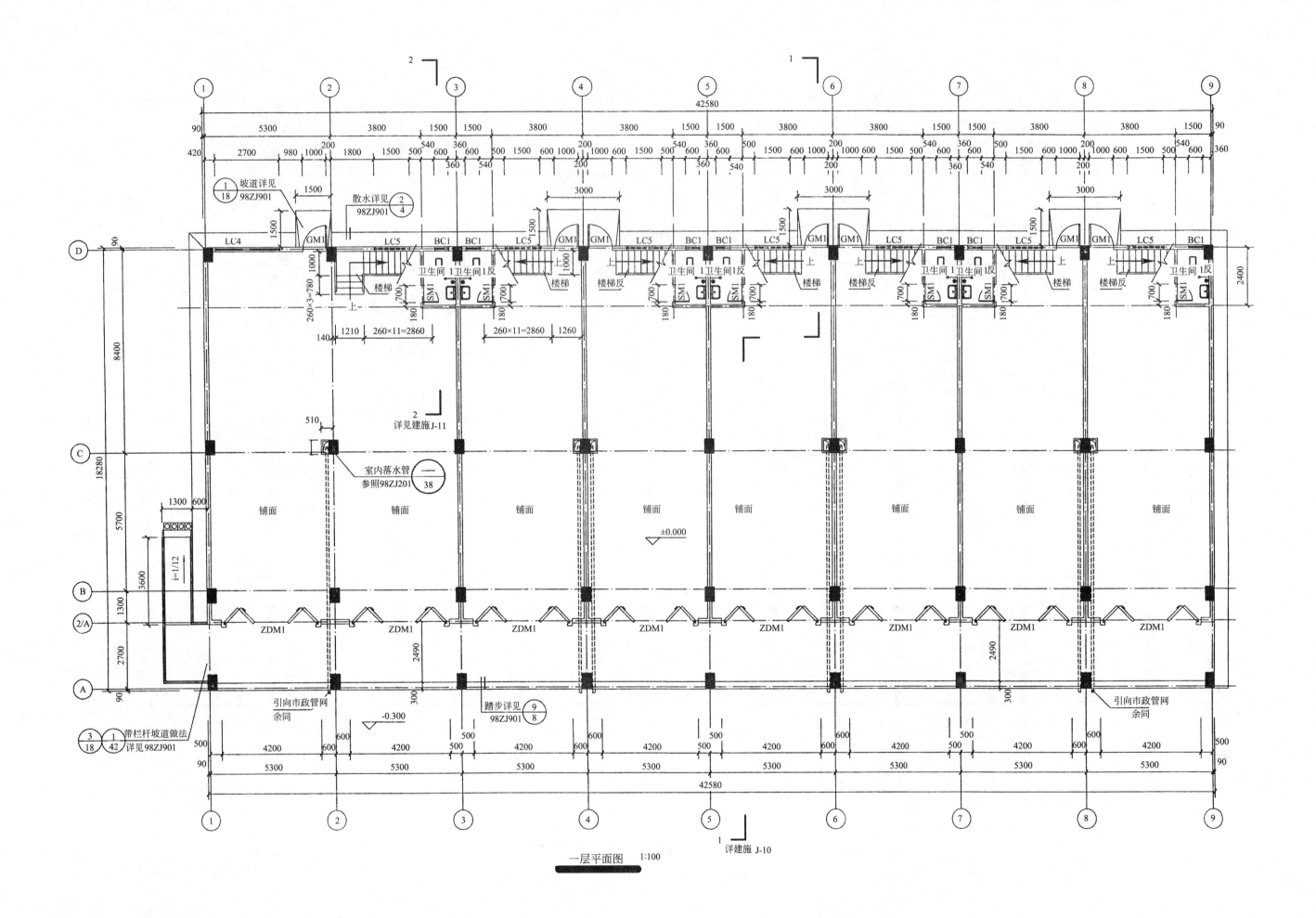

一层平面图 1:100

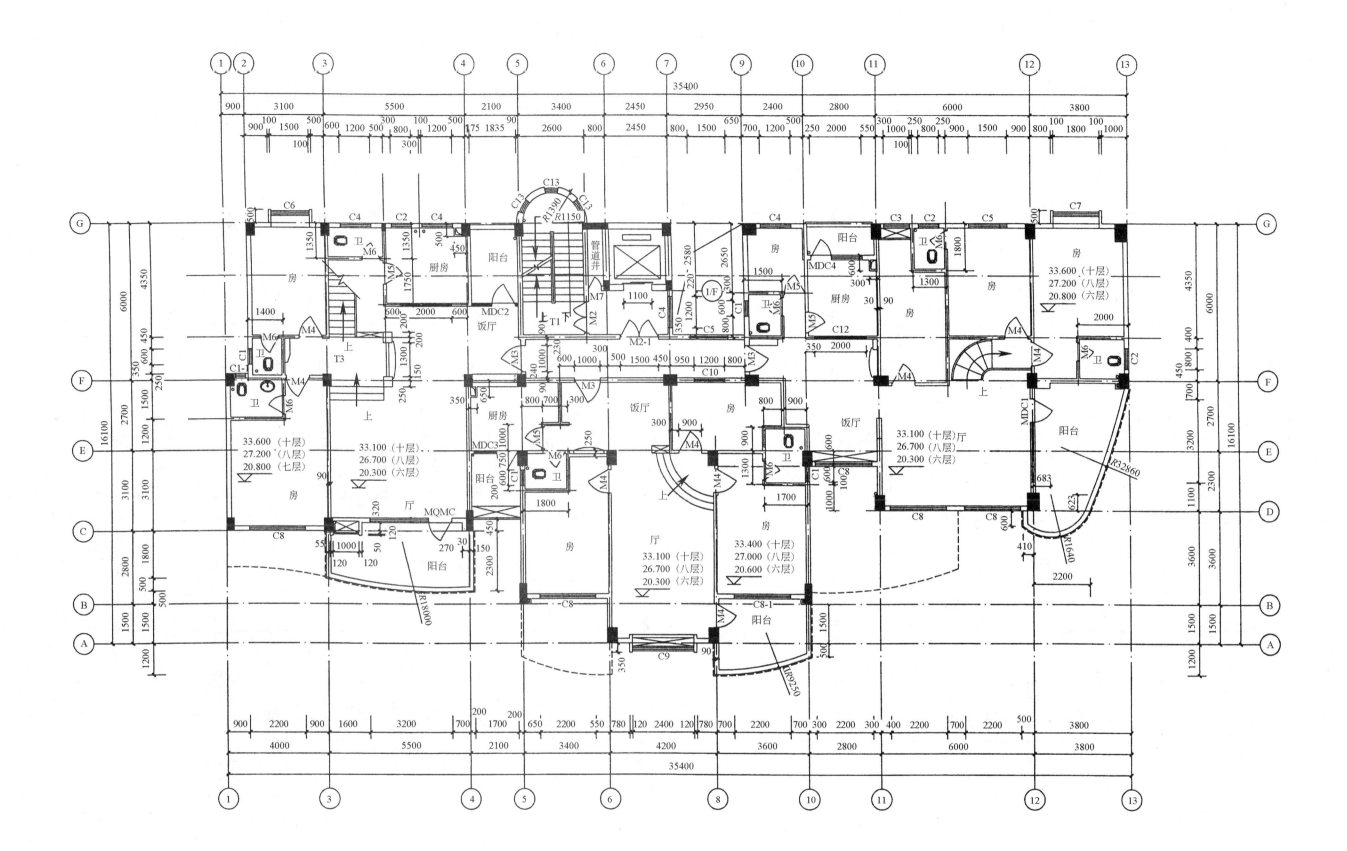

六、八、十层平面图　　　1:100

113

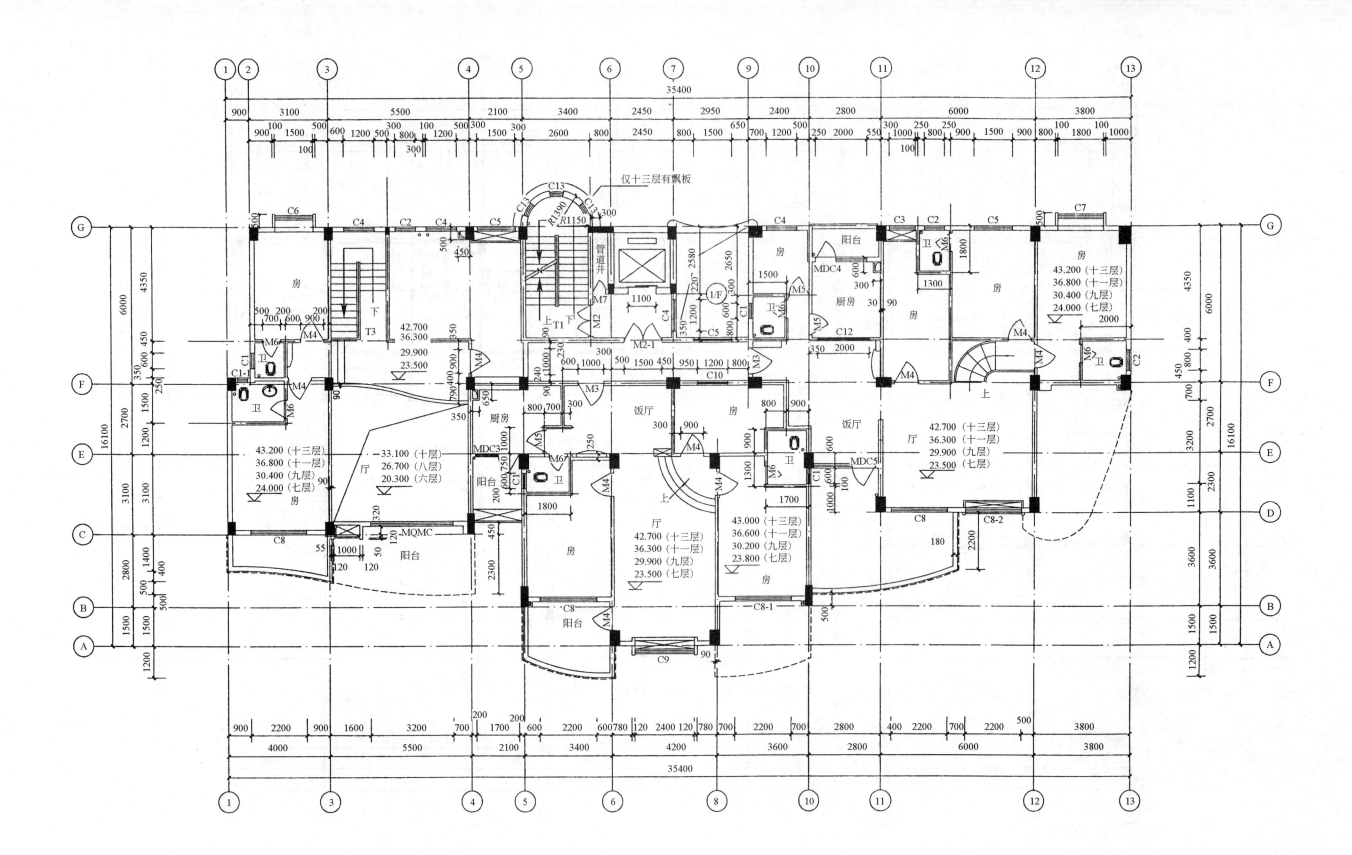

七、九、十一、十三层平面图   1:100

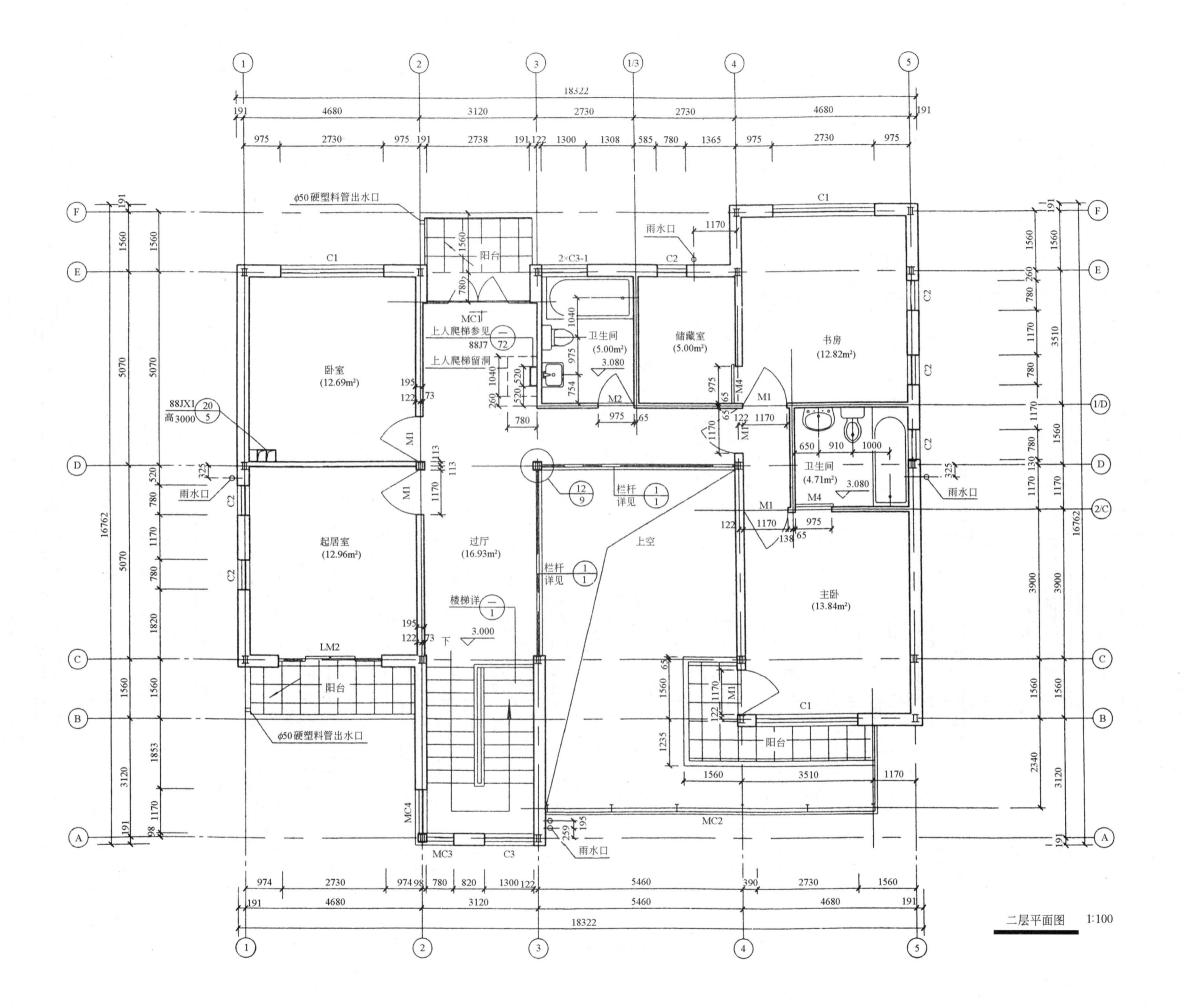

二层平面图 1:100

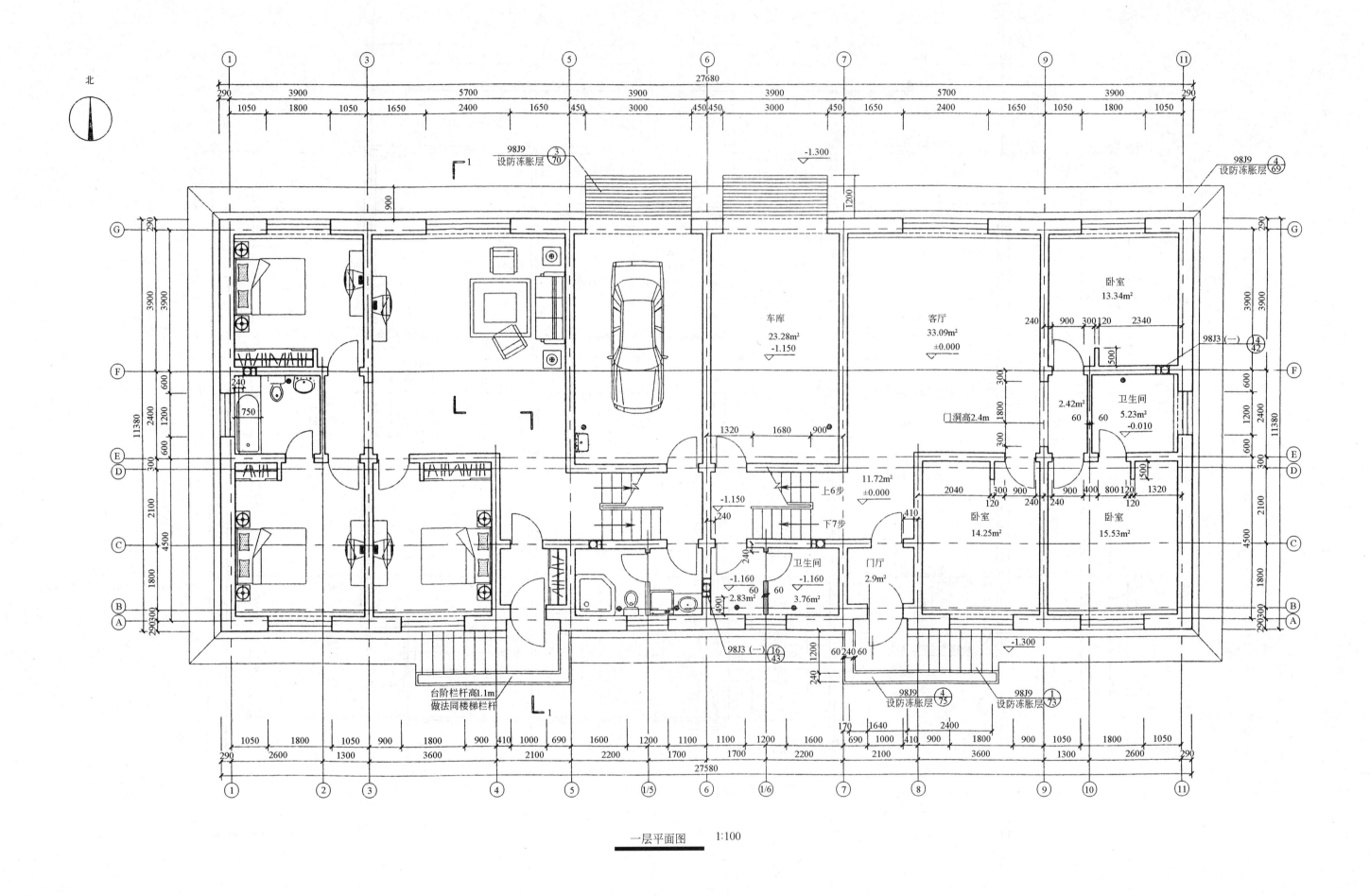

北

| 98J9 | 98J9 |
| 设防冻胀层 ③ ⑦ | 设防冻胀层 ④ ⑥⑨ |

-1.300

卧室
13.34m²

车库
23.28m²
-1.150

客厅
33.09m²
±0.000

98J3 (一) ⑭ ㊷

门洞高2.4m

2.42m²

卫生间
5.23m²
-0.010

11.72m²
±0.000

-1.150

上6步
下7步

卧室
14.25m²

卧室
15.53m²

-1.160
2.83m²

-1.160
3.76m²

卫生间

门厅
2.9m²

98J3 (一) ⑯ ㊸

台阶栏杆高1.1m
做法同楼梯栏杆

98J9
设防冻胀层 ④ ㊄

98J9
设防冻胀层 ① ㊂

一层平面图   1:100

116

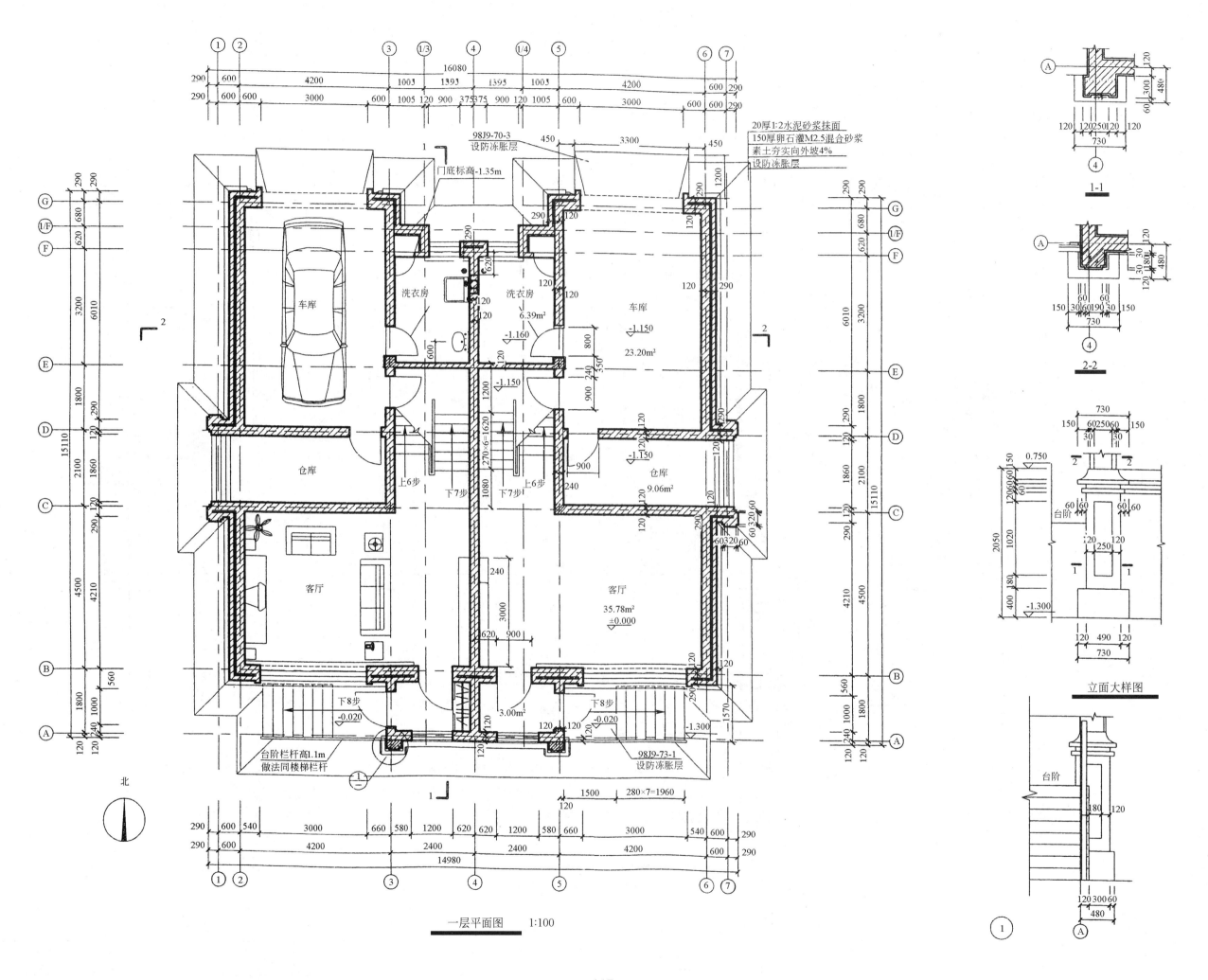

一层平面图 1:100

1-1

2-2

立面大样图

台阶

北

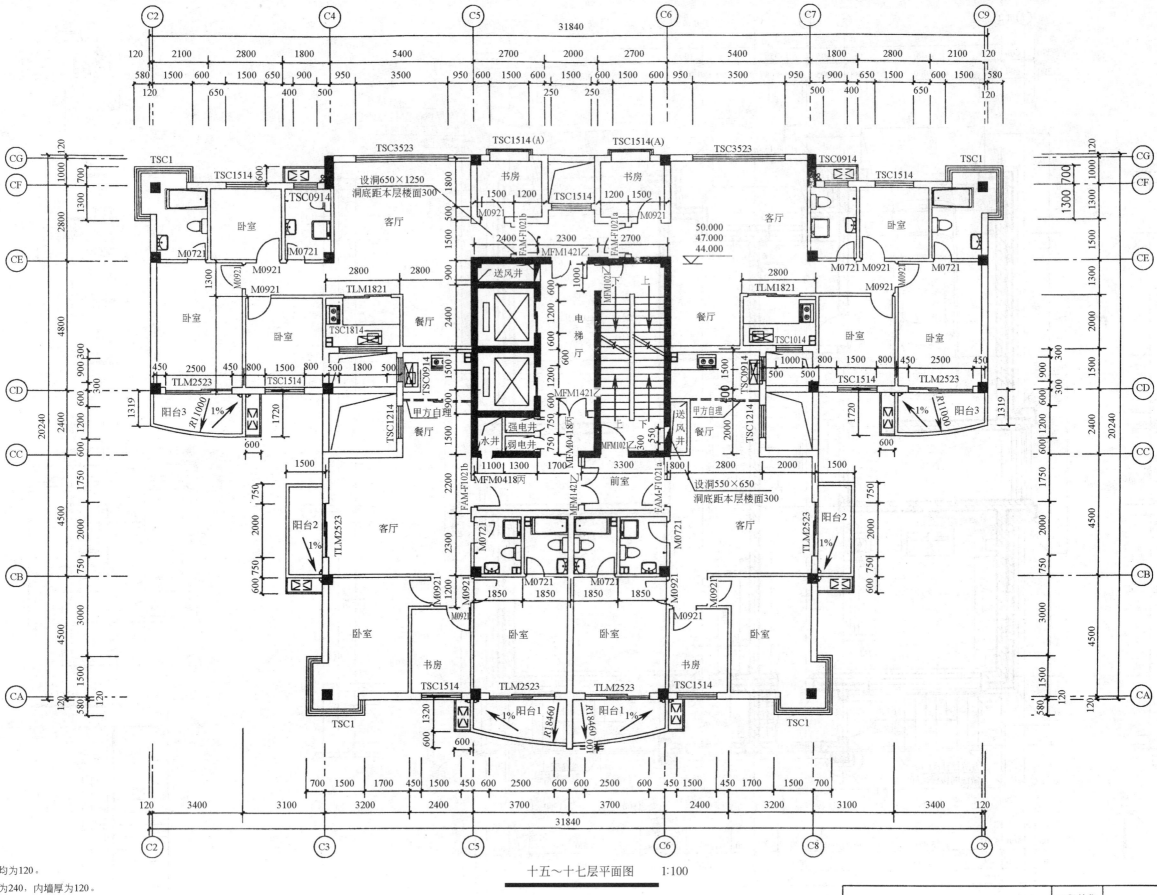

十五～十七层平面图　1:100

注：1.图中未注明门垛均为120。
　　2.外墙及分户墙厚为240，内墙厚为120。

××设计院		工程总称		
		项　目	高层住宅楼	
院　长	审　核		设计号	
总工程师	核　对	十五～十七层平面图	图别	建施
室主任	设　计		图号	05
项目负责人	制　图		日　期	

118

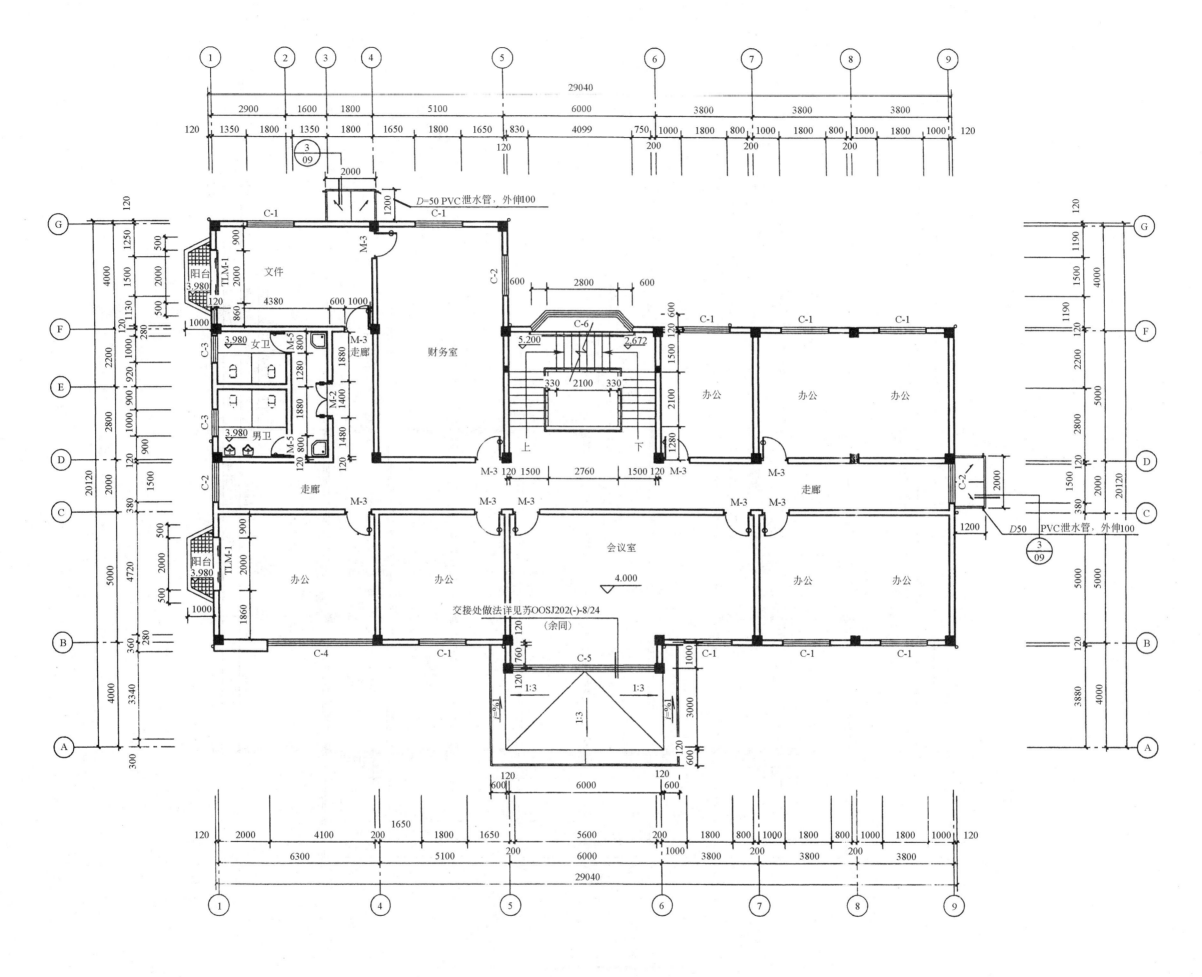

二层平面图　　1:100

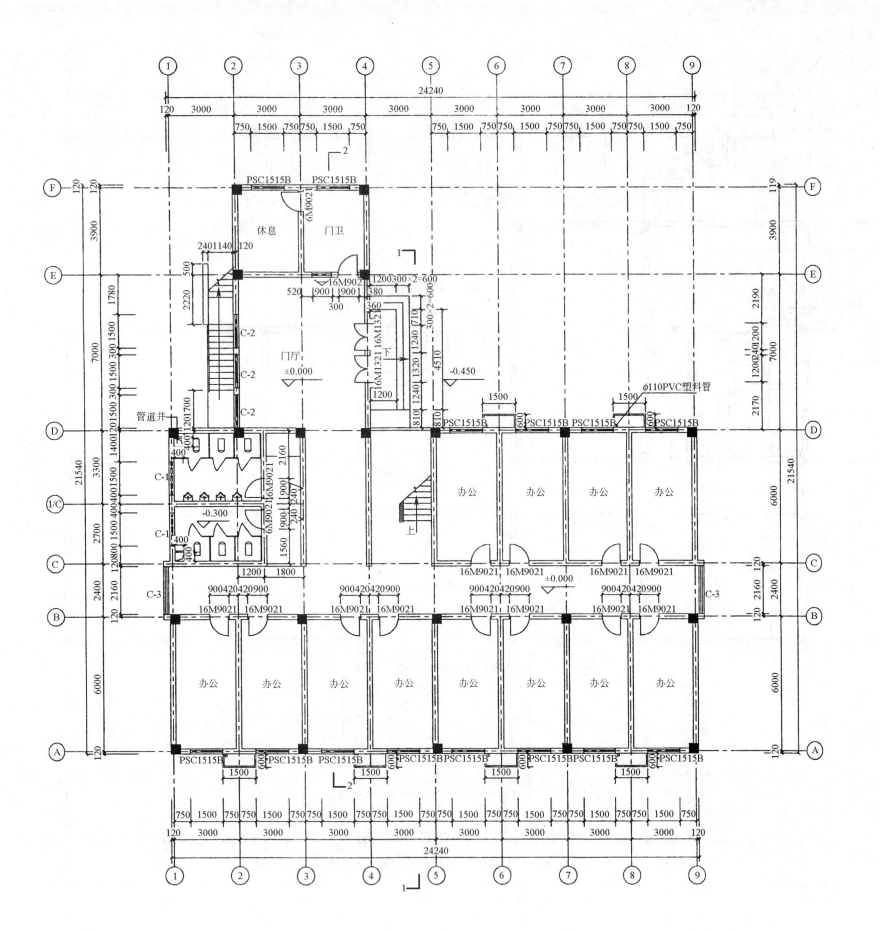

综合楼一层平面图　　1:100

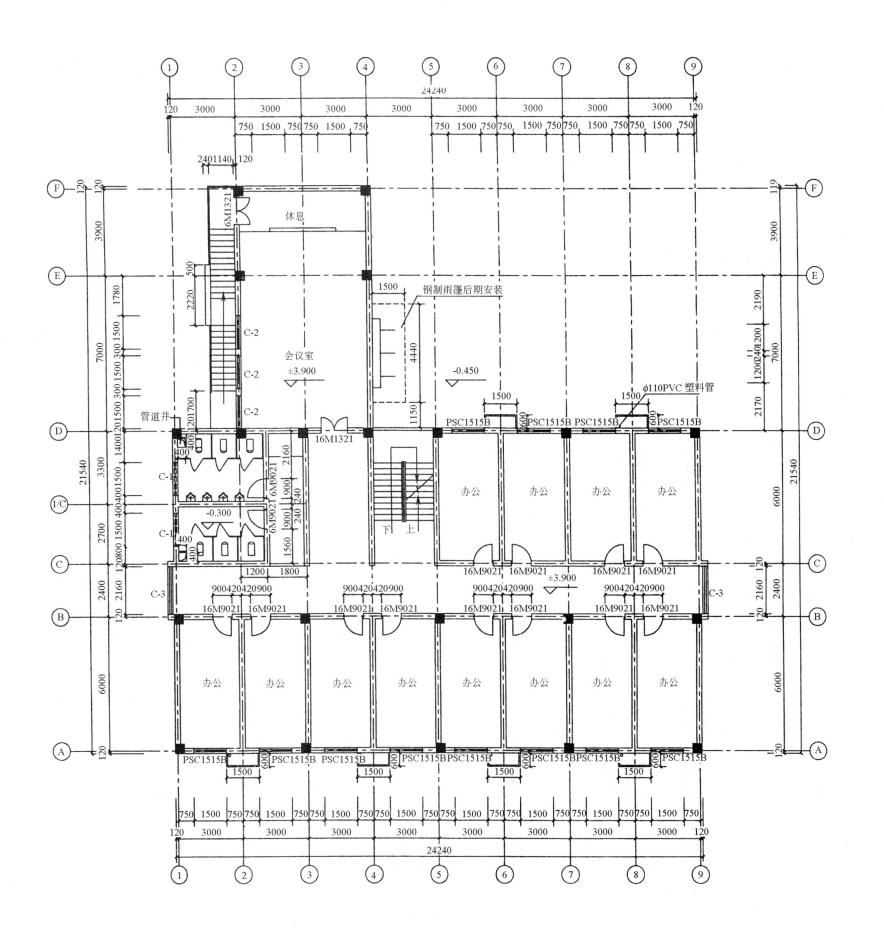

综合楼二层平面图　　　1:100

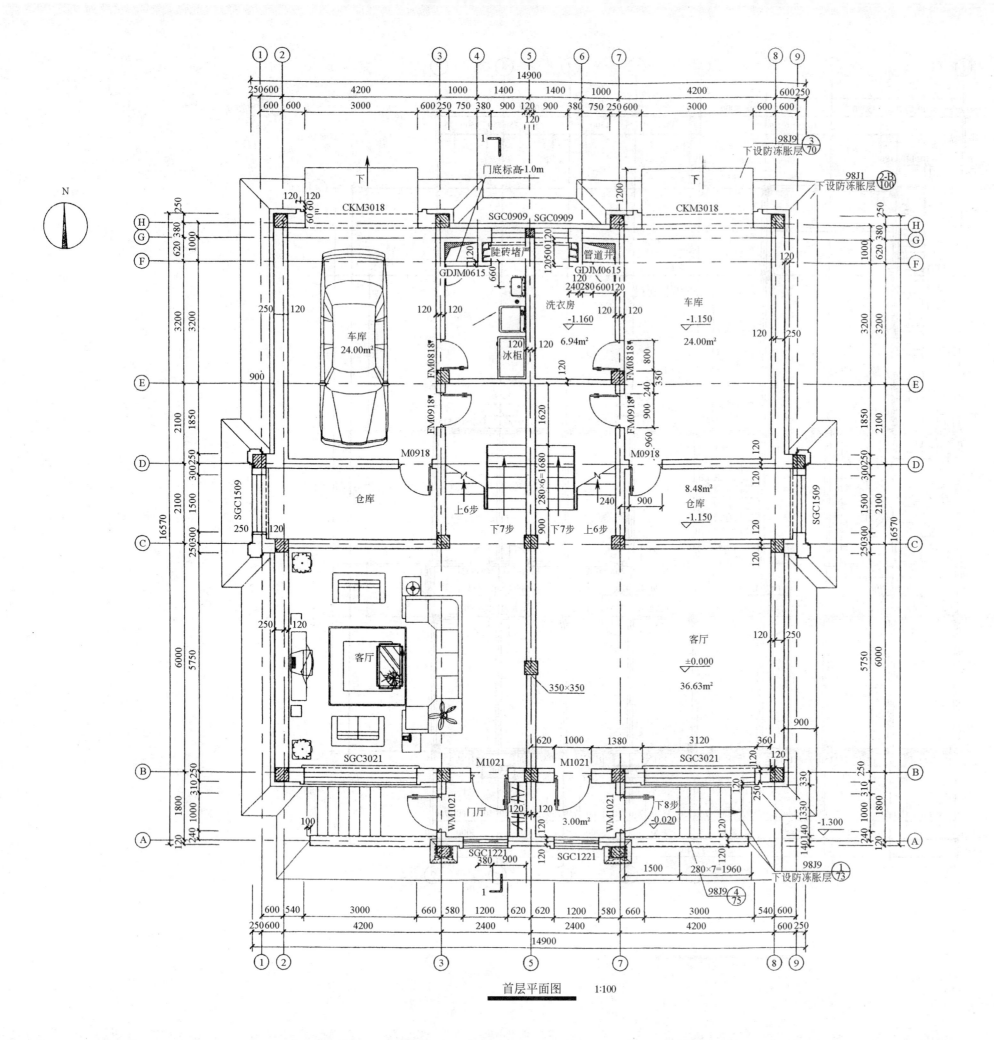

首层平面图 1:100

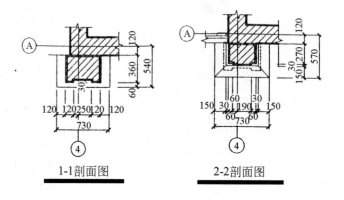

1-1剖面图

2-2剖面图

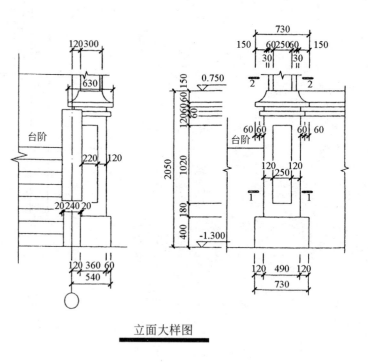

立面大样图

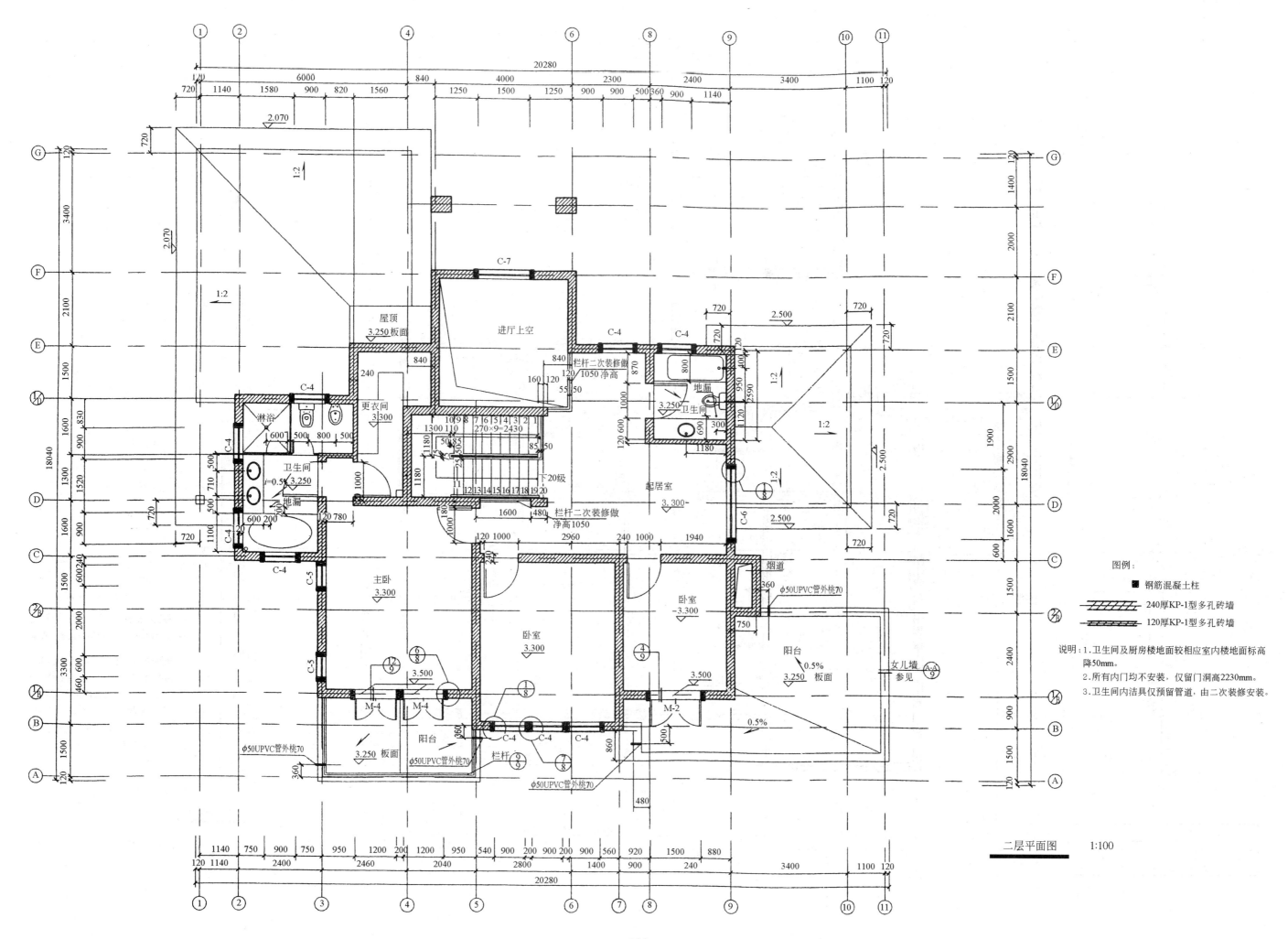

二层平面图 1:100

图例：
■ 钢筋混凝土柱
240厚KP-1型多孔砖墙
120厚KP-1型多孔砖墙

说明：1.卫生间及厨房楼地面较相应室内楼地面标高降50mm。
2.所有内门均不安装，仅留门洞高2230mm。
3.卫生间内洁具仅预留管道，由二次装修安装。

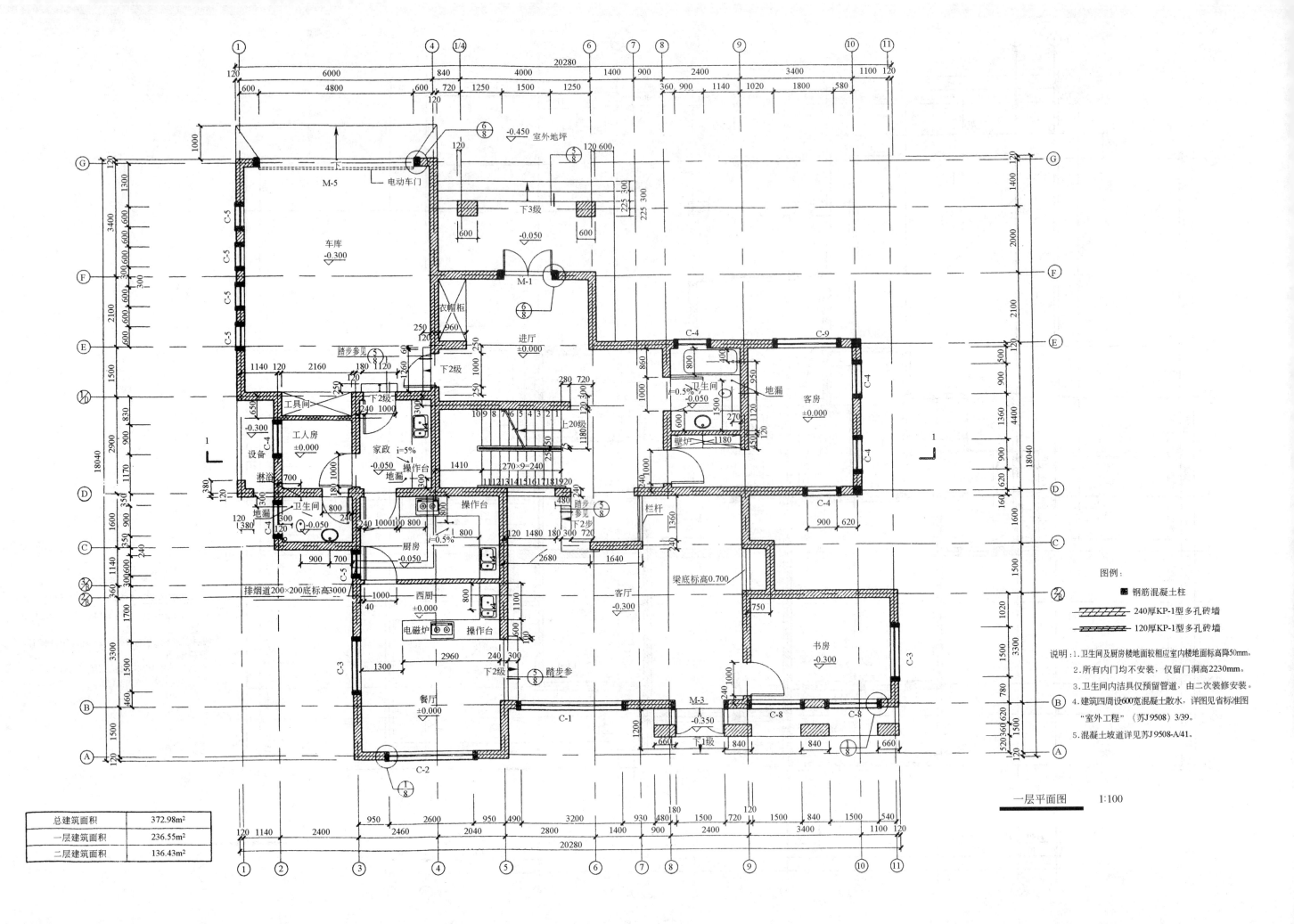

一层平面图　　1:100

总建筑面积	372.98m²
一层建筑面积	236.55m²
二层建筑面积	136.43m²

图例：
钢筋混凝土柱
240厚KP-1型多孔砖墙
120厚KP-1型多孔砖墙

说明：1.卫生间及厨房楼地面较相应室内楼地面标高降50mm。
2.所有内门均不安装，仅留门洞高2230mm。
3.卫生间内洁具仅预留管道，由二次装修安装。
4.建筑四周设600宽混凝土散水，详图见省标准图
　"室外工程"（苏J 9508）3/39。
5.混凝土坡道详见苏J 9508-A/41。

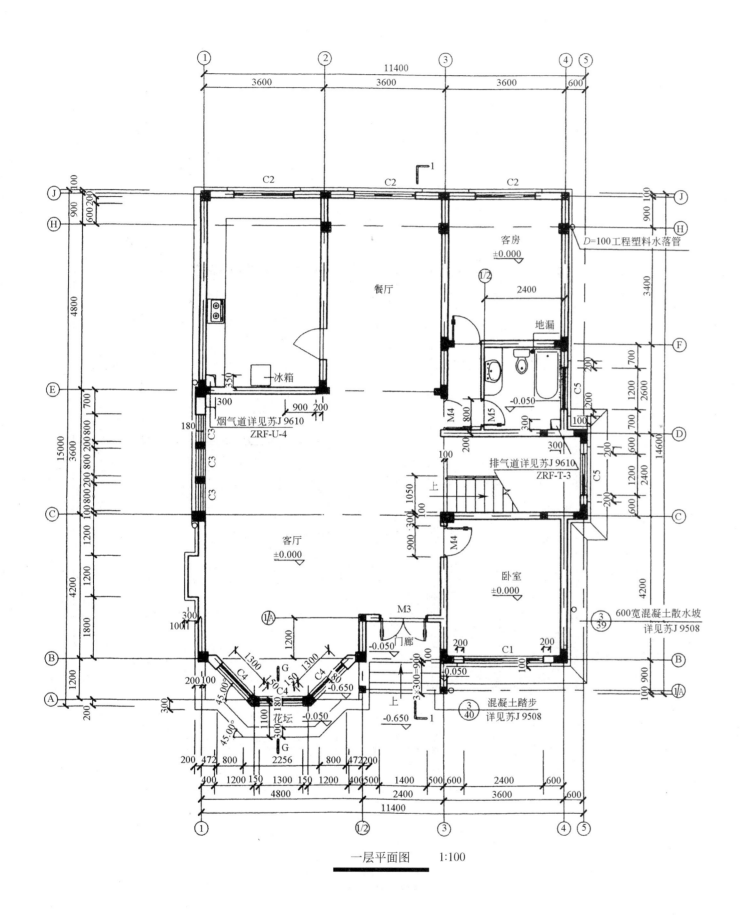

一层平面图 1:100

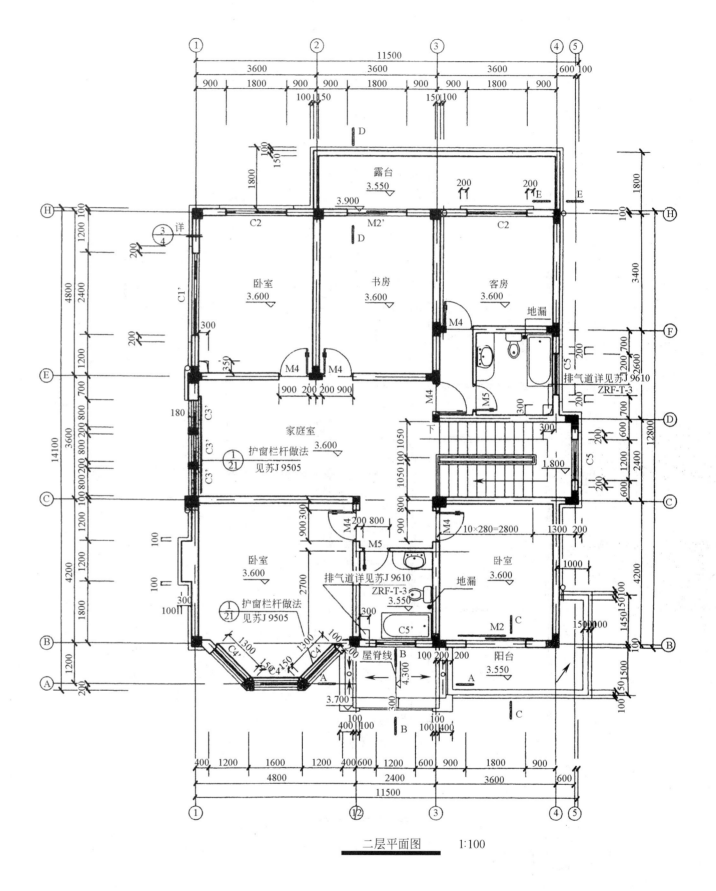

二层平面图 1:100

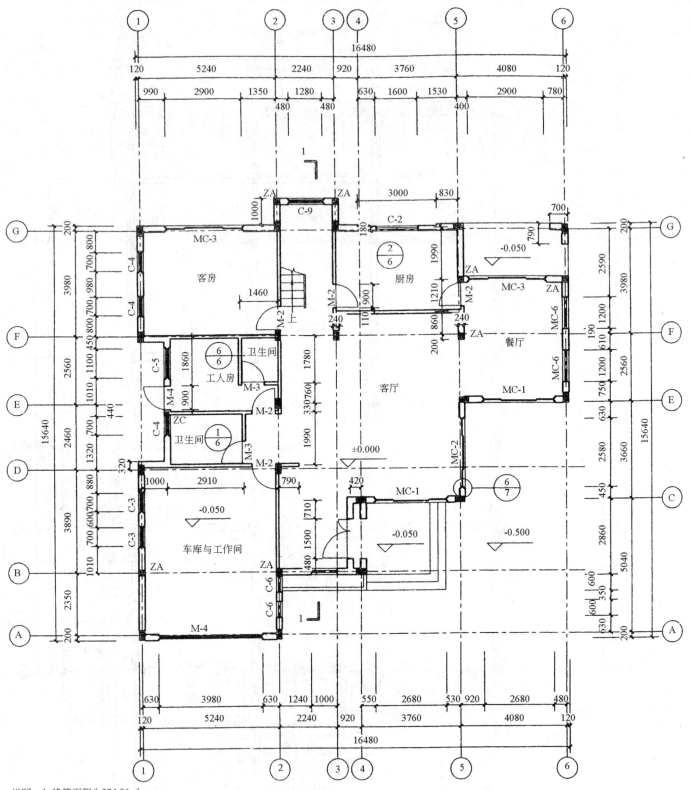

首层平面图　1:100

说明：1.建筑面积为324.96m²。
　　　2.所有水排至屋顶,阳台上的落水管下。
　　　　均放置300×300花岗石垫,排至屋顶花园。
　　　　的雨水由水施专业有组织排水。
　　　3.除注明外,墙垛均为120。
　　　4.除注明外,所有外墙均为240mm,内隔墙为120mm。
　　　5.ZA(240×240)配筋4φ12,箍筋φ6@200。
　　　6.ZB(120×120)配筋4φ12,箍筋φ6@200。
　　　7.ZC(180×120)配筋4φ12,箍筋φ6@200。
　　　8.ZD(180×180)配筋4φ12,箍筋φ6@200。

乙　雨水管(出屋面处为雨水口)

丙　地漏

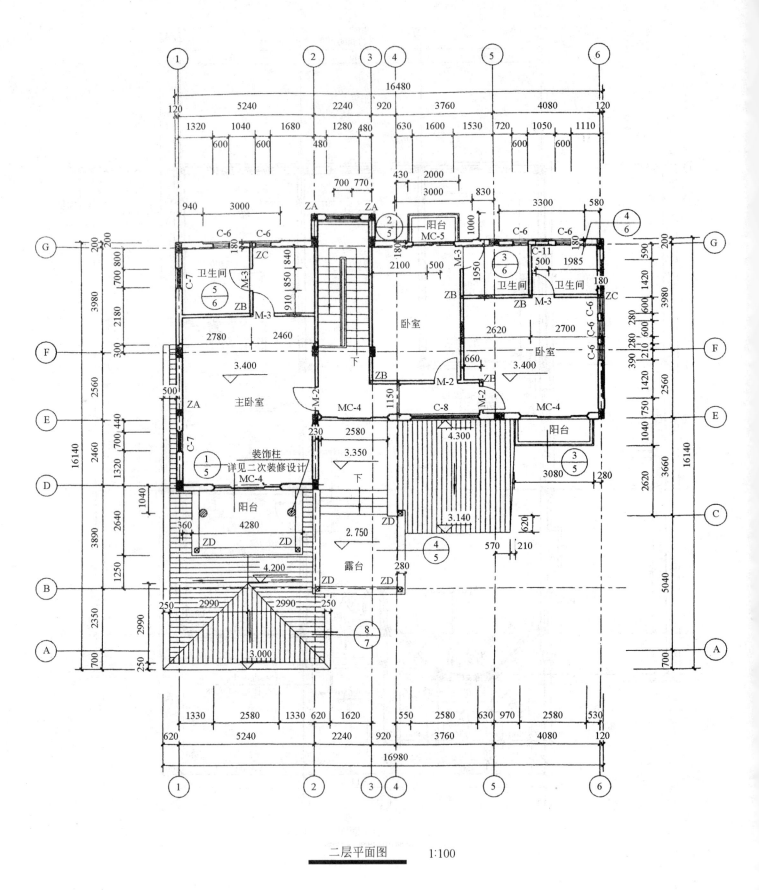

二层平面图　1:100

126

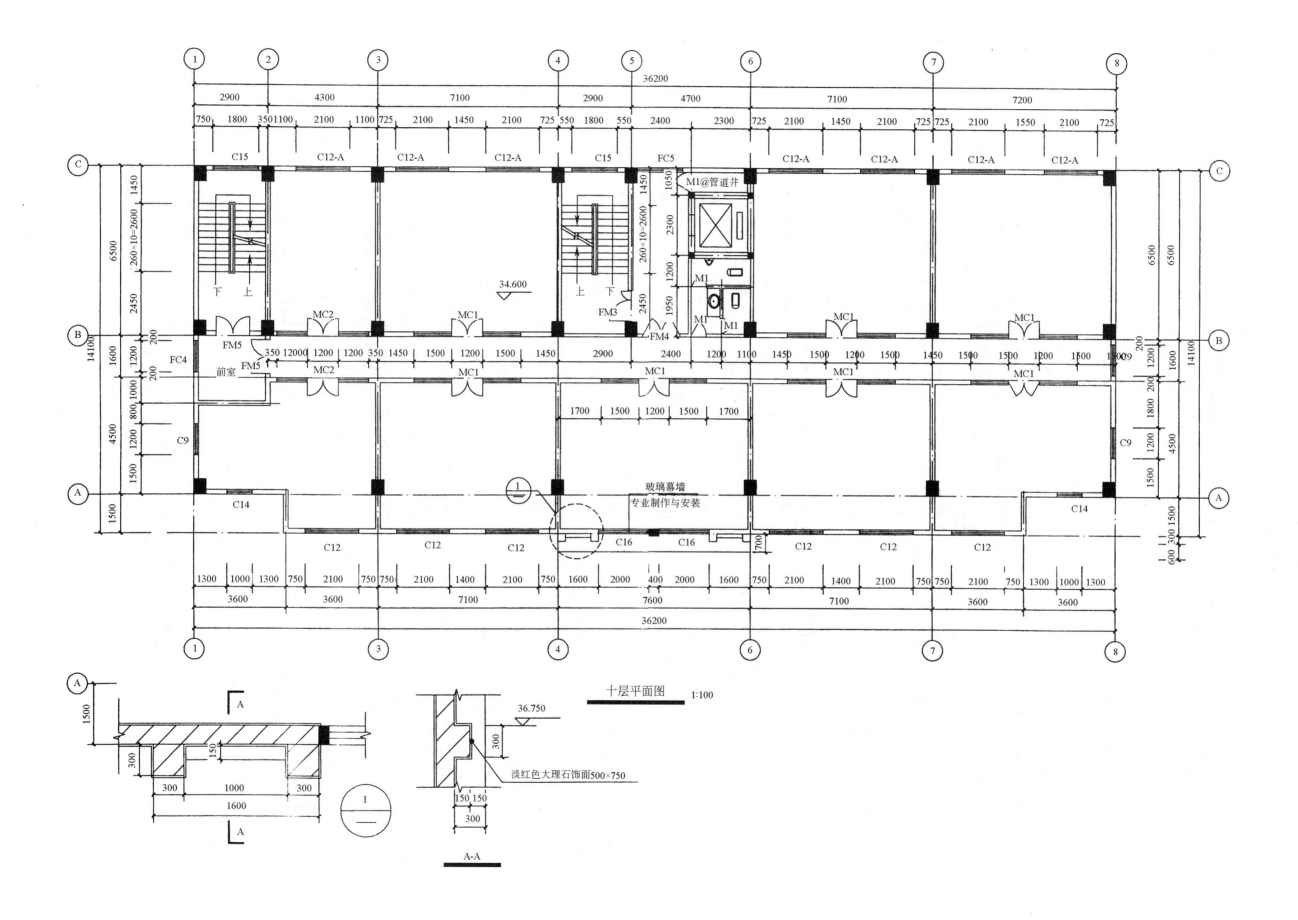

十层平面图 1:100

淡红色大理石饰面500×750

玻璃幕墙
专业制作与安装

M1@管道井

前室

A-A

127

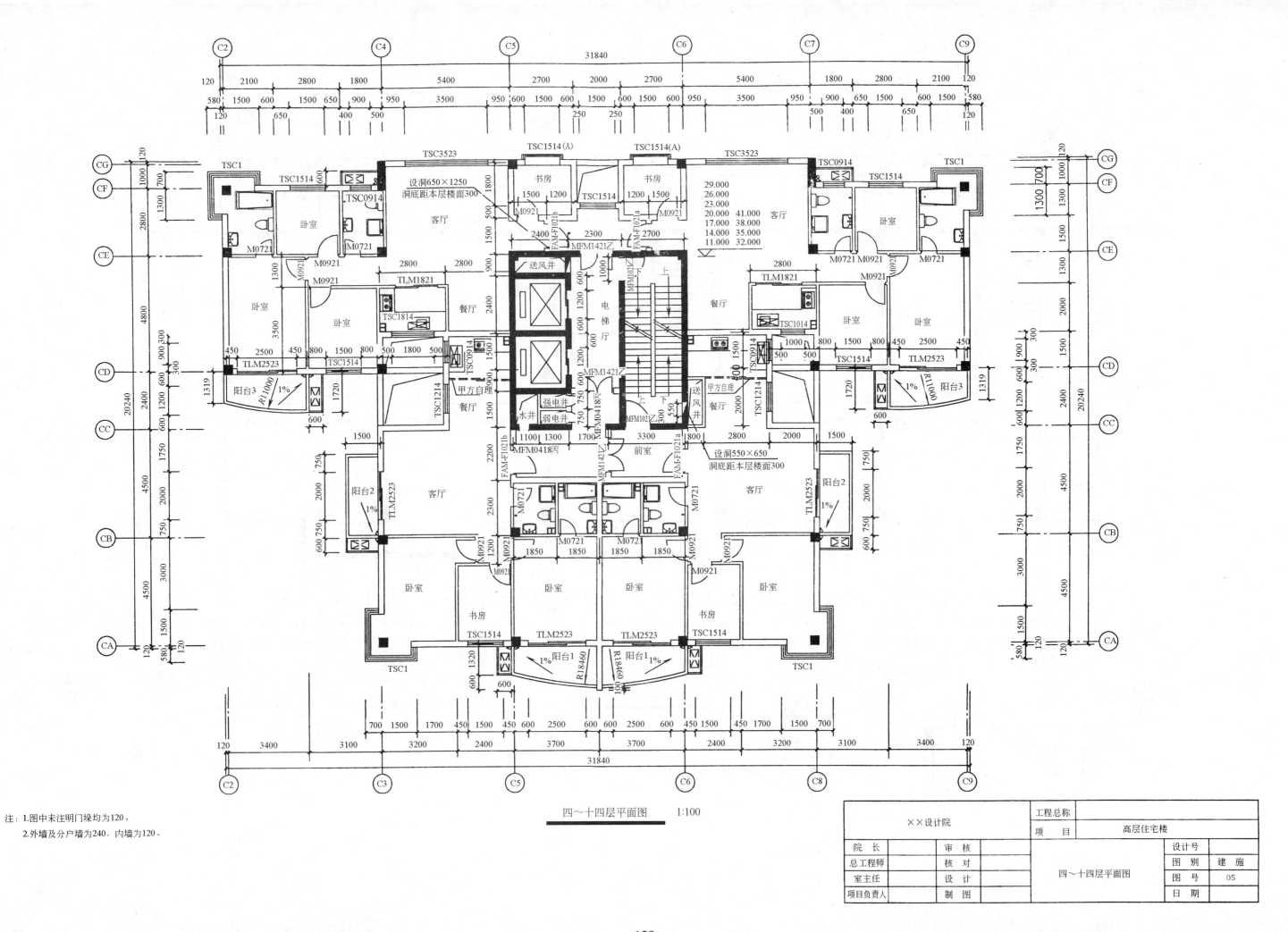

四～十四层平面图　1:100

注：1.图中未注明门垛均为120。
　　2.外墙及分户墙为240，内墙为120。

××设计院		工程总称		
		项　目	高层住宅楼	
院　长	审　核		设计号	
总工程师	核　对	四～十四层平面图	图别	建施
室主任	设　计		图号	05
项目负责人	制　图		日　期	

128

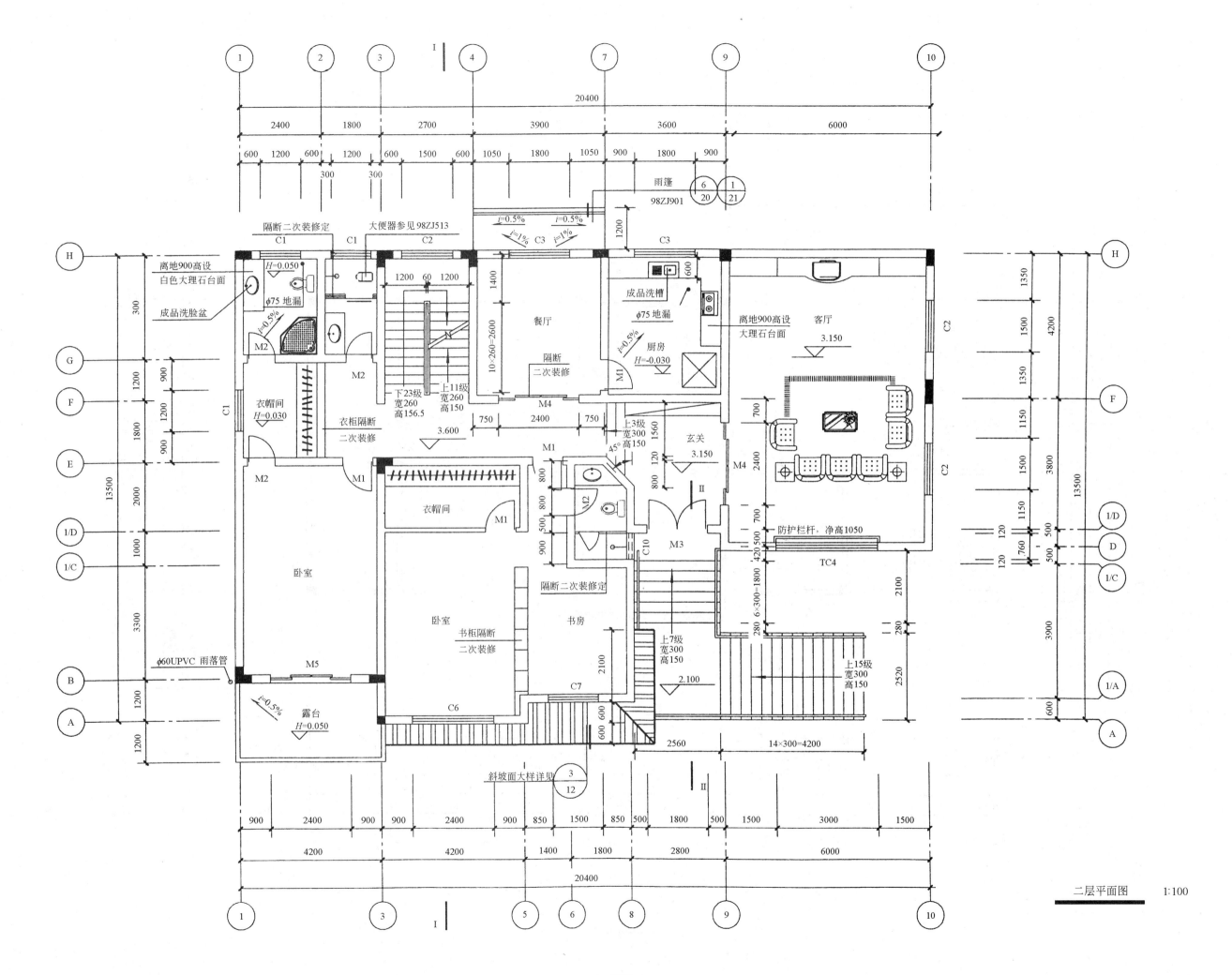

二层平面图　1:100

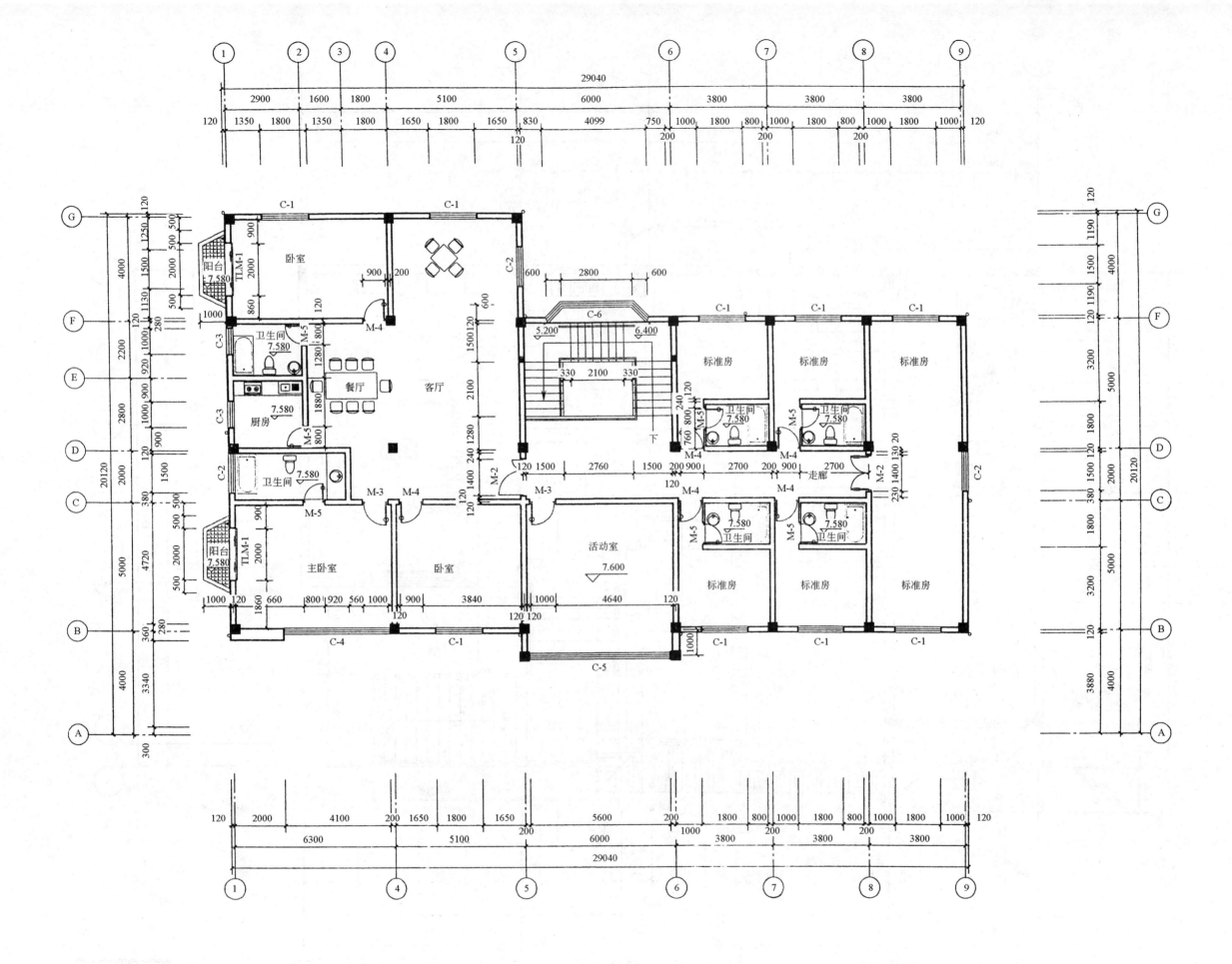

三层平面图   1:100

130

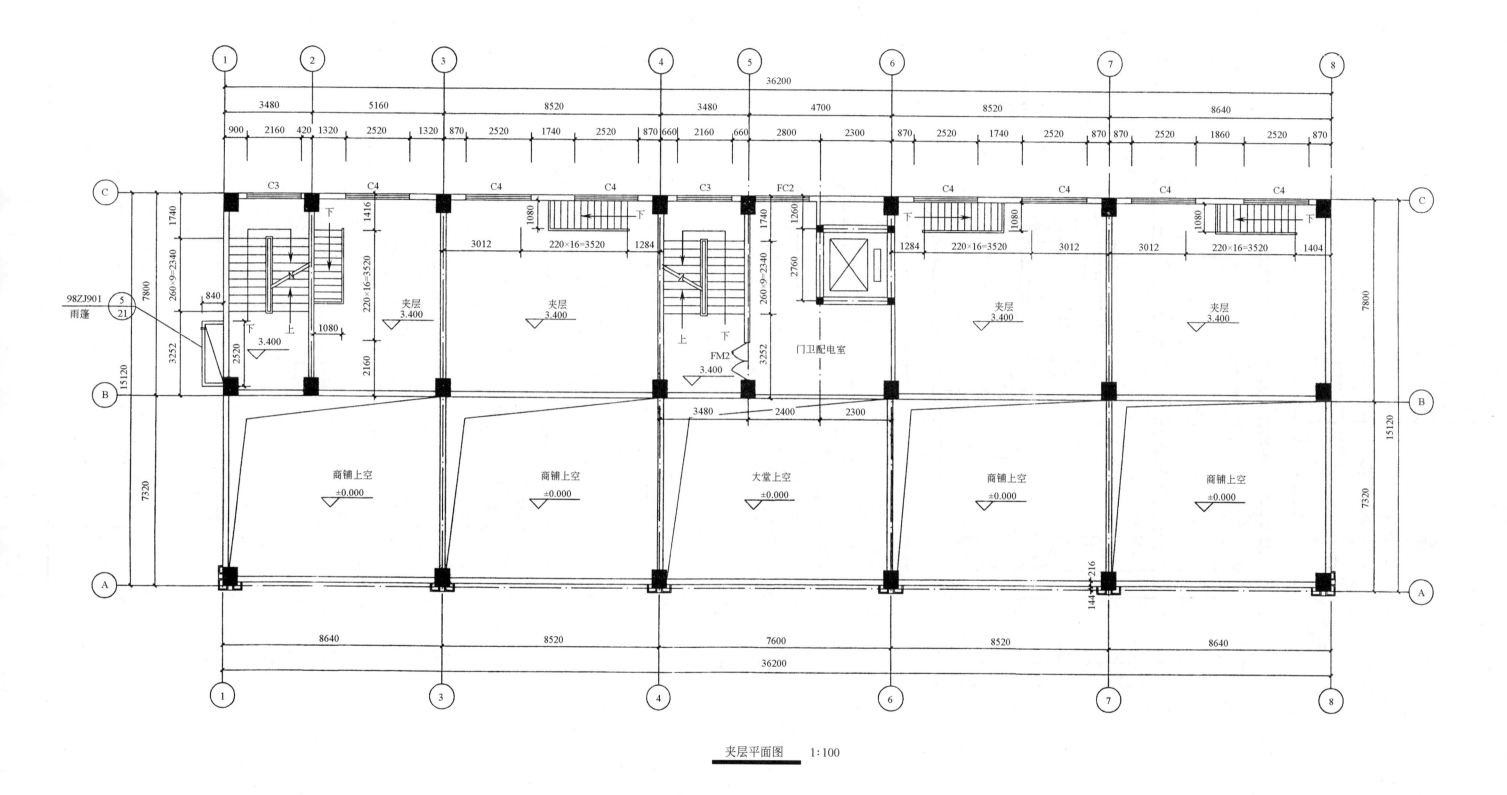

夹层平面图　1:100

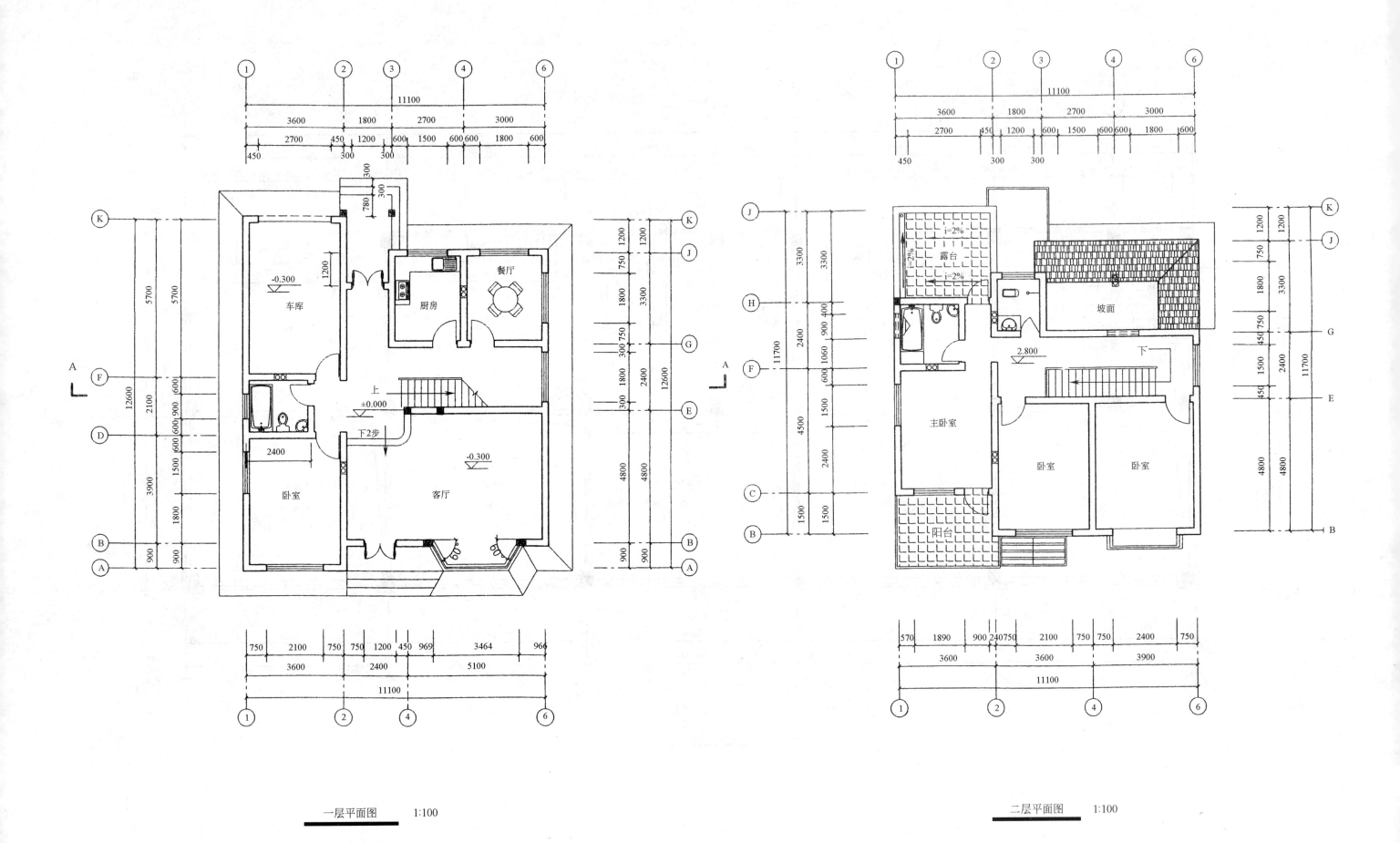

一层平面图　1:100

二层平面图　1:100

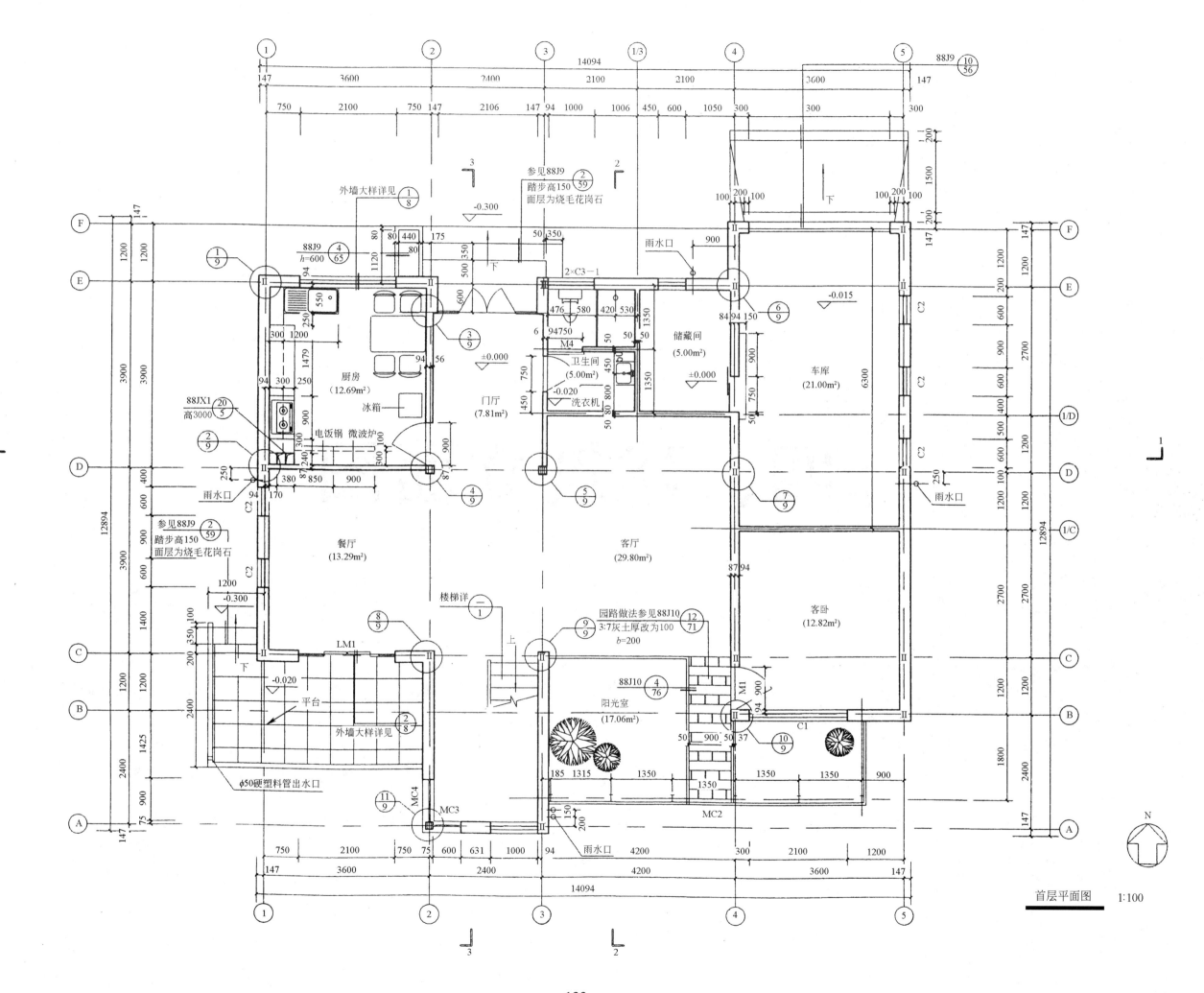

首层平面图 1:100

四、建筑立面图

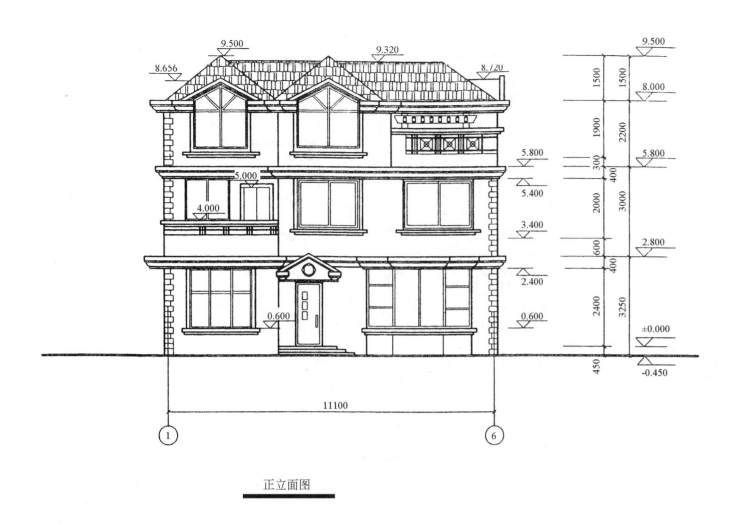

正立面图

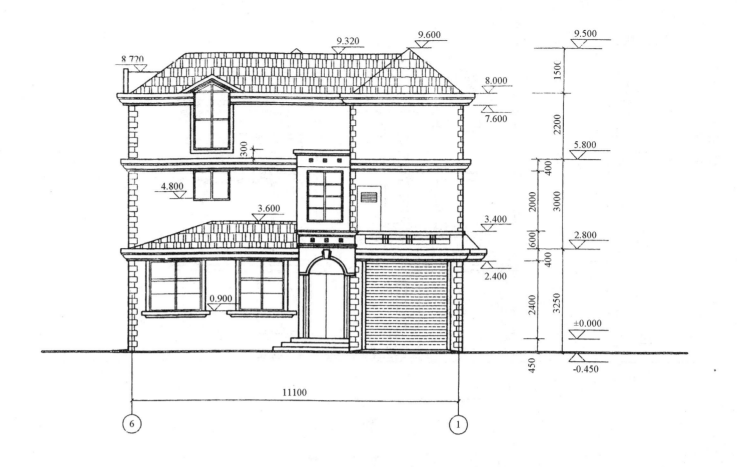

背立面图

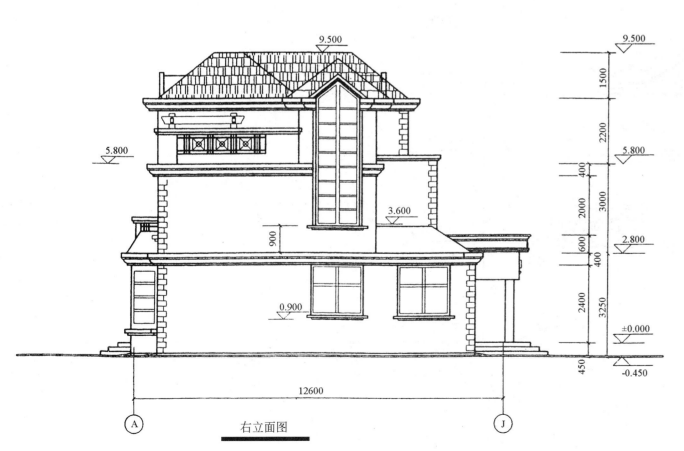

右立面图

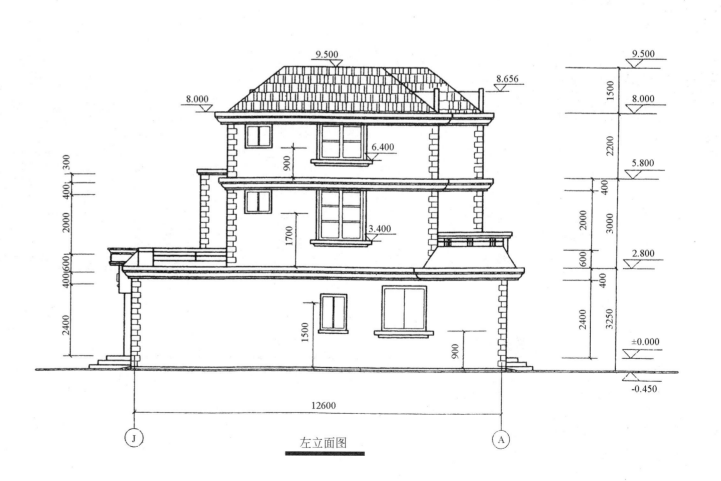

左立面图

135

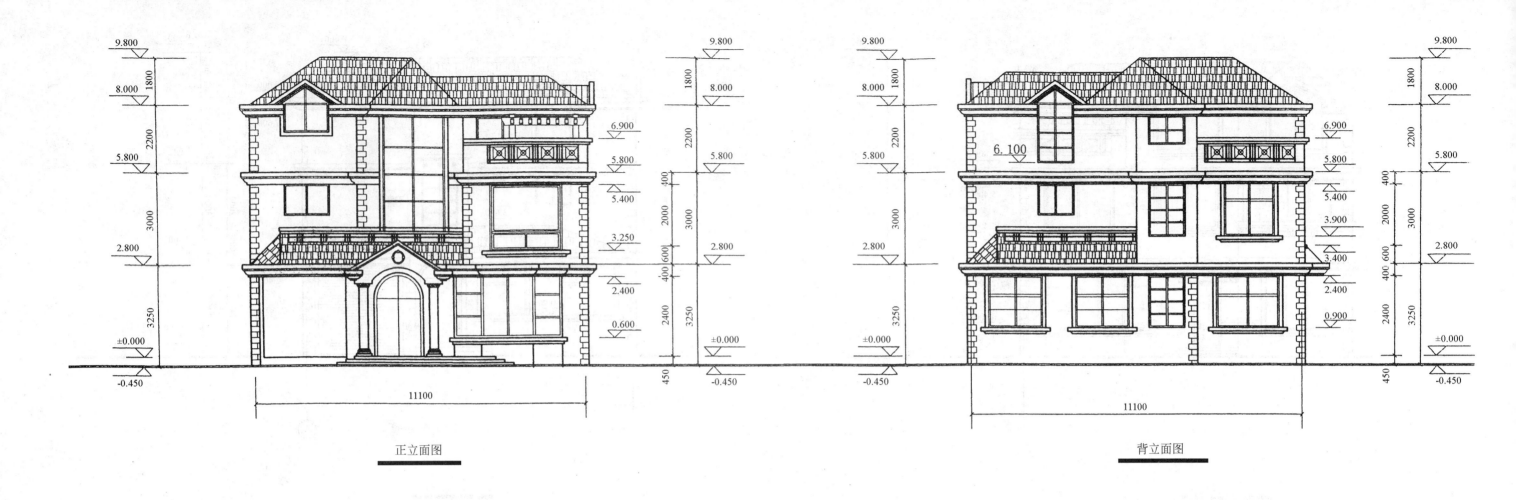

正立面图

背立面图

左立面图

136

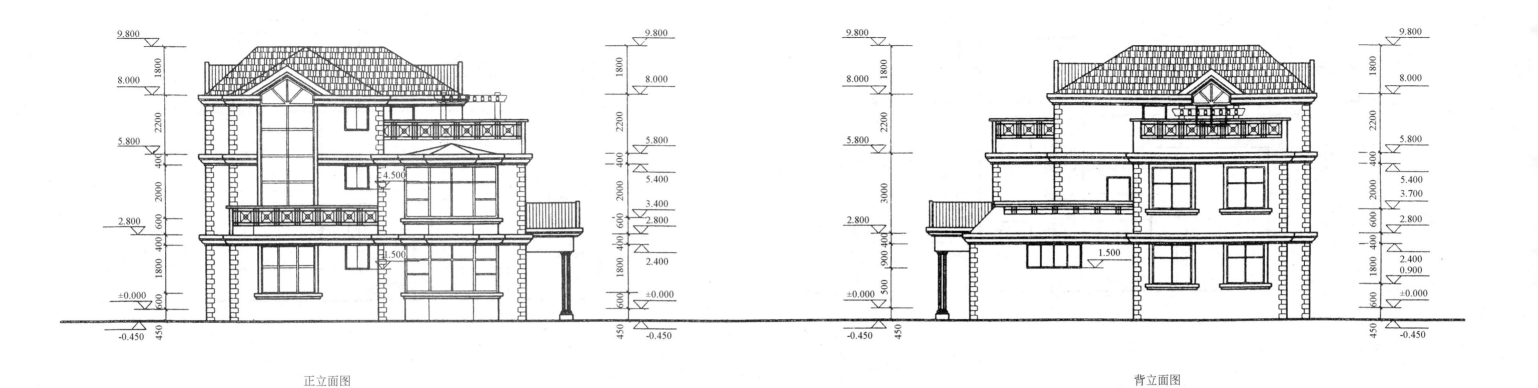

正立面图

背立面图

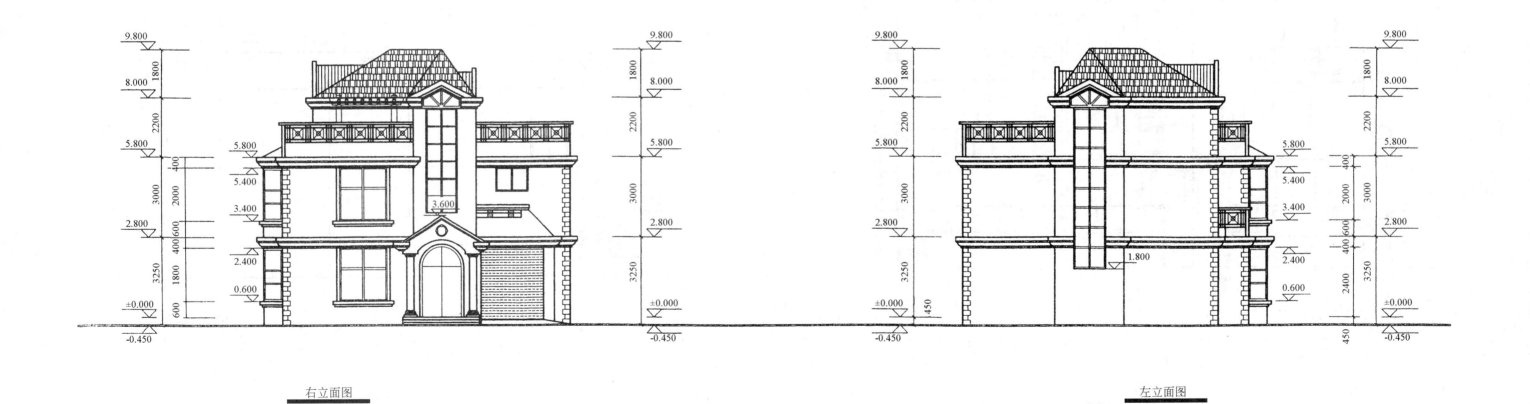

右立面图

左立面图

南立面图

东立面图

北立面图

西立面图

138

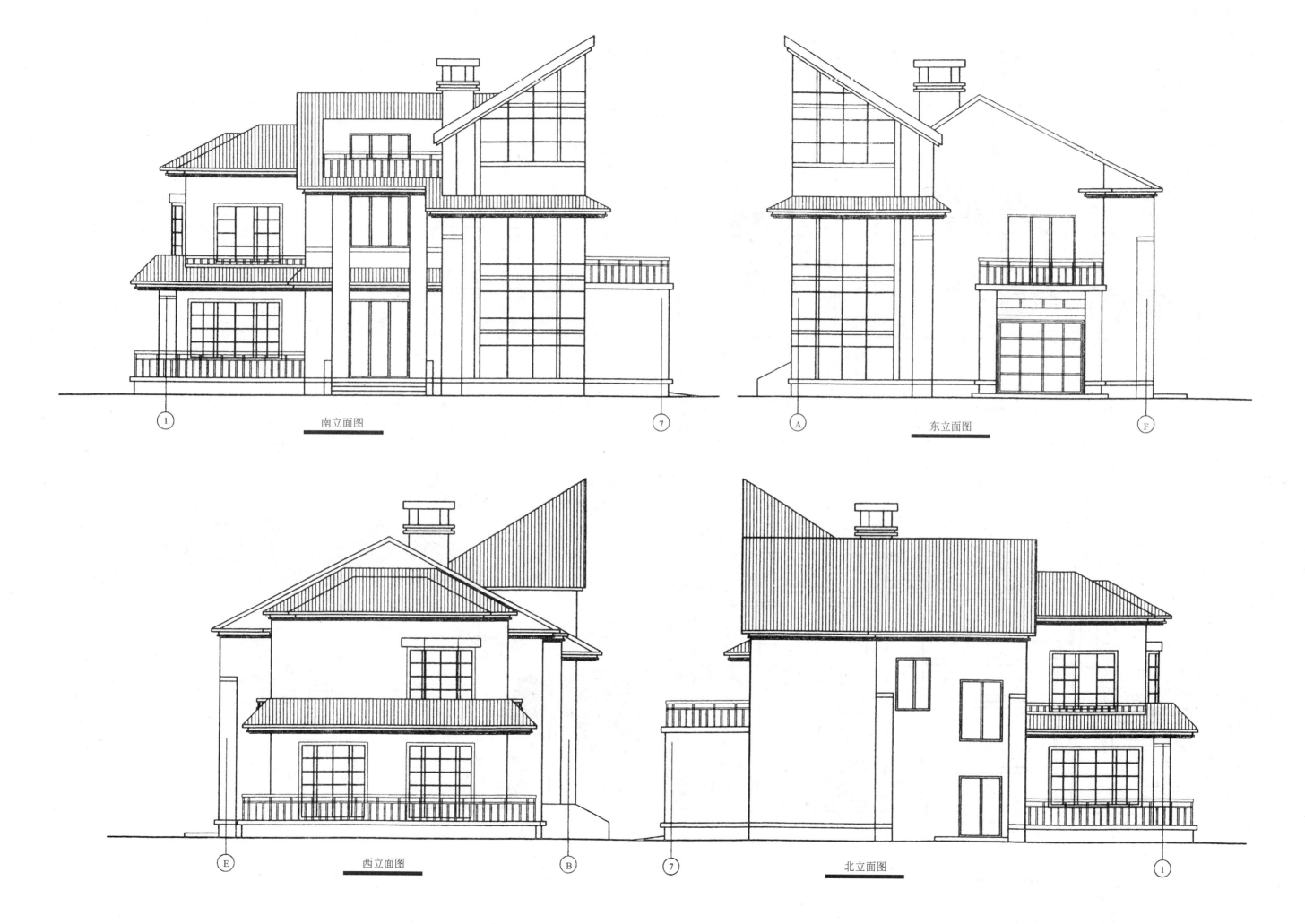

南立面图

东立面图

西立面图

北立面图

139

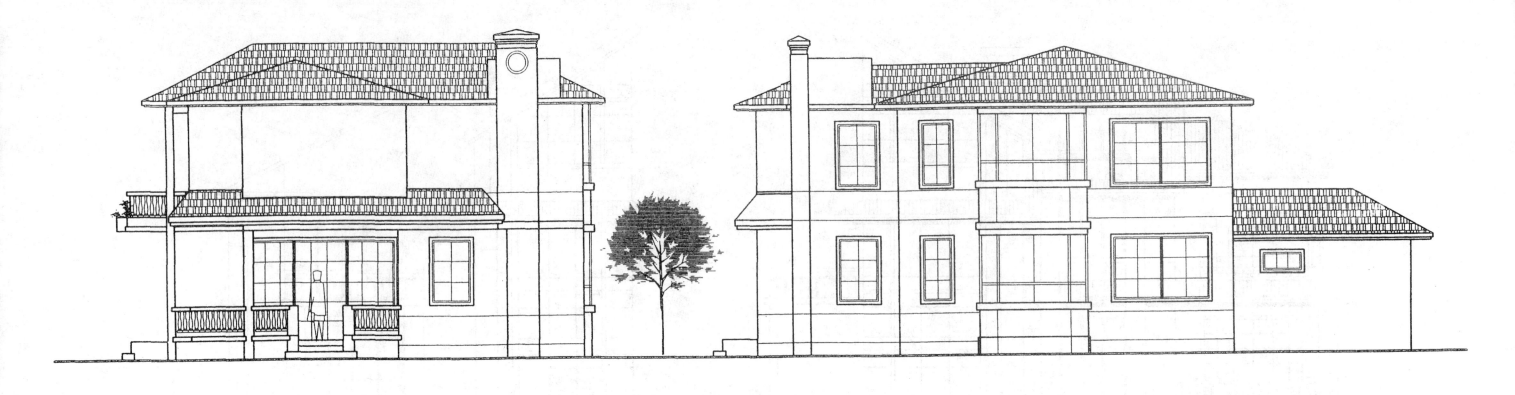

别墅东立面

别墅北立面

别墅南立面

别墅西立面

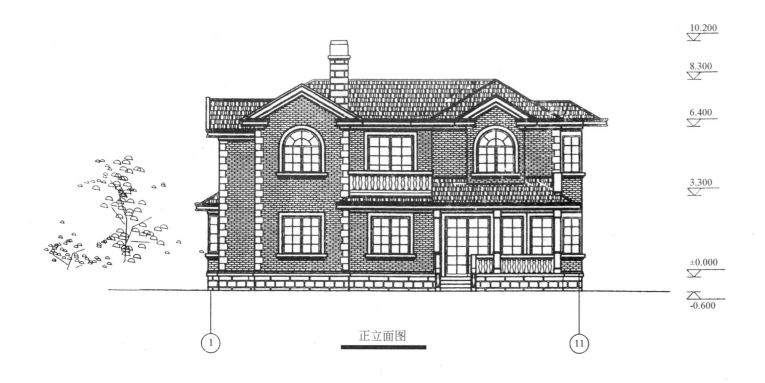

10.200

8.300

6.400

3.300

±0.000

-0.600

正立面图

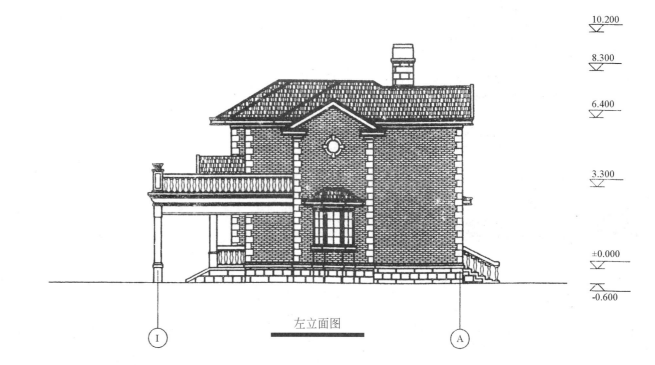

10.200

8.300

6.400

3.300

±0.000

-0.600

左立面图

10.200

8.300

6.400

3.300

±0.000

-0.600

背立面图

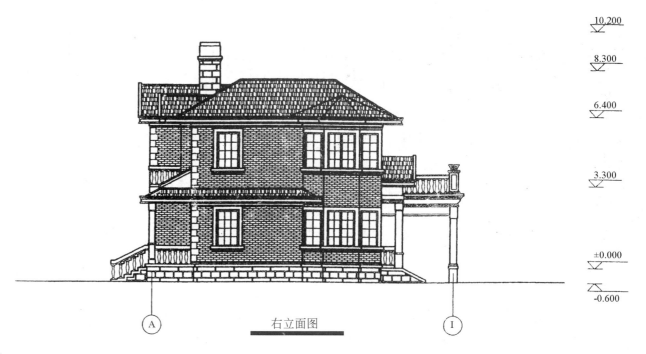

10.200

8.300

6.400

3.300

±0.000

-0.600

右立面图

正立面图

右侧立面图

背立面图

A-A剖面图

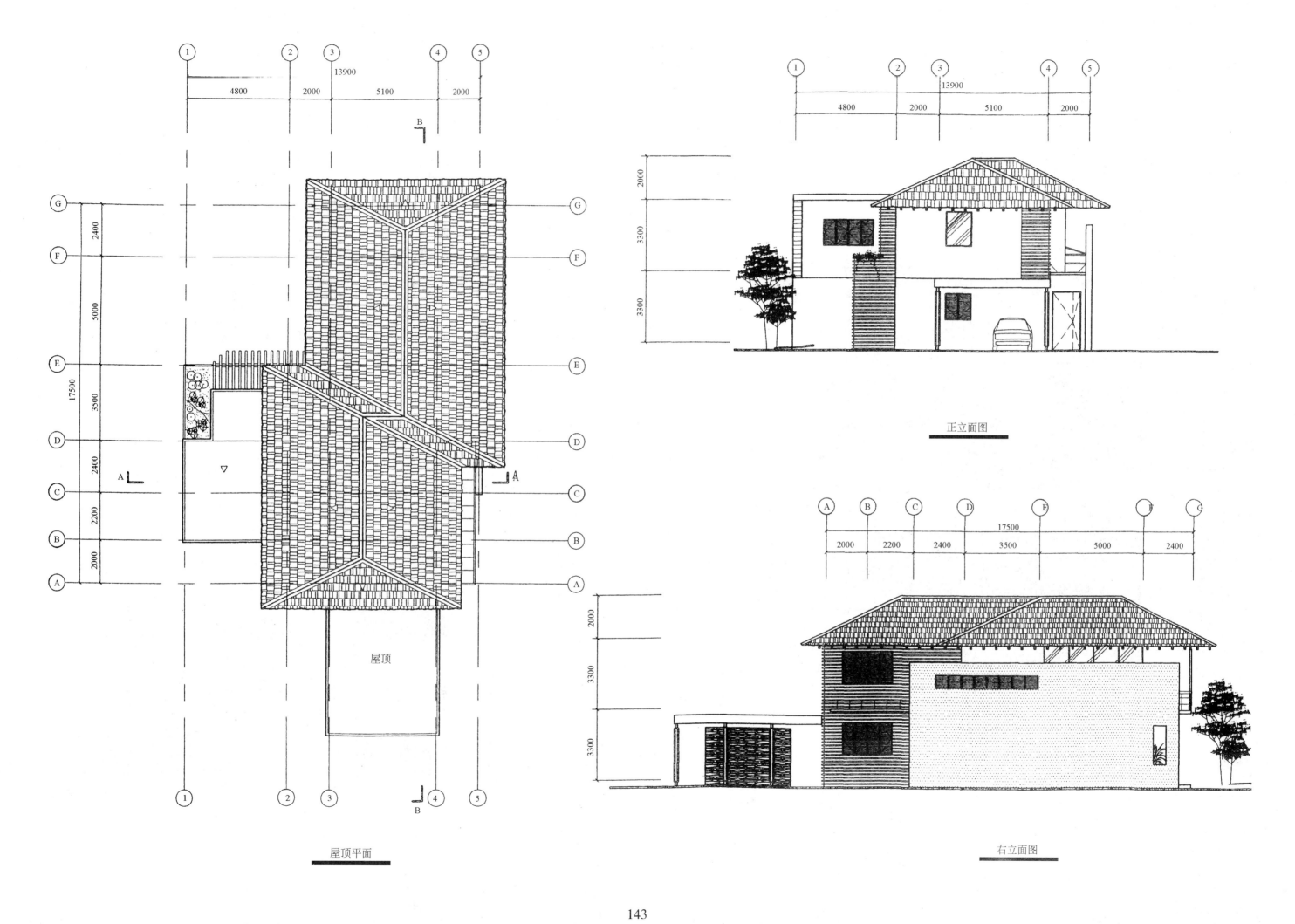

屋顶平面

正立面图

右立面图

143

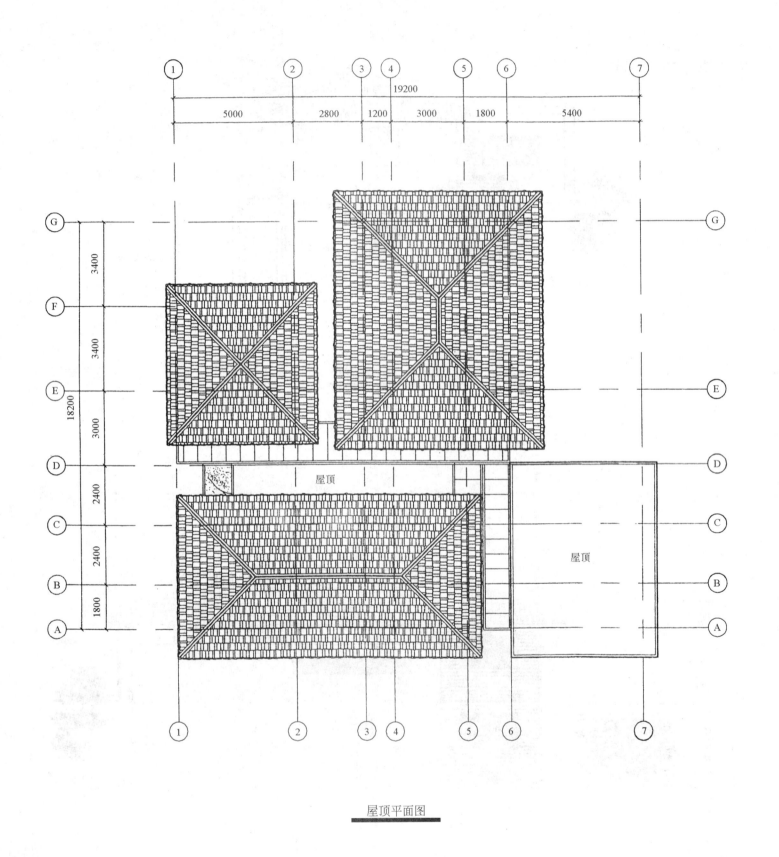

屋顶平面图

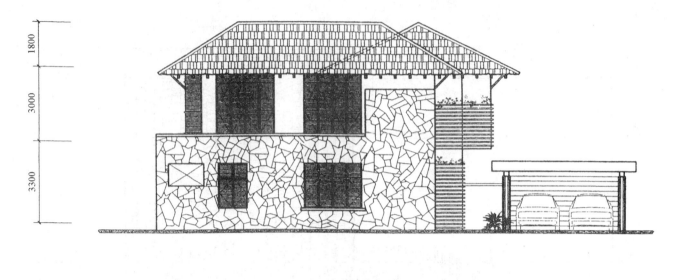

正立面图

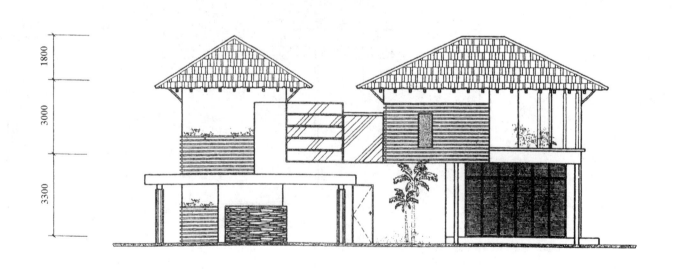

右侧立面图

144

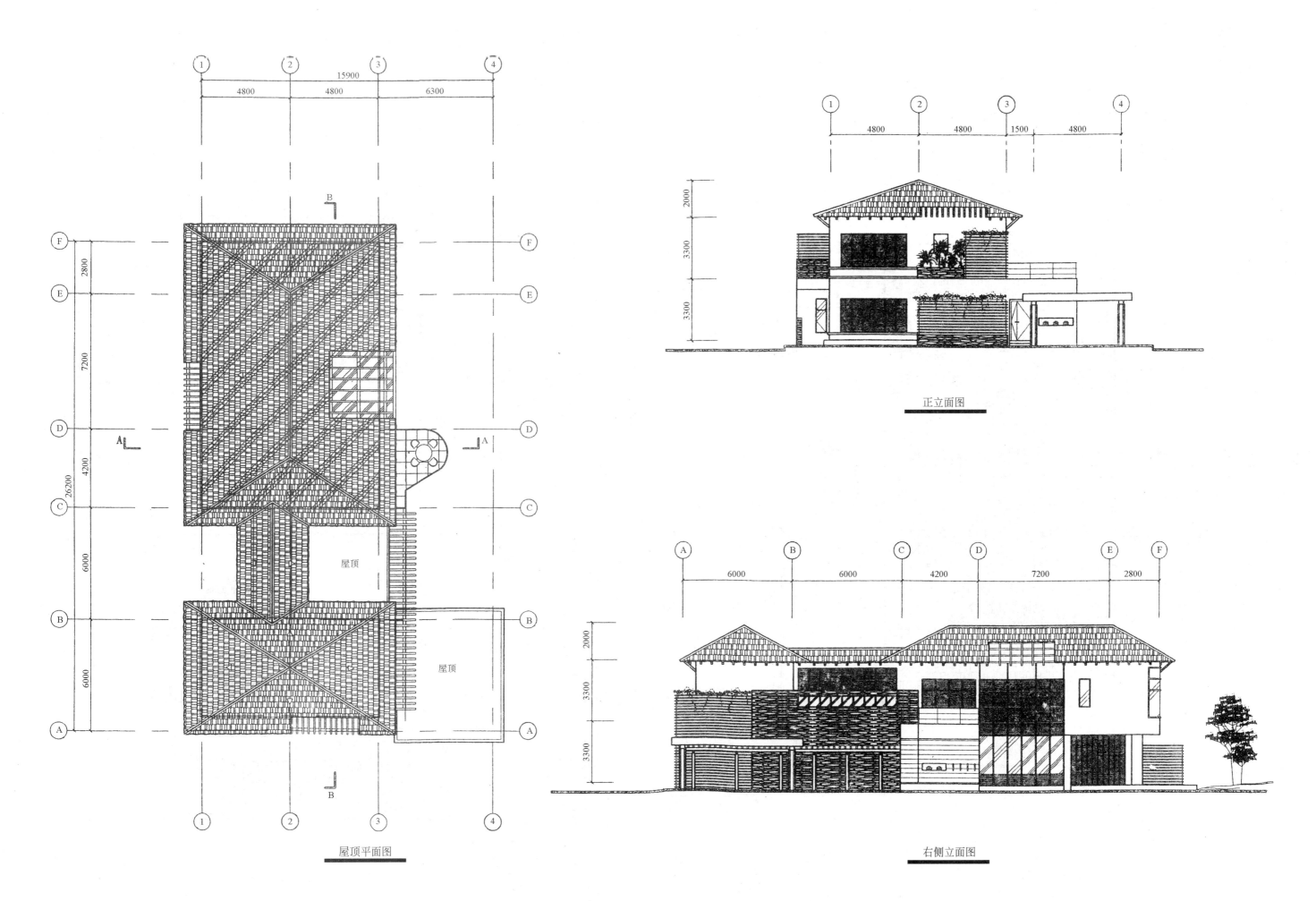

屋顶平面图

正立面图

右侧立面图

145

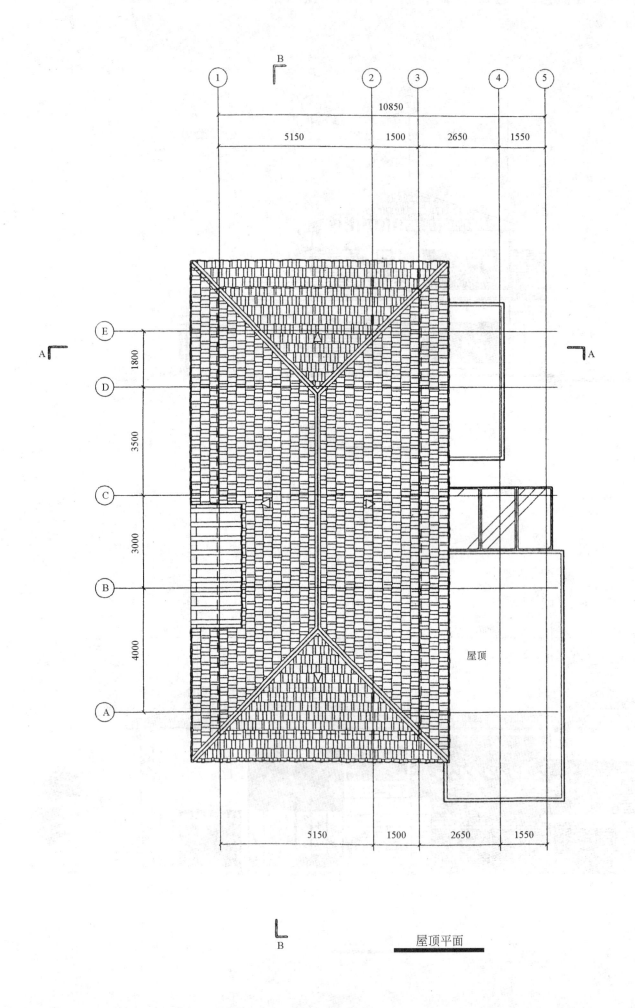

屋顶平面

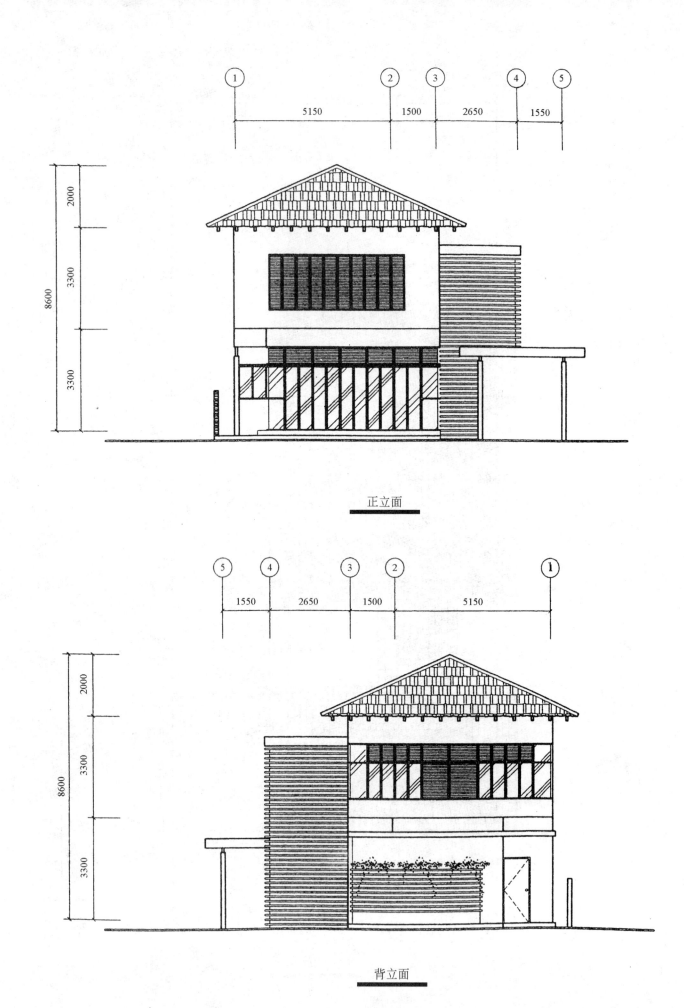

正立面

背立面

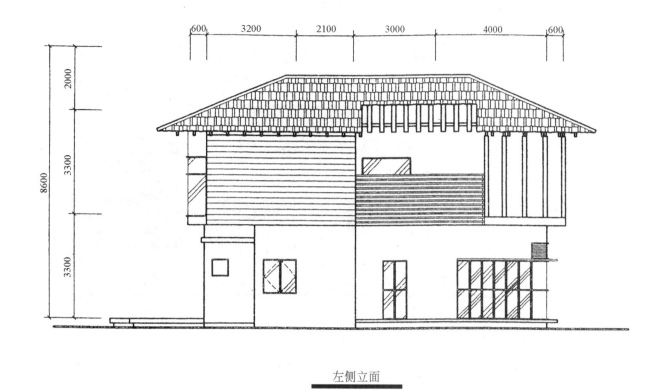

左侧立面

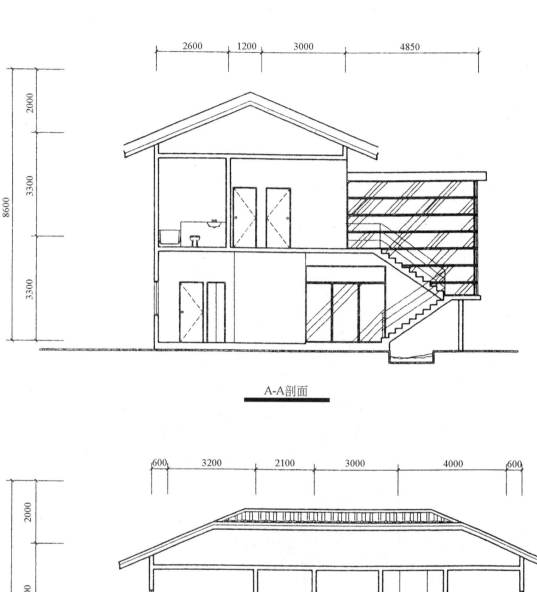

A-A剖面

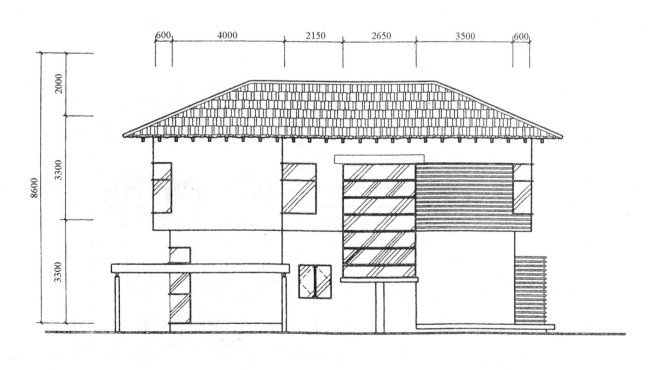

右侧立面

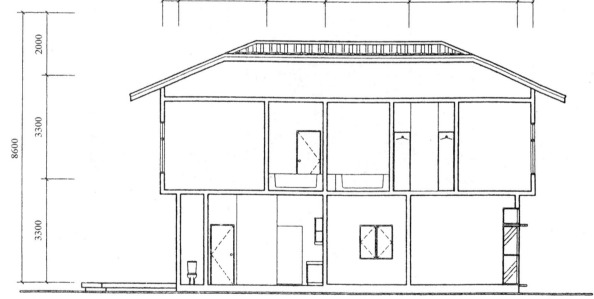

B-B剖面

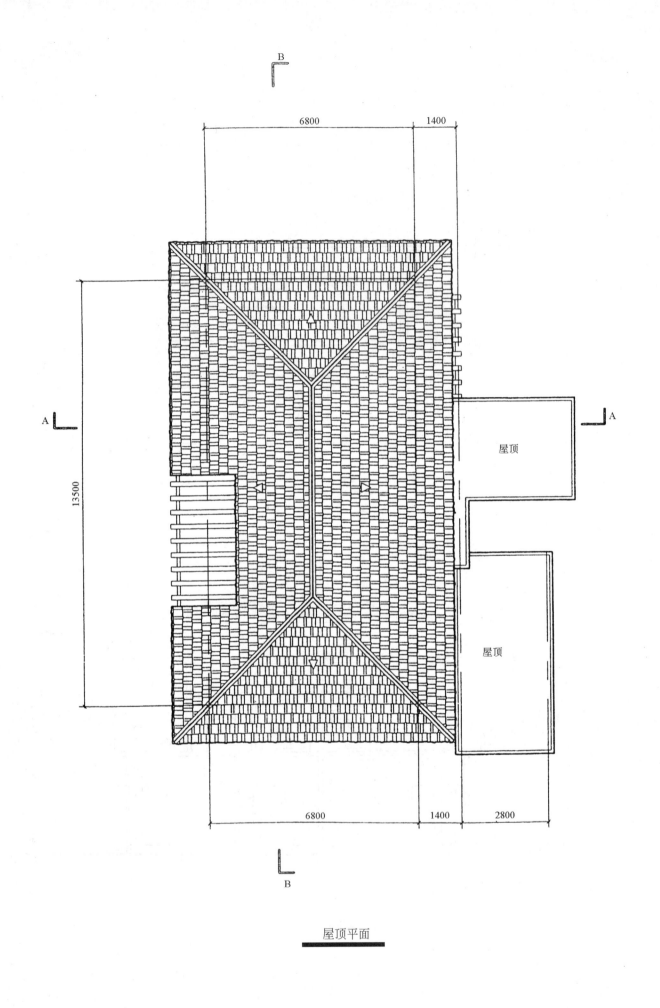

屋顶平面

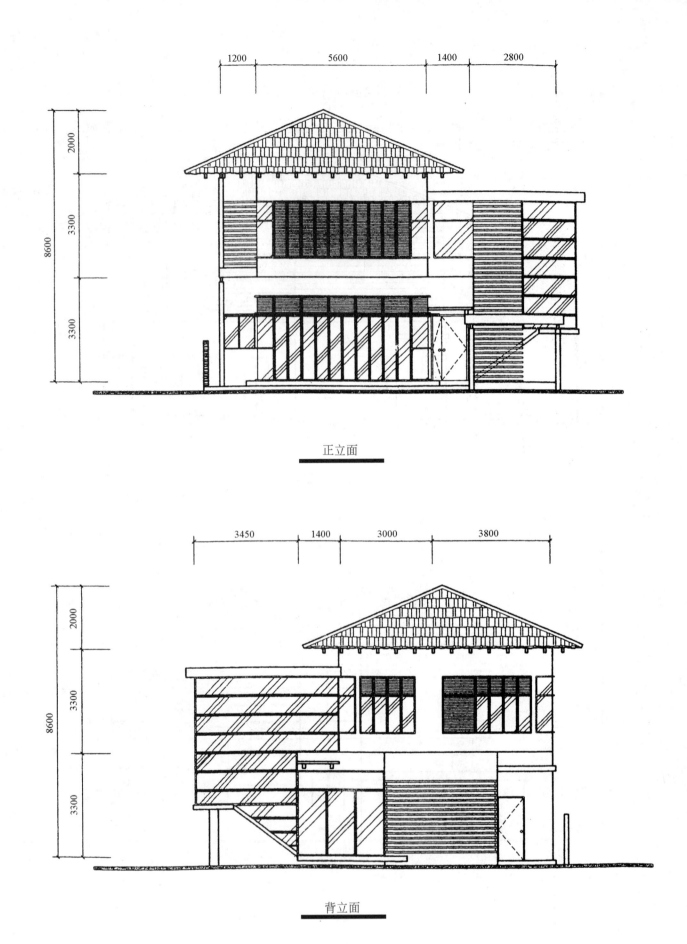

正立面

背立面

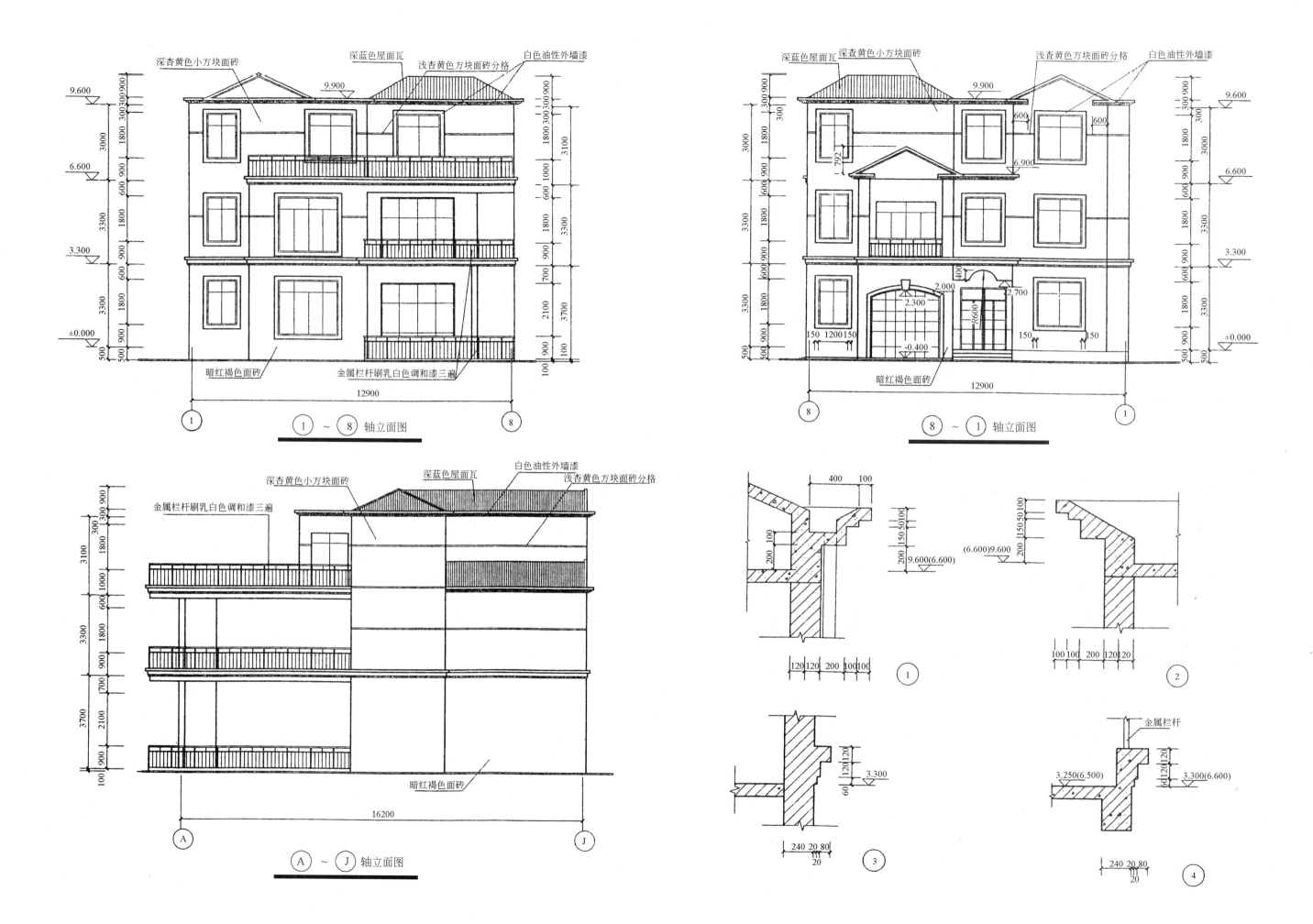

深杏黄色小方块面砖　深蓝色屋面瓦　浅杏黄色方块面砖分格　白色油性外墙漆

9.600
6.600
3.300
±0.000

12900

①〜⑧轴立面图

深蓝色屋面瓦　深查黄色小方块面砖　浅查黄色方块面砖分格　白色油性外墙漆

9.900
6.900
2.000
2.300
2.700
-0.400

暗红褐色面砖

12900

⑧〜①轴立面图

深杏黄色小方块面砖　深蓝色屋面瓦　白色油性外墙漆　浅杏黄色方块面砖分格

金属栏杆刷乳白色调和漆三遍

暗红褐色面砖

16200

Ⓐ〜Ⓙ轴立面图

暗红褐色面砖　金属栏杆刷乳白色调和漆三遍

金属栏杆

①　②　③　④

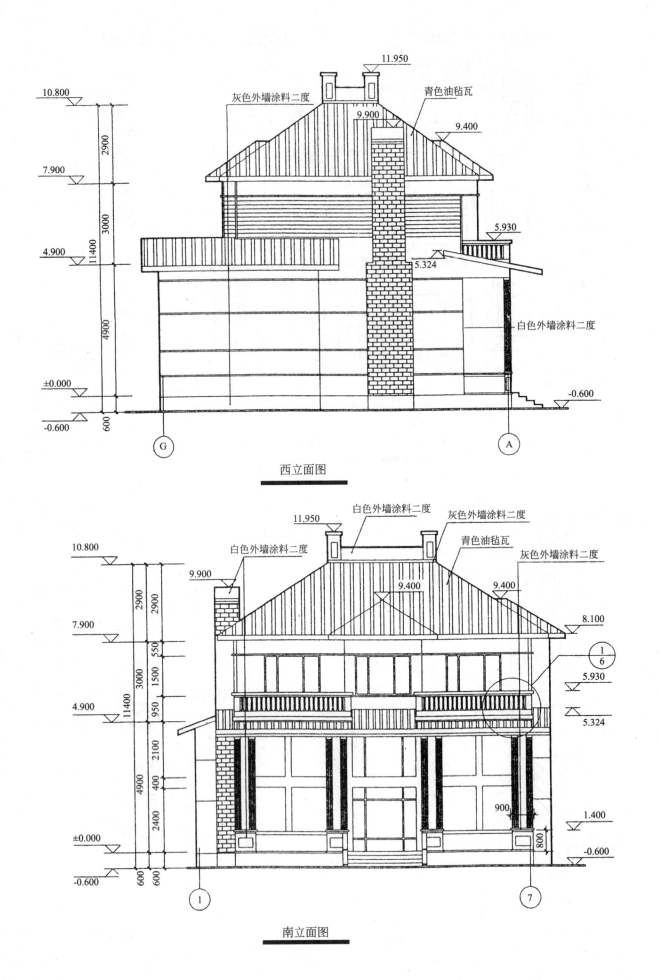

西立面图

南立面图

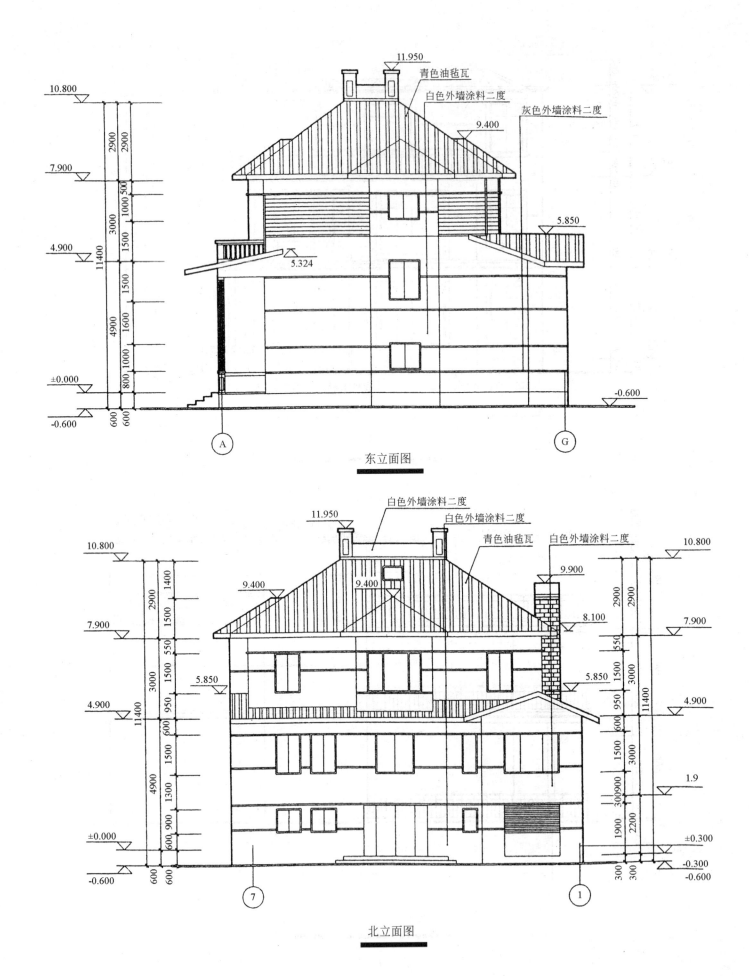

东立面图

北立面图

150

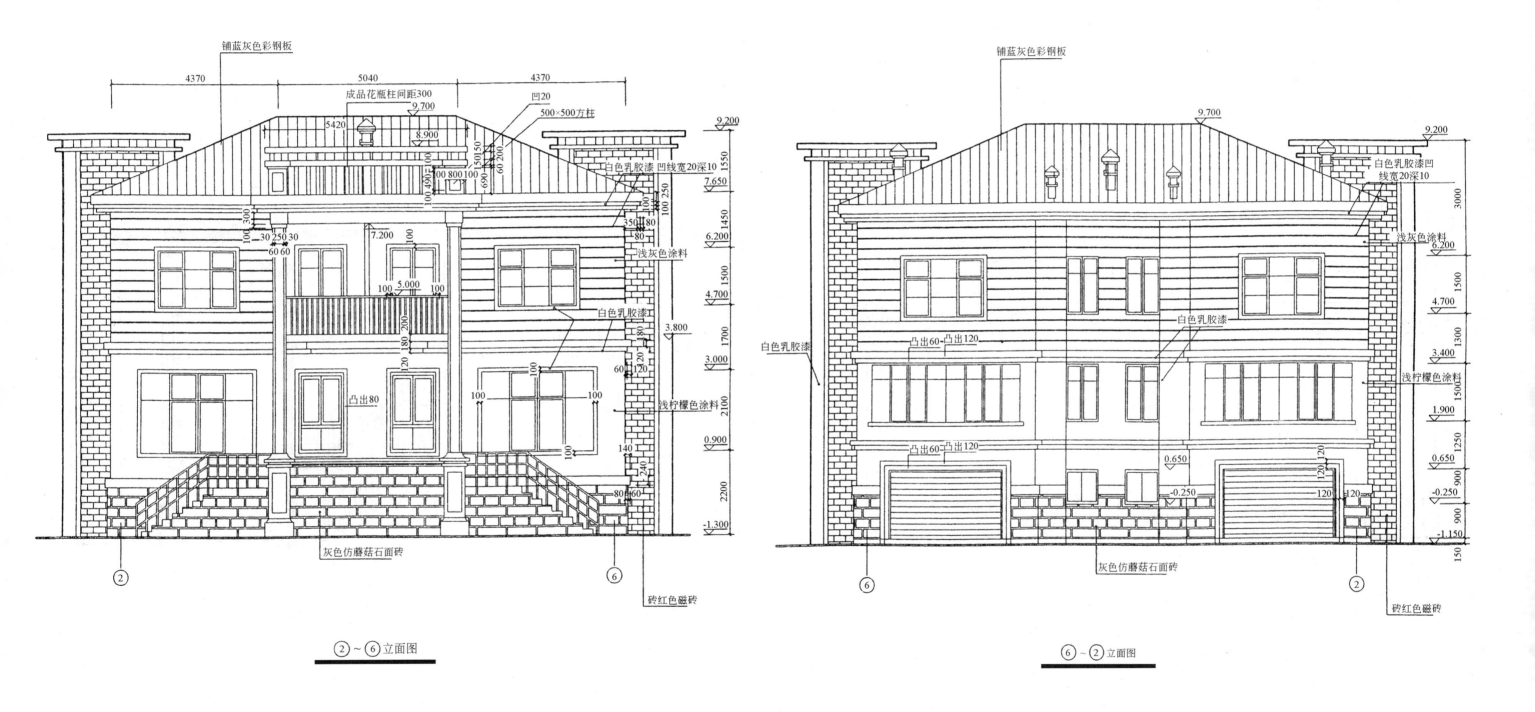

铺蓝灰色彩钢板

4370 5040 4370

成品花瓶柱间距300
凹20
500×500方柱

9.700
5420
8.900

白色乳胶漆 凹线宽20深10

9.200
1550
7.650
250
1450
6.200
浅灰色涂料

7.200
100 5.000 100

白色乳胶漆

凸出80
浅柠檬色涂料

140
240

灰色仿蘑菇石面砖

②～⑥立面图

砖红色磁砖

铺蓝灰色彩钢板

9.700

白色乳胶漆凹
线宽20深10

9.200
3000
浅灰色涂料
6.200
1500
4.700
1300
白色乳胶漆
3.400
凸出60 凸出120
浅柠檬色涂料
1.900
1500
凸出60 凸出120
0.650
1250
0.900
0.650
-0.250
900
-0.250
-1.150
150
白色乳胶漆

灰色仿蘑菇石面砖

⑥～②立面图

砖红色磁砖

151

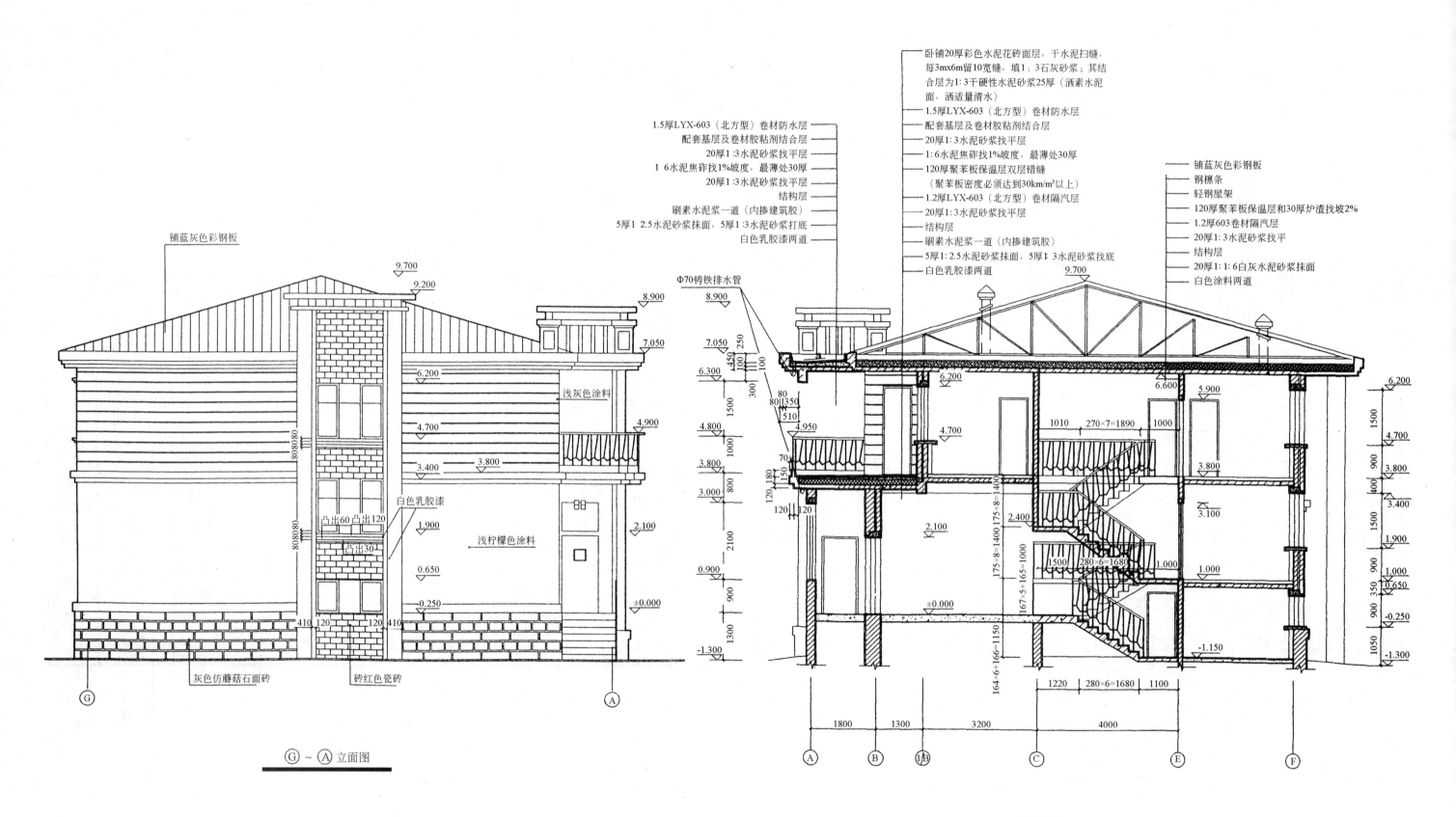

铺蓝灰色彩钢板

浅灰色涂料

9.700
9.200
8.900
7.050
6.200
4.700
3.800
3.400
1.900
0.650
-0.250

4.900
2.100
±0.000
-1.300

808080
808080

凸出60 凸出120
凸出30

白色乳胶漆

浅柠檬色涂料

410 120   120 410

灰色仿蘑菇石面砖   砖红色瓷砖

G ～ A 立面图

1.5厚LYX-603（北方型）卷材防水层
配套基层及卷材胶粘剂结合层
20厚1:3水泥砂浆找平层
1 6水泥焦砟找1%坡度，最薄处30厚
20厚1:3水泥砂浆找平层
结构层
刷素水泥浆一道（内掺建筑胶）
5厚1 2.5水泥砂浆抹面，5厚1:3水泥砂浆打底
白色乳胶漆两道

Φ70铸铁排水管

卧铺20厚彩色水泥花砖面层，干水泥扫缝，
每3m×6m留10宽缝，填1：3石灰砂浆；其结
合层为1：3干硬性水泥砂浆25厚（洒素水泥
面，洒适量清水）
1.5厚LYX-603（北方型）卷材防水层
配套基层及卷材胶粘剂结合层
20厚1:3水泥砂浆找平层
1:6水泥焦砟找1%坡度，最薄处30厚
120厚聚苯板保温层双层错缝
（聚苯板密度必须达到30km/m³以上）
1.2厚LYX-603（北方型）卷材隔汽层
20厚1:3水泥砂浆找平层
结构层
刷素水泥浆一道（内掺建筑胶）
5厚1:2.5水泥砂浆抹面，5厚1:3水泥砂浆找底
白色乳胶漆两道

铺蓝灰色彩钢板
钢檩条
轻钢屋架
120厚聚苯板保温层和30厚炉渣找坡2%
1.2厚603卷材隔汽层
20厚1:3水泥砂浆找平
结构层
20厚1:1:6白灰水泥砂浆抹面
白色涂料两道

8.900
7.050
6.300
4.800
3.800
3.000
0.900
±0.000
-1.300

9.700
6.200
4.700
2.400
3.100
2.100
1.000
-1.150

6.600
5.900
6.200
4.700
3.800
3.400
1.900
1.000
0.650
-0.250
-1.300

450 250
100
100
300
1500
1000
800
2100
900
1300

250
1500
1010   270×7=1890   1000
175×8=1400 175×8=1400
167×5+165=1000
164+6+166=1150
1500   280×6=1680   1.000

1500
400
1500
900
350
900
1050

1800   1300   3200   4000

A B 1/B C E F

1220   280×6=1680   1100

1-1剖面图

蓝灰色彩钢板

白色乳胶漆

白色乳胶漆

白色乳胶漆
凹线宽20深10

白色乳胶漆

灰色仿蘑菇石面砖

真石漆

⑪~① 立面图

灰色仿蘑菇石面砖

真石漆

①~⑪ 立面图

153

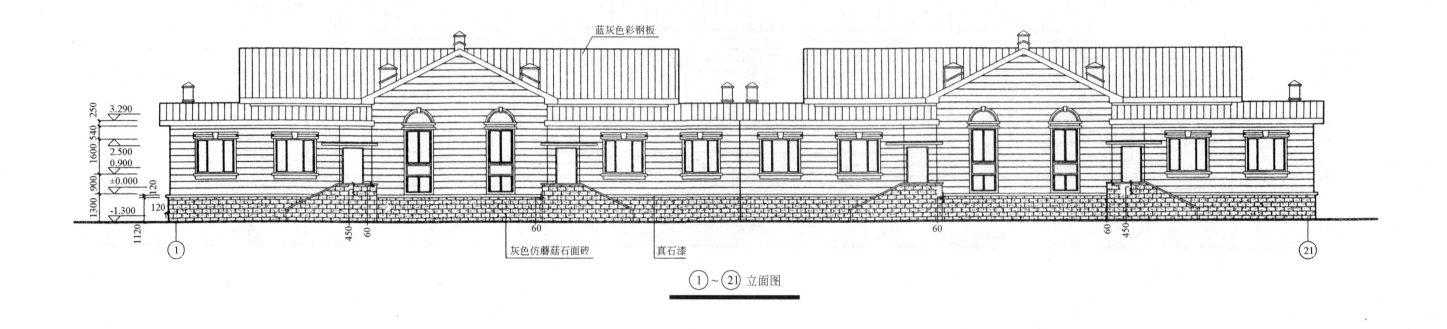

蓝灰色彩钢板

3.290

2.500
0.900
±0.000

-1.300

灰色仿蘑菇石面砖　　　真石漆

①～㉑立面图

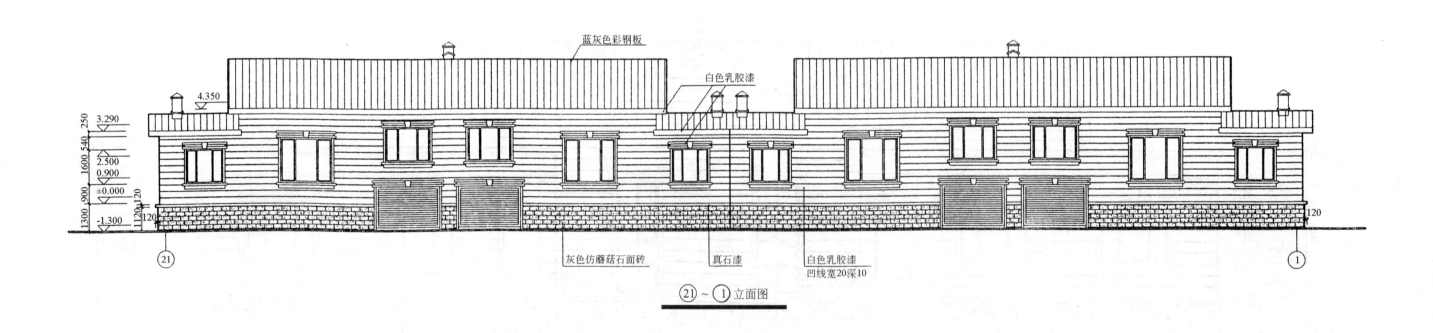

蓝灰色彩钢板

白色乳胶漆

4.350

3.290

2.500
0.900
±0.000

-1.300

灰色仿蘑菇石面砖　　　真石漆　　　白色乳胶漆
凹线宽20深10

㉑～①立面图

154

白色　　藏蓝色沥青瓦　　灰色装饰带

白色　　藏蓝色沥青瓦　　灰色装饰带

西立面图

南立面图

白色　　藏蓝色沥青瓦　　灰色装饰带

白色　　藏蓝色沥青瓦　　灰色装饰带

东立面图

北立面图

155

南立面图

东立面图

西立面图

北立面图

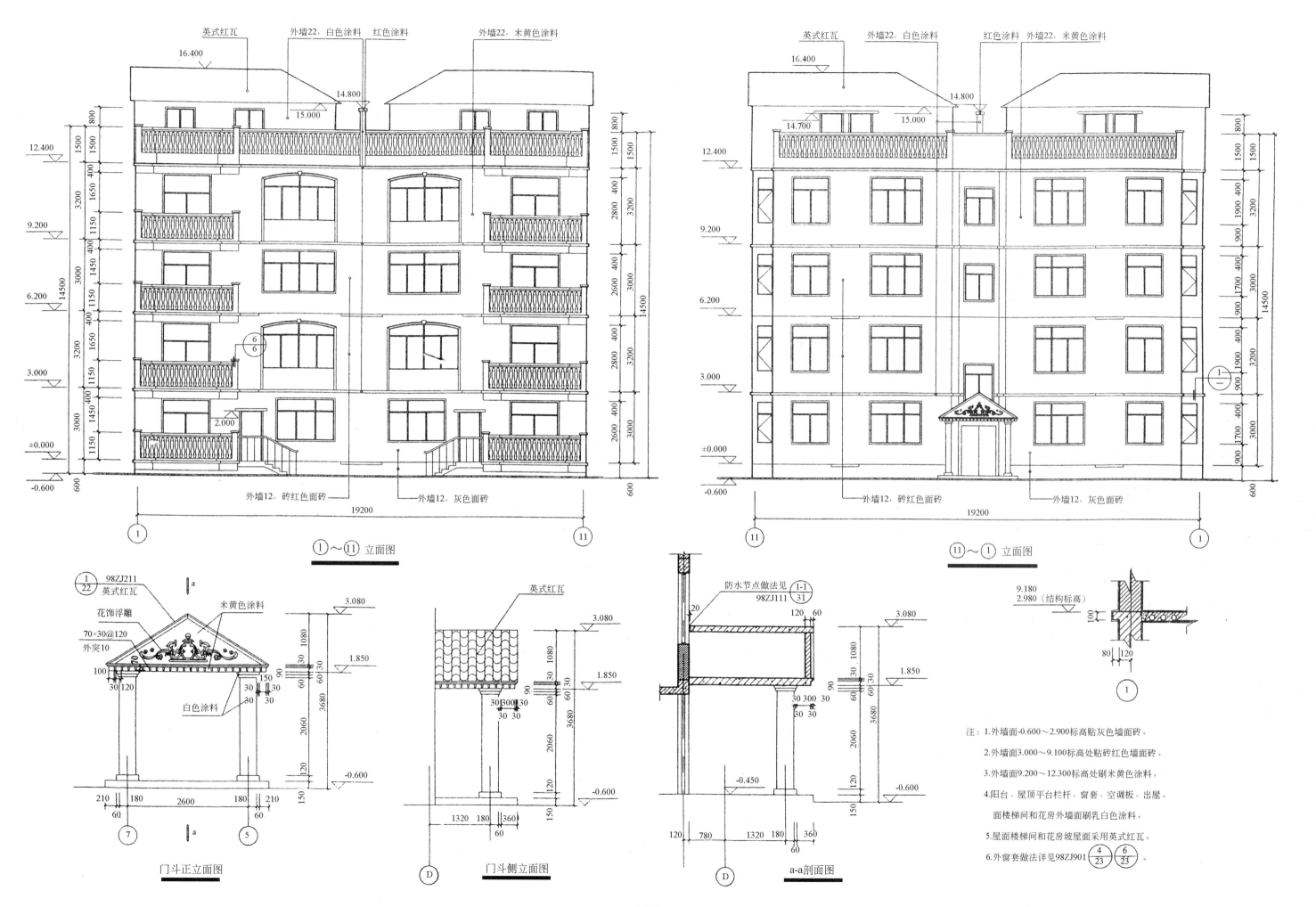

①～⑪ 立面图

⑪～① 立面图

门斗正立面图

门斗侧立面图

a-a剖面图

注：1.外墙面-0.600～2.900标高处贴灰色墙面砖。
2.外墙面3.000～9.100标高处贴砖红色墙面砖。
3.外墙面9.200～12.300标高处刷米黄色涂料。
4.阳台、屋顶平台栏杆、窗套、空调板、出屋。
面楼梯间和花房外墙面刷乳白色涂料。
5.屋面楼梯间和花房坡屋面采用英式红瓦。
6.外窗套做法详见98ZJ901 ④/23 ⑥/23 。

157

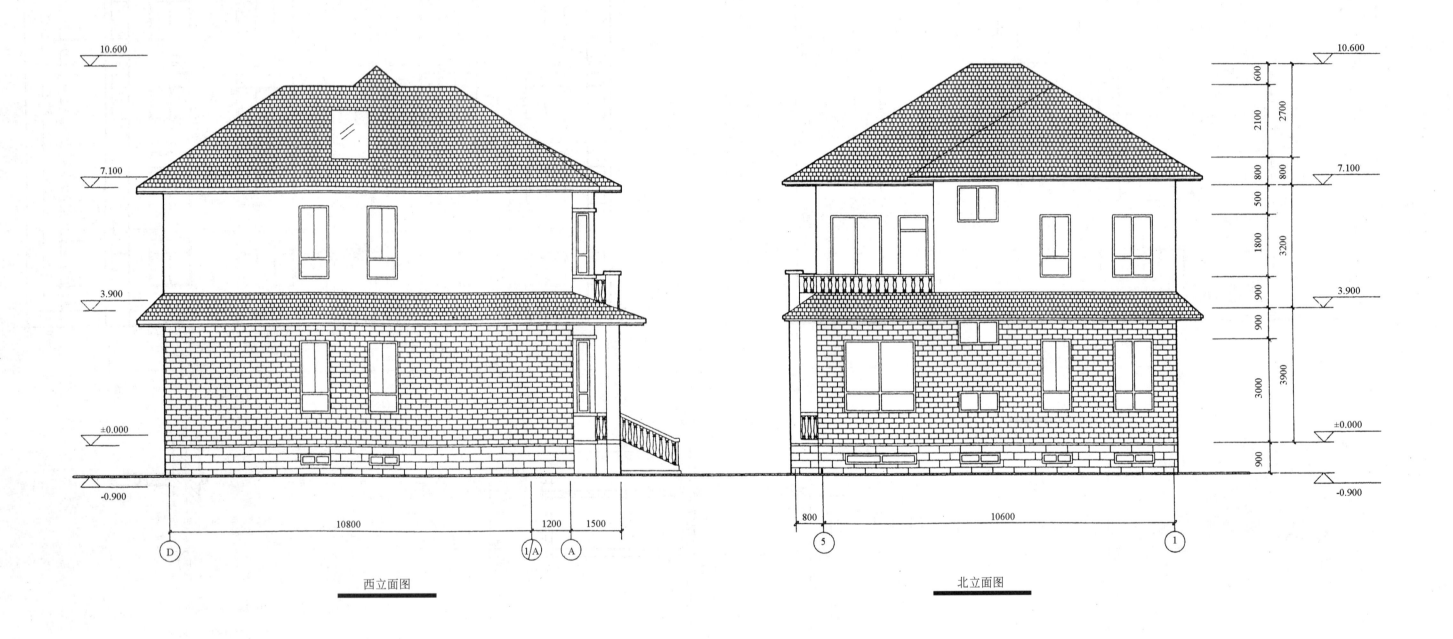

10.600

7.100

3.900

±0.000

-0.900

600

2100　2700

800　800

500

1800　3200

900

900

3000　3900

900

10.600

7.100

3.900

±0.000

-0.900

10800　1200　1500

D　1/A　A

西立面图

800　10600

5　1

北立面图

158

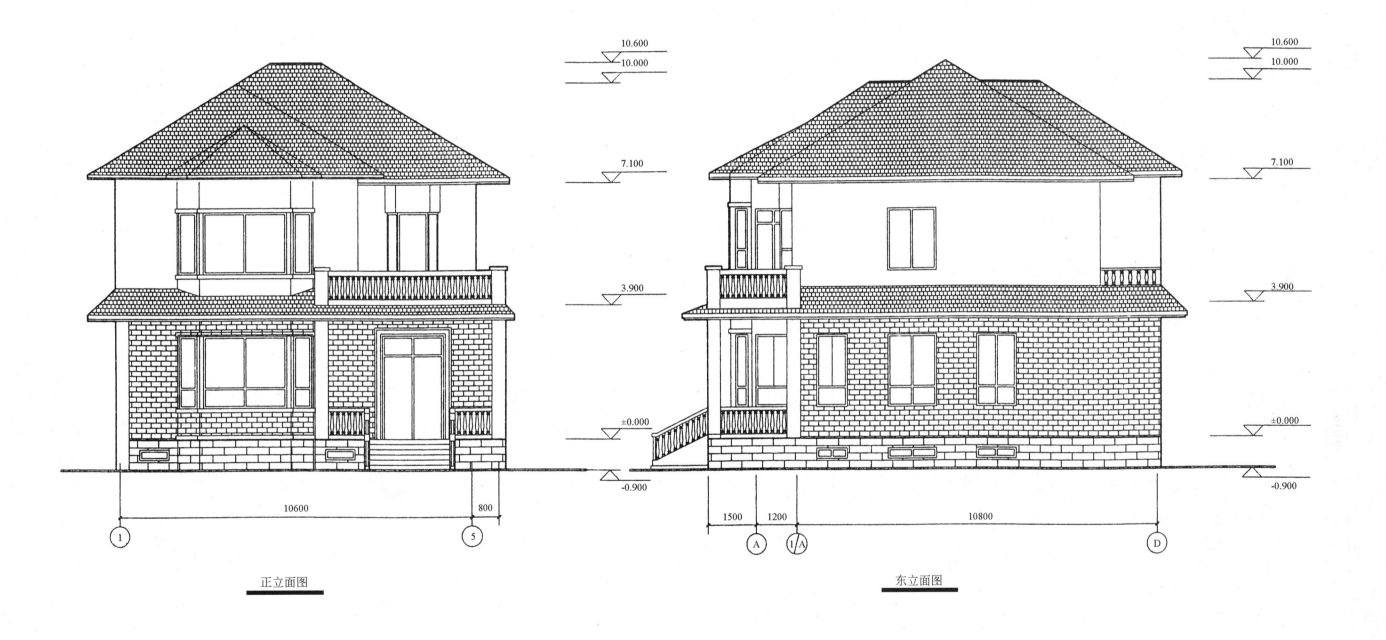

10.600
10.000

7.100

3.900

±0.000

-0.900

10600   800

① ⑤

正立面图

10.600
10.000

7.100

3.900

±0.000

-0.900

1500 1200   10800

Ⓐ Ⓐ/①   Ⓓ

东立面图

159

①～⑥轴立面图

⑥～④轴立面图

④～⑥轴立面图

⑥～①轴立面图

160

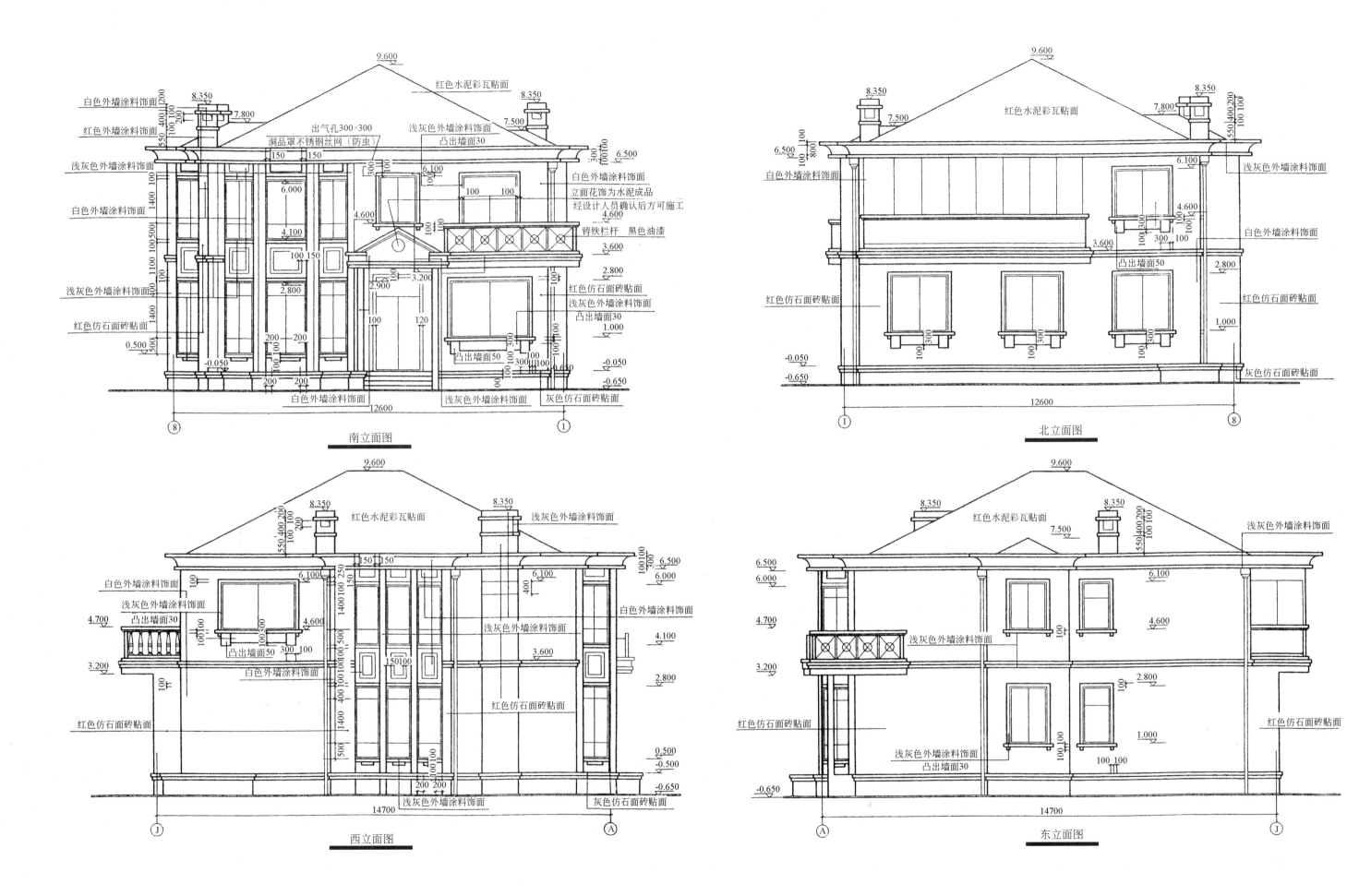

南立面图

北立面图

西立面图

东立面图

161

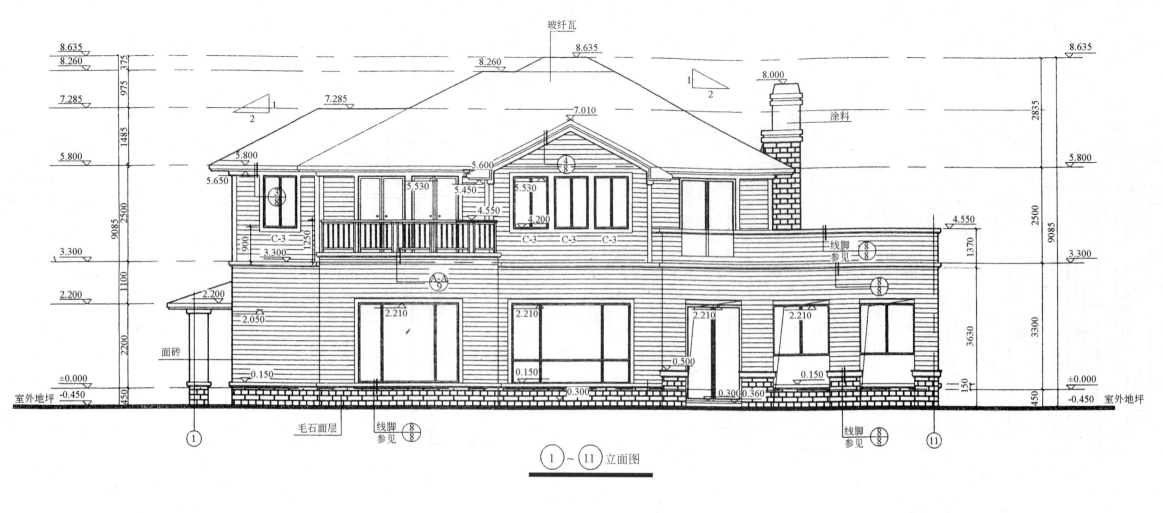

①~⑪ 立面图

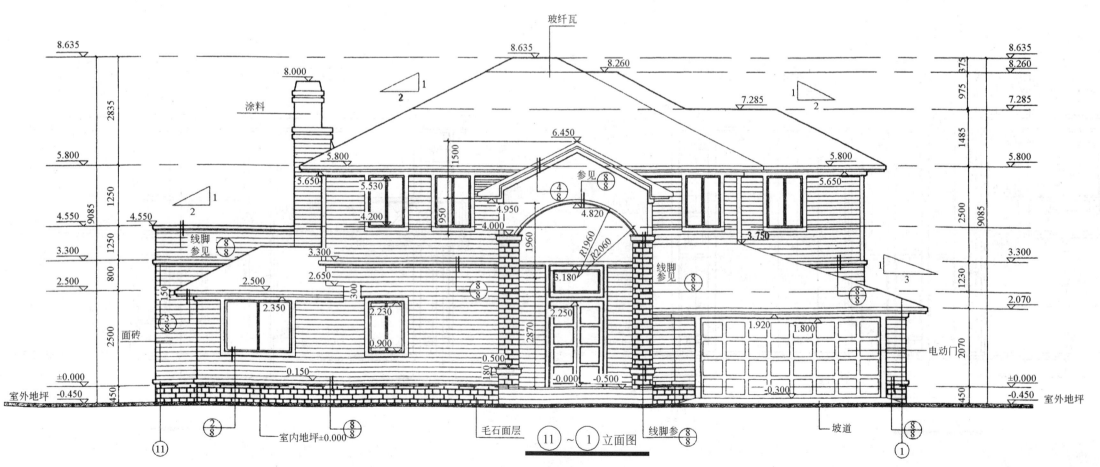

⑪~① 立面图

162

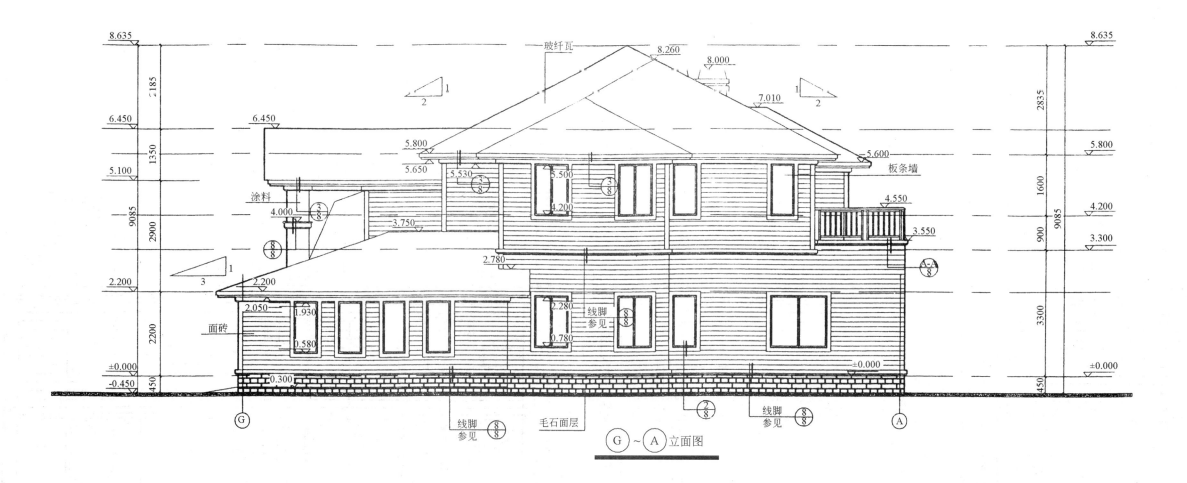

G~A 立面图

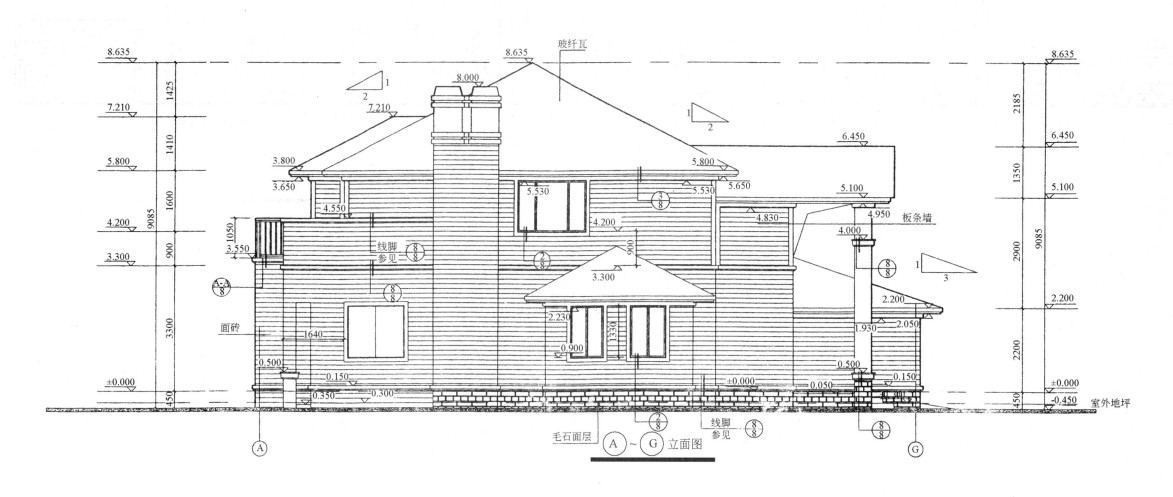

A~G 立面图

163

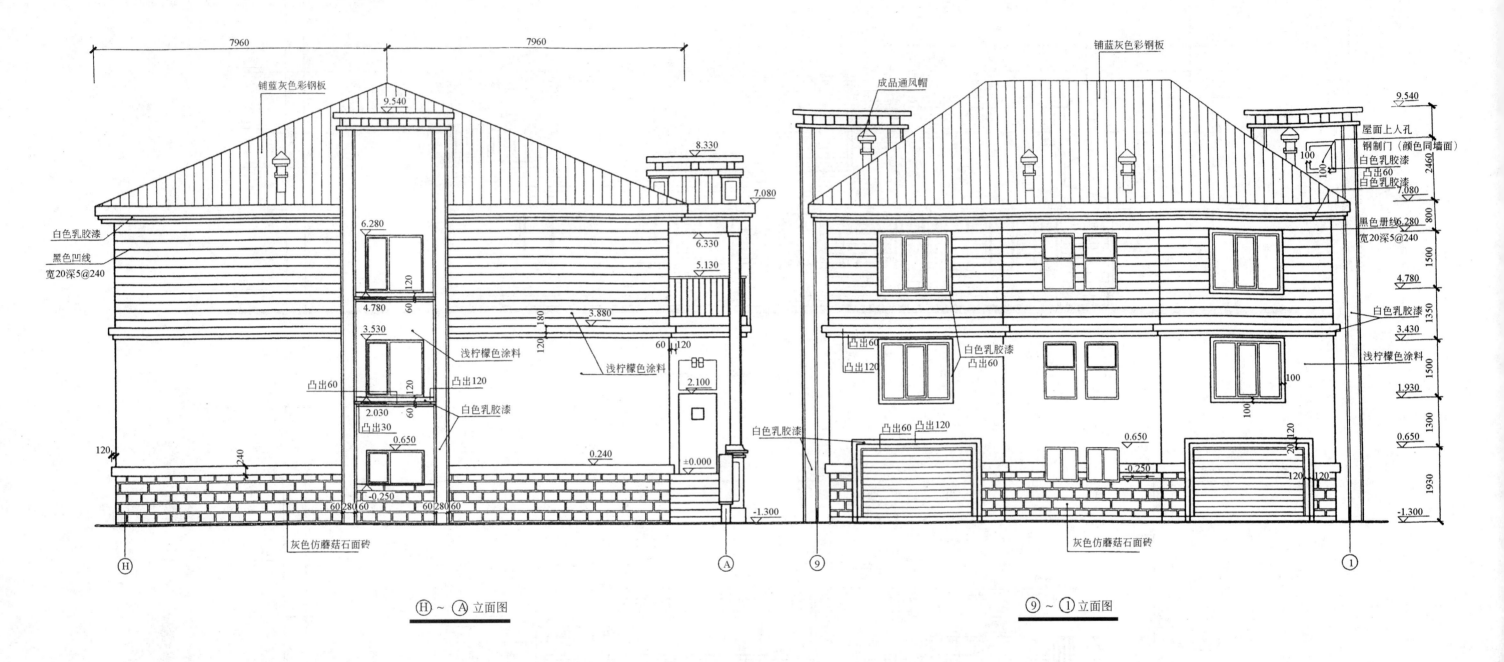

铺蓝灰色彩钢板
铺蓝灰色彩钢板
成品通风帽

7960
7960

9.540
9.540

8.330

7.080

屋面上人孔
钢制门（颜色同墙面）
白色乳胶漆
凸出60
白色乳胶漆

白色乳胶漆
黑色凹线
宽20深5@240

6.280
6.330
5.130

黑色凹线6.280
宽20深5@240

浅柠檬色涂料
浅柠檬色涂料

4.780
3.530

3.880

4.780
白色乳胶漆
凸出60

3.430

凸出60
凸出120
白色乳胶漆

2.030
凸出30
凸出60
白色乳胶漆

浅柠檬色涂料

白色乳胶漆

0.650

2.100

凸出60
凸出120

0.650

±0.000

-0.250

-0.250

0.240

-1.300

-1.300

灰色仿蘑菇石面砖
灰色仿蘑菇石面砖

Ⓗ
Ⓐ
⑨
①

Ⓗ ~ Ⓐ 立面图
⑨ ~ ① 立面图

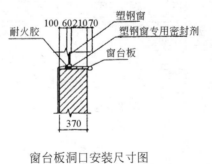

耐火胶
塑钢窗
塑钢窗专用密封剂
窗台板

370

窗台板洞口安装尺寸图

注：窗台板不能做通长时，窗台板长度为窗洞口两侧各加60mm。

164

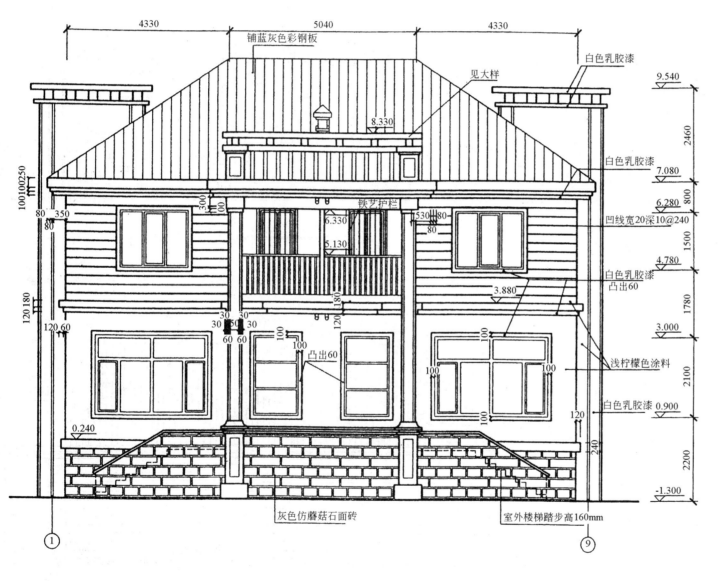

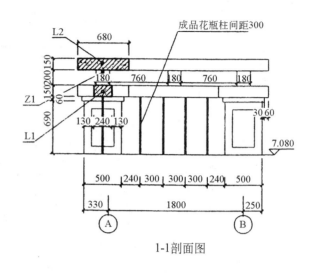

1-1剖面图

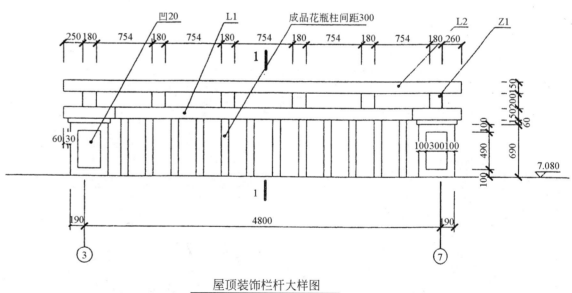

屋顶装饰栏杆大样图

①~⑨立面图

铺蓝灰色彩钢板
白色乳胶漆
见大样
白色乳胶漆
铁艺护栏
凹线宽20深10@240
白色乳胶漆
凸出60
浅柠檬色涂料
白色乳胶漆
凸出60
灰色仿蘑菇石面砖
室外楼梯踏步高160mm

成品花瓶柱间距300
成品花瓶柱间距300
凹20

①~⑧立面图

⑧~①立面图

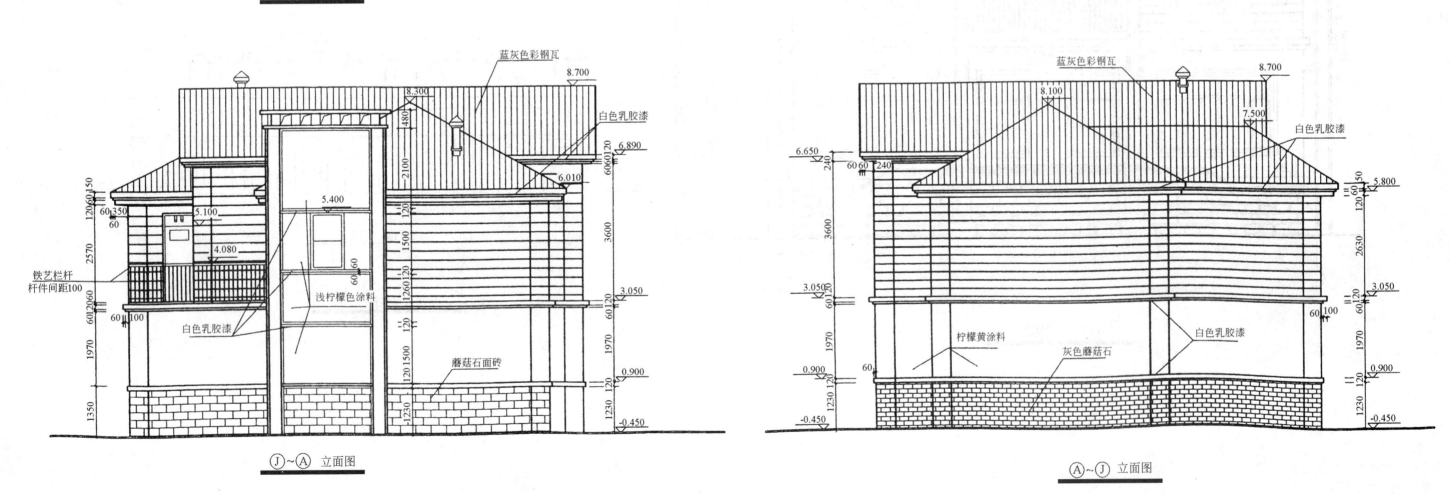

Ⓙ~Ⓐ 立面图

Ⓐ~Ⓙ 立面图

166

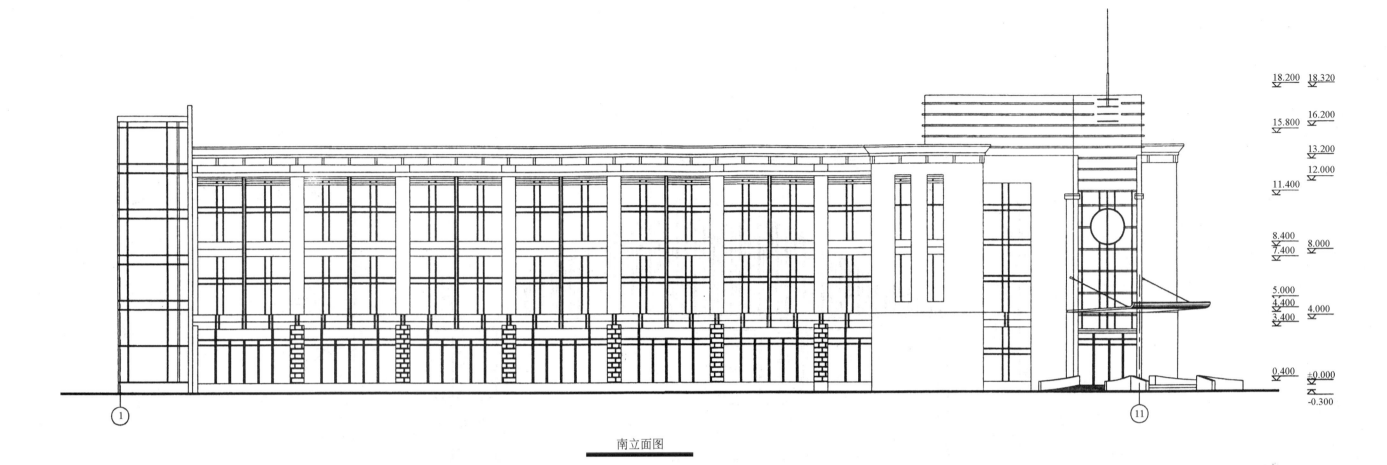

18.200 18.320
15.800 16.200
13.200
12.000
11.400
8.400
7.400 8.000
5.000
4.400 4.000
3.400
0.400 ±0.000
-0.300

①   ⑪

南立面图

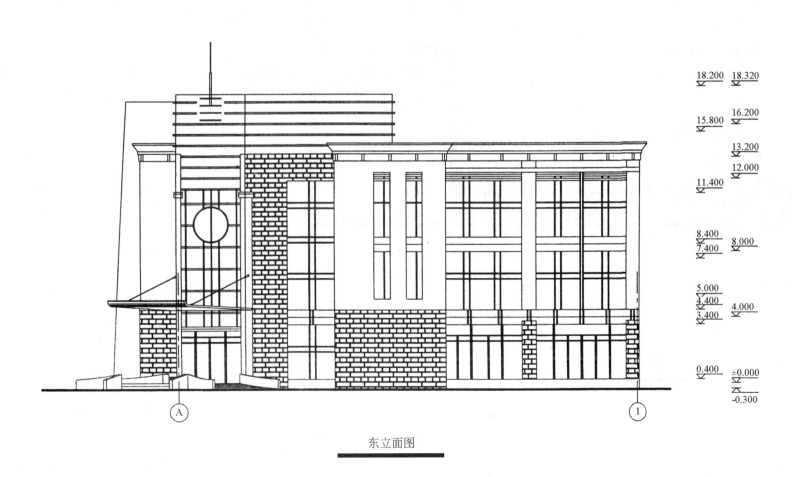

18.200 18.320
15.800 16.200
13.200
12.000
11.400
8.400
7.400 8.000
5.000
4.400 4.000
3.400
0.400 ±0.000
-0.300

Ⓐ   ①

东立面图

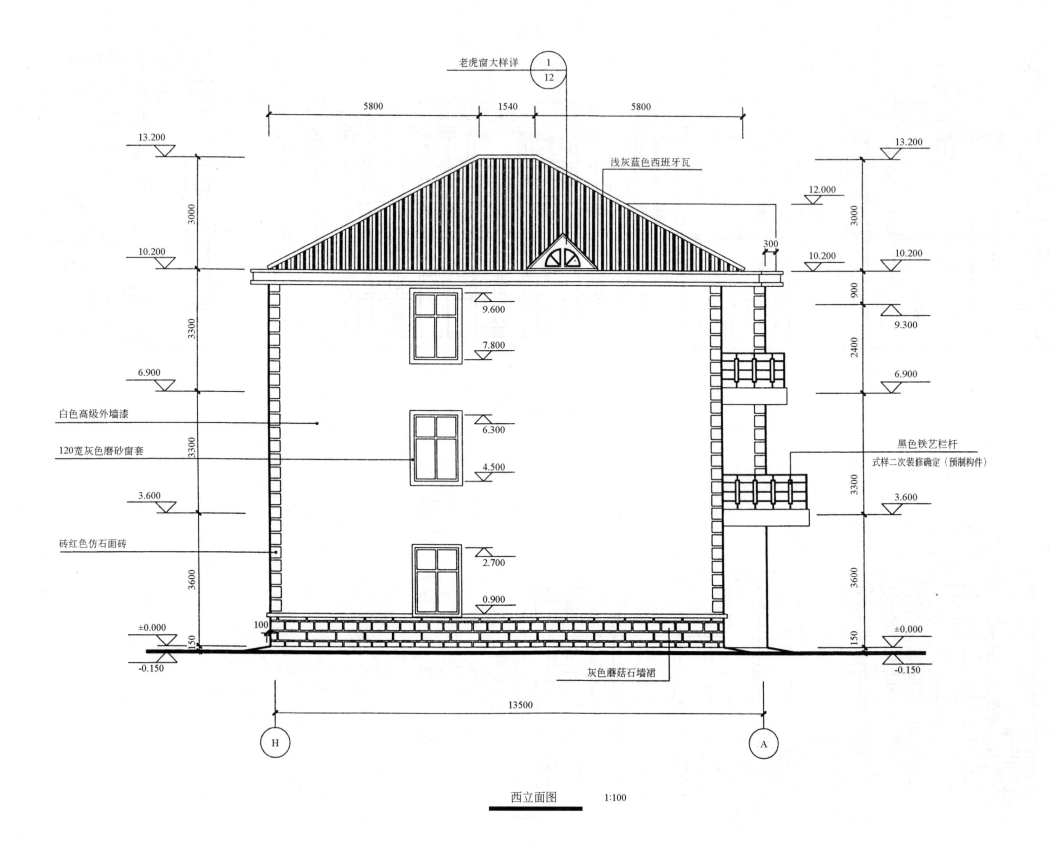

5800　1540　5800

浅灰蓝色西班牙瓦

13.200

12.000

3000

10.200

300

3300

9.600

7.800

白色高级外墙漆

6.900

120宽灰色磨砂窗套

6.300

黑色铁艺栏杆

式样二次装修确定（预制构件）

3300

4.500

3.600

砖红色仿石面砖

2.700

3600

0.900

±0.000

100

150

-0.150

灰色蘑菇石墙裙

13500

13.200

3000

10.200

900

9.300

2400

6.900

3300

3.600

3600

150

±0.000

-0.150

H　　　　　　　　　　　　A

西立面图　　1:100

老虎窗大样详见 $\dfrac{1}{12}$

2700 3300 2800 3700 2220 5920

浅灰蓝色西班牙瓦

$\dfrac{2}{16}$ 屋顶脊线详98ZJ211

13.200

12.200
10.200
9.300
6.900

3300

9.600 9800
9.150
7.800 7.650

白色高级外墙漆

白色高级外墙漆

3300

120宽灰色磨砂窗套

6.300 6.150

4.500 4.580

120

10.200

6.900

砖红色仿石面砖

3.600

砖红色仿石面砖

3600

250 1800 250
2.700 2.780

120

3.600

3300

100

100

0.900 0.900

100宽白色线条

±0.000
150

±0.000
150

-0.150

灰色蘑菇石墙裙

-0.150

20400

10

1

北立面图　1:100

169

白色涂料　　　兰灰彩瓦　　白色涂料

大样
见建施

白色涂料

深灰色涂料

浅灰色涂料

塑钢百叶窗
600x2900

(结构标高)21.900
(结构标高)20.100
(结构标高)17.400
14.500
11.600
8.700
5.800
2.900
±0.000
-0.850
-0.900

21.900 (结构标高)
20.100 (结构标高)
17.400 (结构标高)
14.500
11.600
8.700
5.800
2.900
±0.000
-0.850
-0.900

深灰色仿石砖

大样
见建施

大样
见建施

大样
见建施

正立面图

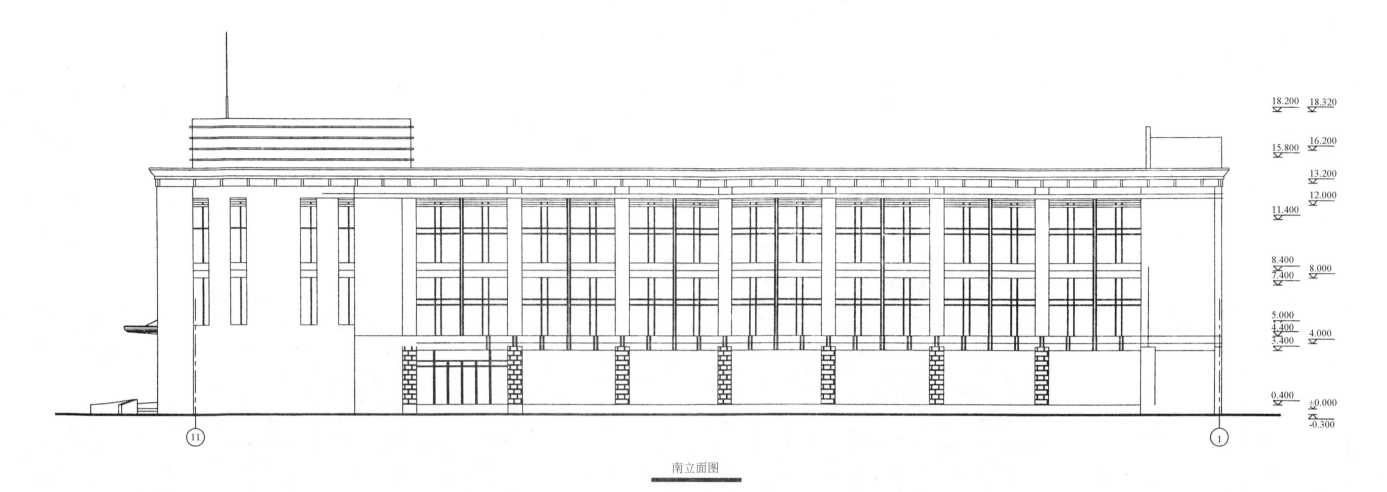

南立面图

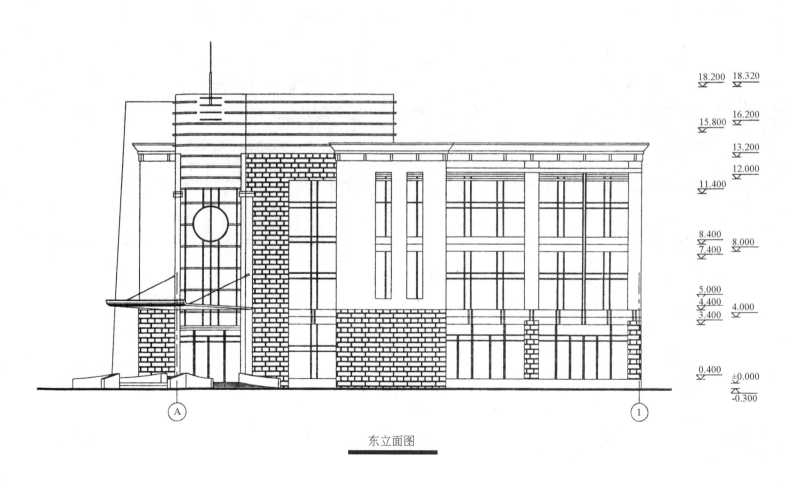

东立面图

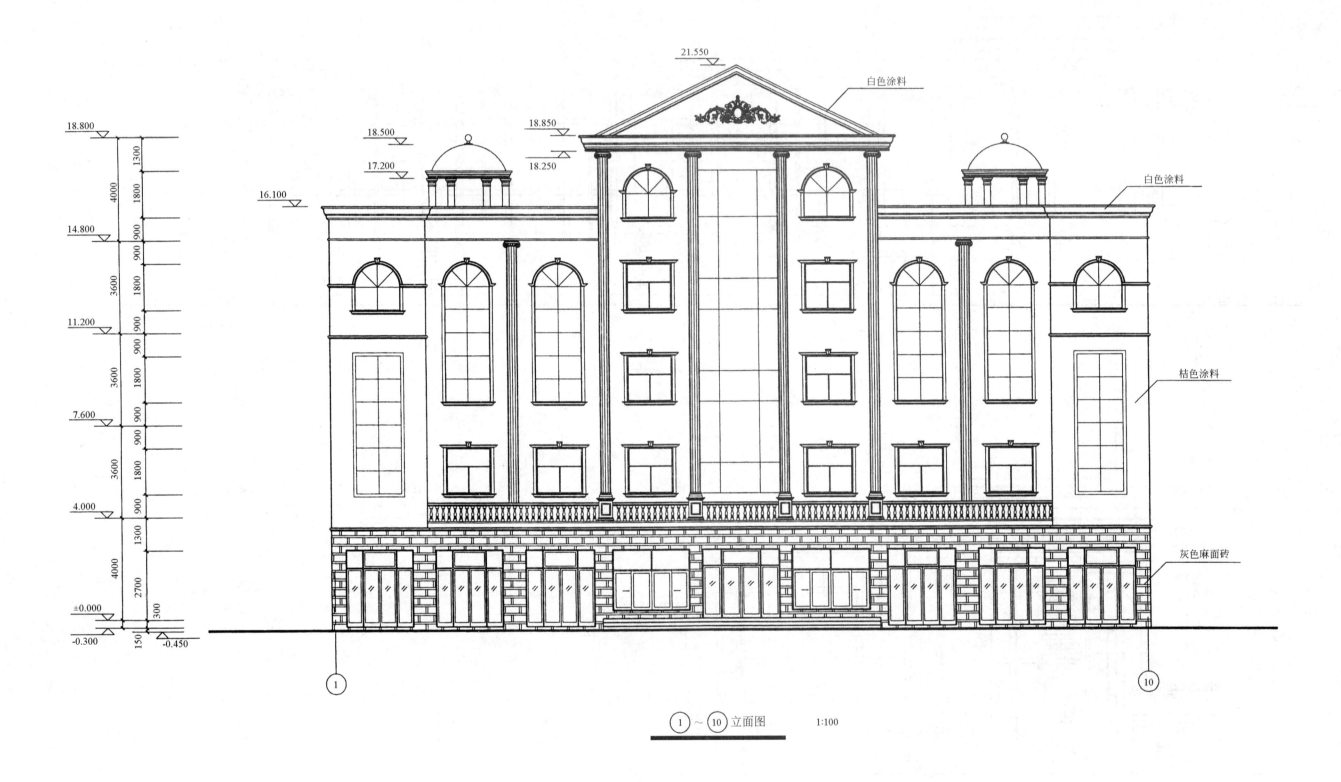

18.800

14.800

11.200

7.600

4.000

±0.000

-0.300   -0.450

1300

4000   1800

900

900

3600   1800

900

900

3600   1800

900

900

3600   1800

900

1300

4000   2700

300

150

21.550

18.850

18.500   18.250

17.200

16.100

白色涂料

白色涂料

桔色涂料

灰色麻面砖

①

⑩

① ～ ⑩ 立面图   1:100

172

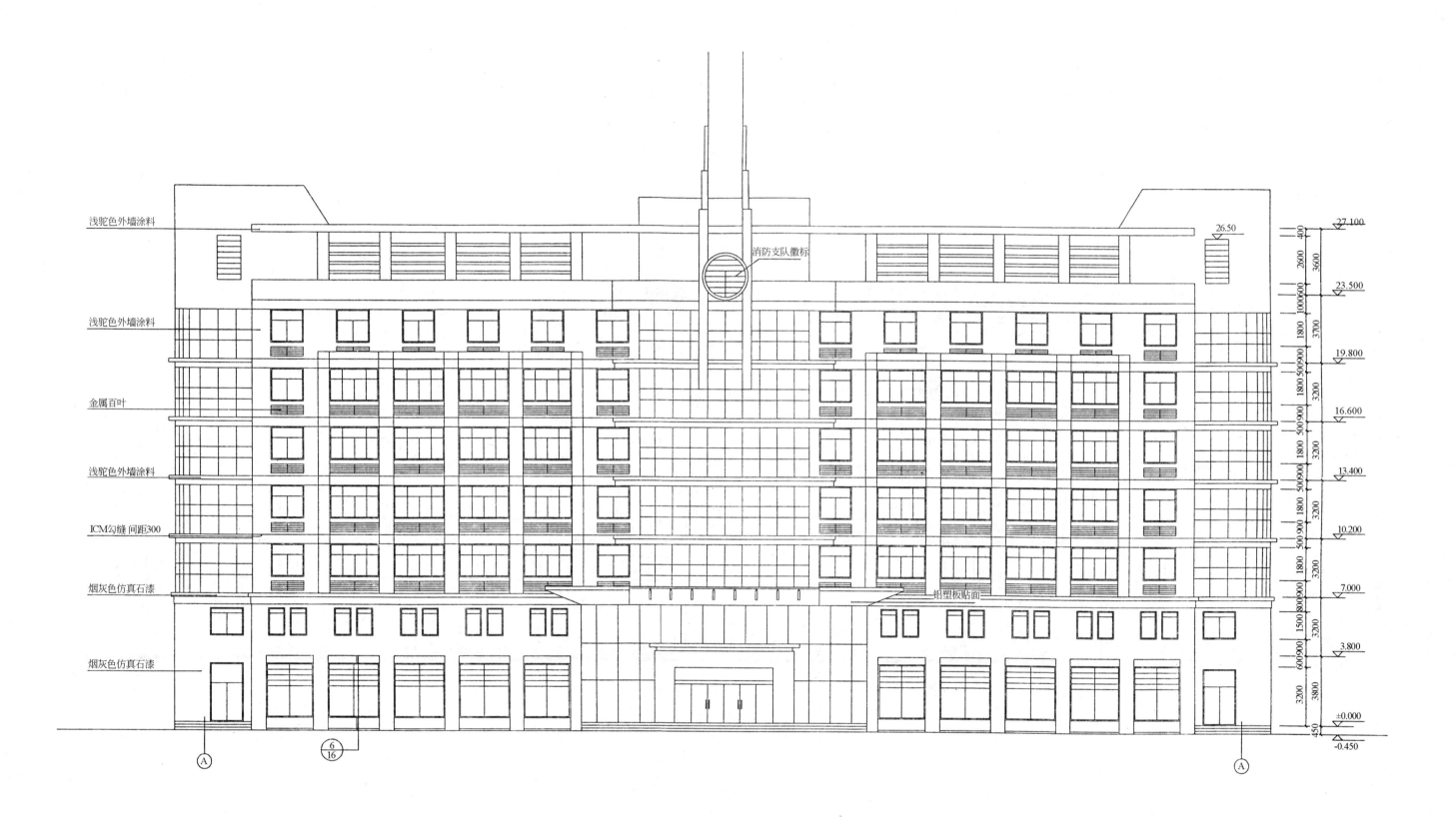

浅驼色外墙涂料

消防支队徽标

浅驼色外墙涂料

金属百叶

浅驼色外墙涂料

ICM勾缝 间距300

烟灰色仿真石漆

铝塑板贴面

烟灰色仿真石漆

26.50

27.100
23.500
19.800
16.600
13.400
10.200
7.000
3.800
±0.000
-0.450

北立面图　　1:100

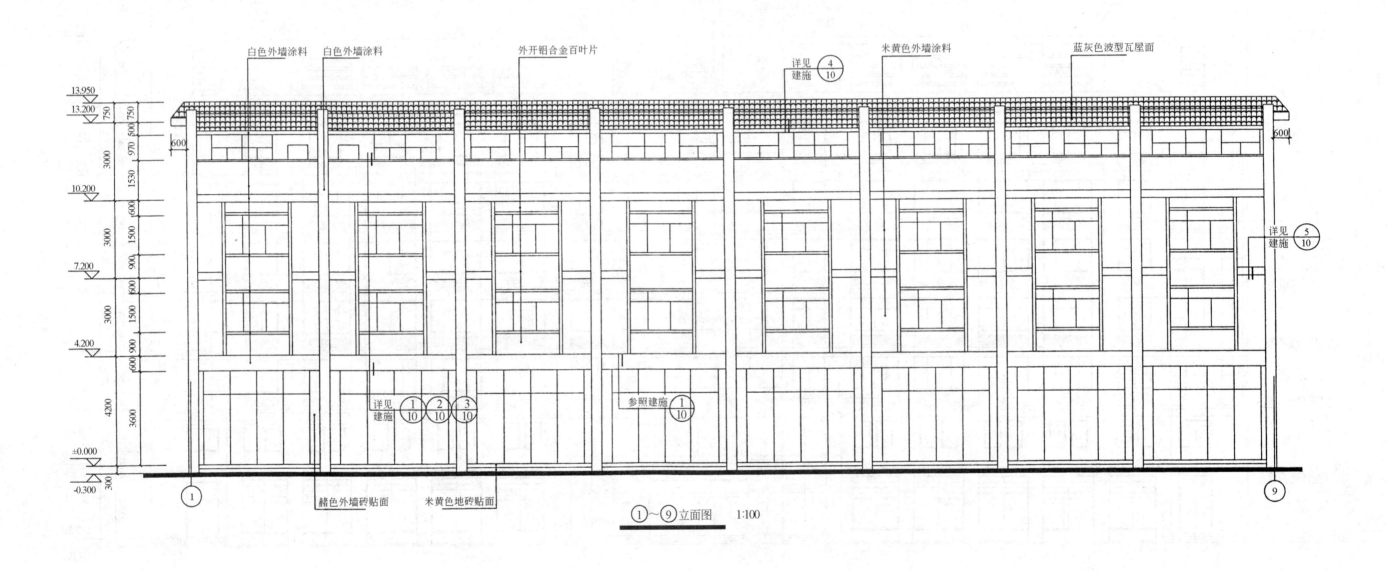

白色外墙涂料　　白色外墙涂料　　　　　外开铝合金百叶片　　　　详见建施 ④/⑩　　米黄色外墙涂料　　蓝灰色波型瓦屋面

13.950
13.200
10.200
7.200
4.200
±0.000
-0.300

详见建施

详见建施 ⑤/⑩

详见建施 ①/⑩ ②/⑩ ③/⑩

参照建施 ①/⑩

赭色外墙砖贴面　　米黄色地砖贴面

①～⑨立面图　　1:100

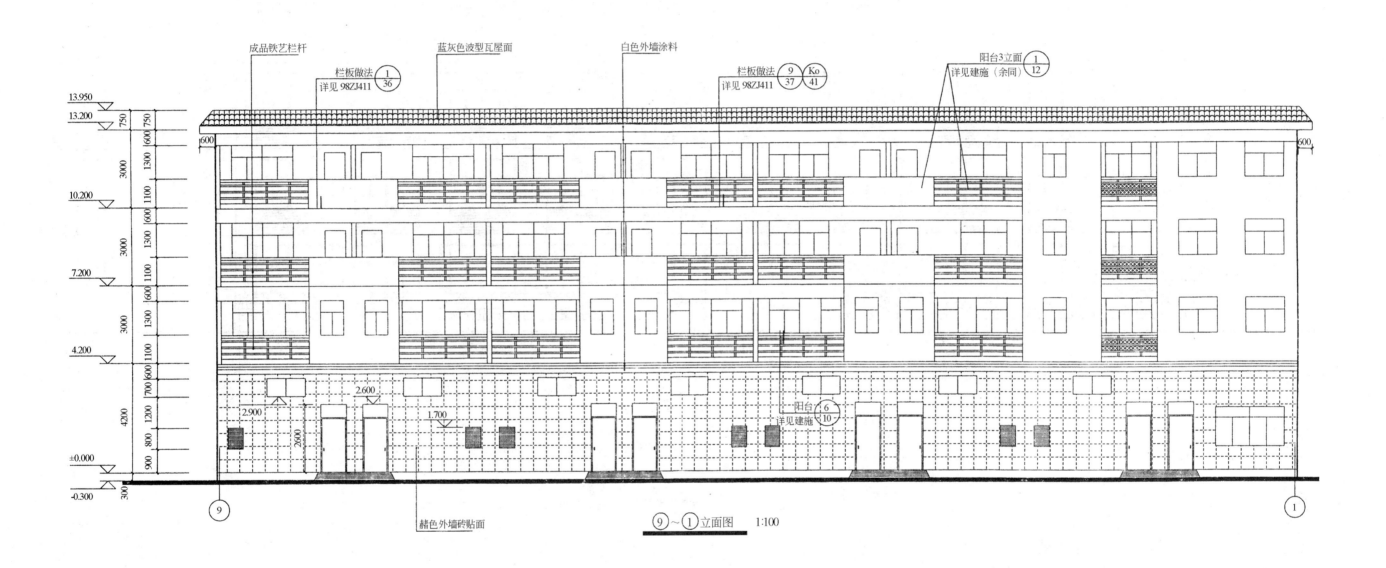

成品铁艺栏杆　　　　　　蓝灰色波型瓦屋面　　　　　白色外墙涂料

栏板做法 ①／36
详见 98ZJ411

栏板做法 ⑨／37　Ko／41
详见 98ZJ411

阳台3立面 ①／12
详见建施（余同）

13.950
13.200

10.200

7.200

4.200

±0.000

-0.300

2.900　2.600　　1.700　　2.600

阳台 ⑥／10
详见建施

⑨　　　赫色外墙砖贴面　　　　⑨～①立面图　1:100　　　　①

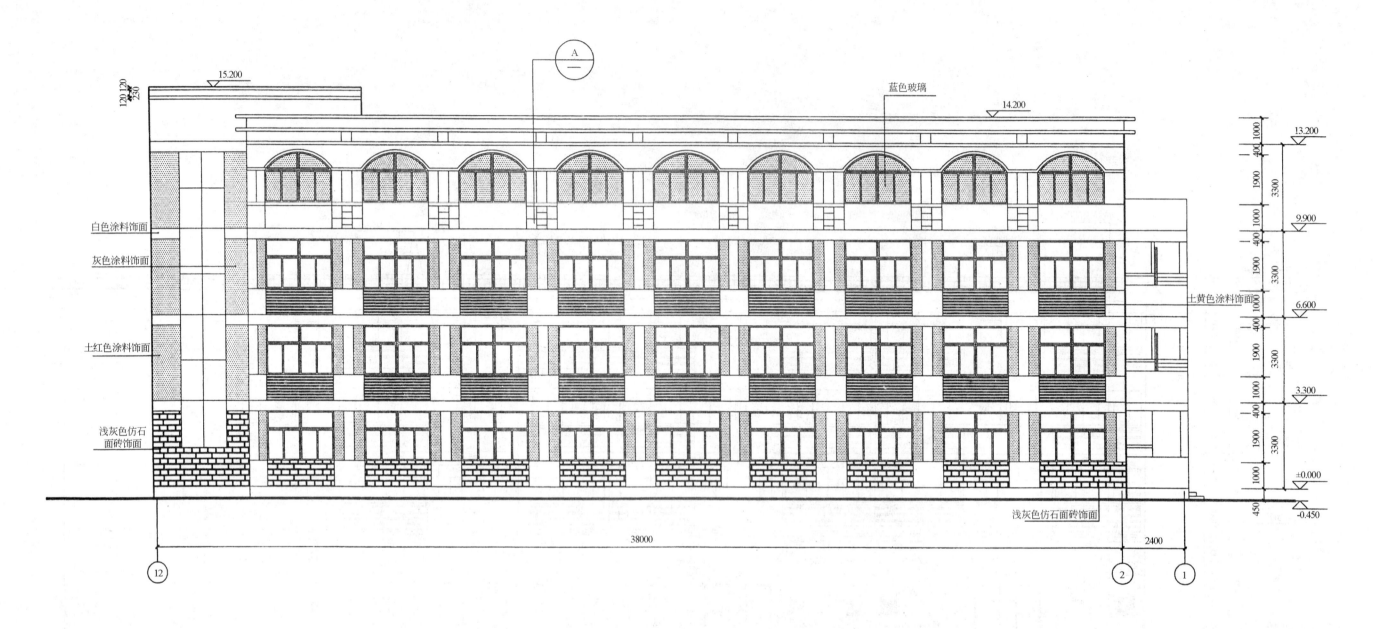

15.200

120 120
230

蓝色玻璃

14.200

白色涂料饰面

灰色涂料饰面

土黄色涂料饰面

土红色涂料饰面

浅灰色仿石
面砖饰面

浅灰色仿石面砖饰面

13.200

9.900

6.600

3.300

±0.000

-0.450

1000 400 1900 3300

1000 400 1900 3300

1000 400 1900 3300

1000 400 1900 3300

450

38000

2400

12

2

1

北立面图   1:100

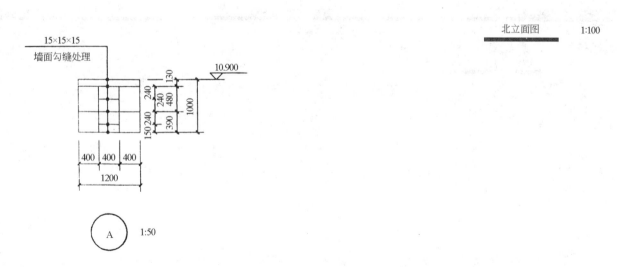

15×15×15
墙面勾缝处理

10.900

130 240 240
480
150 240 240
390
1000

400 400 400
1200

A   1:50

176

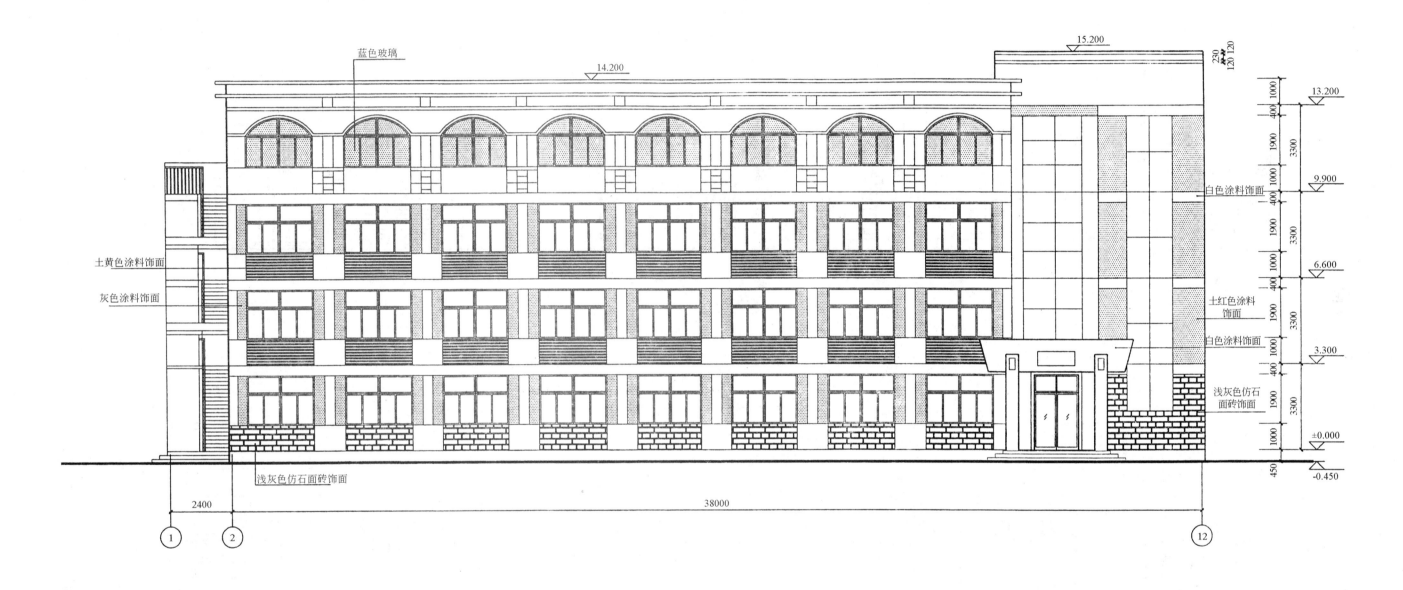

蓝色玻璃

15.200

14.200

土黄色涂料饰面

灰色涂料饰面

白色涂料饰面

土红色涂料饰面

白色涂料饰面

浅灰色仿石面砖饰面

浅灰色仿石面砖饰面

13.200

9.900

6.600

3.300

±0.000

-0.450

2400

38000

① ② ⑫

南立面图   1:100

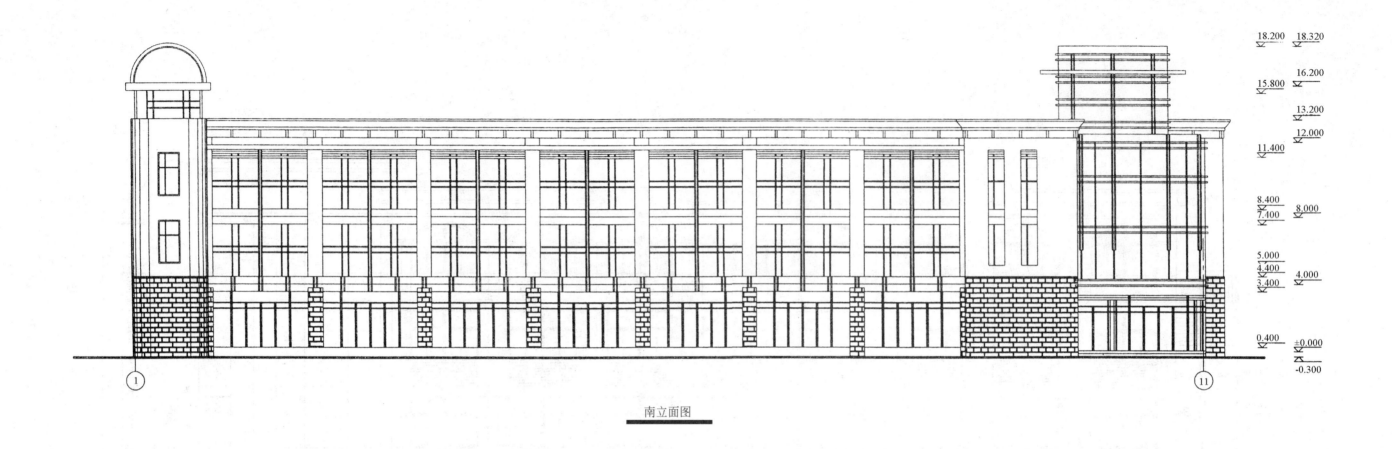

18.200　18.320
15.800　16.200
13.200
12.000
11.400
8.400　8.000
7.400
5.000
4.400　4.000
3.400
0.400　±0.000
-0.300

南立面图

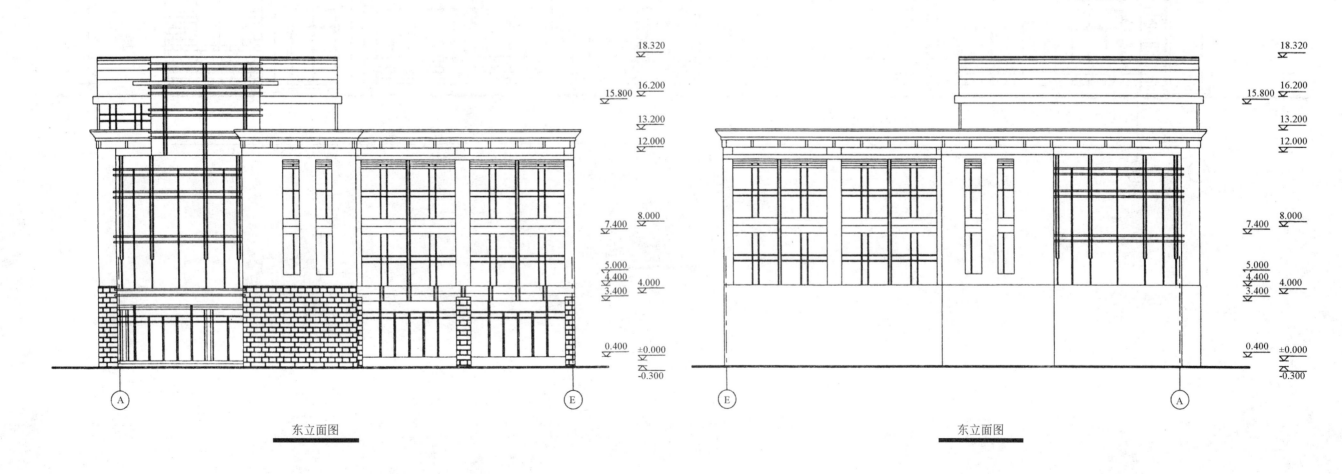

18.320
15.800　16.200
13.200
12.000
7.400　8.000
5.000
4.400　4.000
3.400
0.400　±0.000
-0.300

东立面图

18.320
15.800　16.200
13.200
12.000
7.400　8.000
5.000
4.400　4.000
3.400
0.400　±0.000
-0.300

东立面图

178

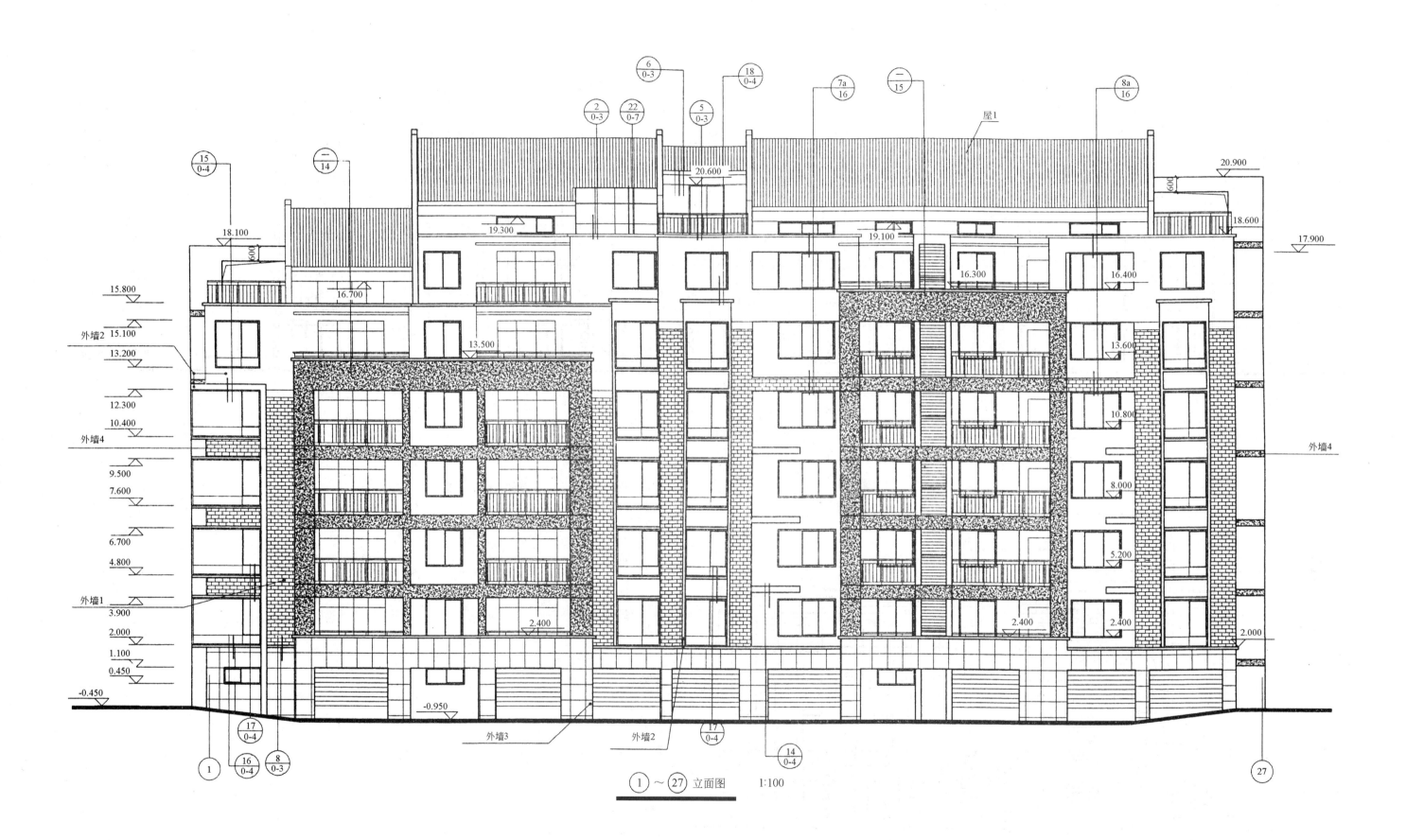

①～㉗ 立面图　　1:100

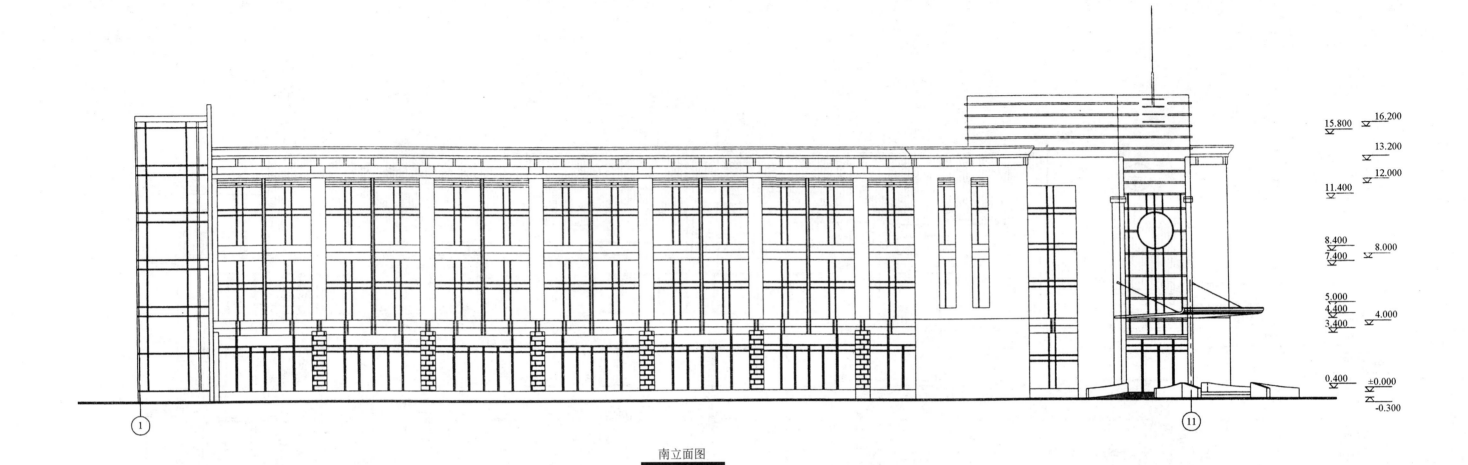

15.800　16.200

13.200

12.000

11.400

8.400　8.000
7.400

5.000
4.400　4.000
3.400

0.400　±0.000
-0.300

南立面图

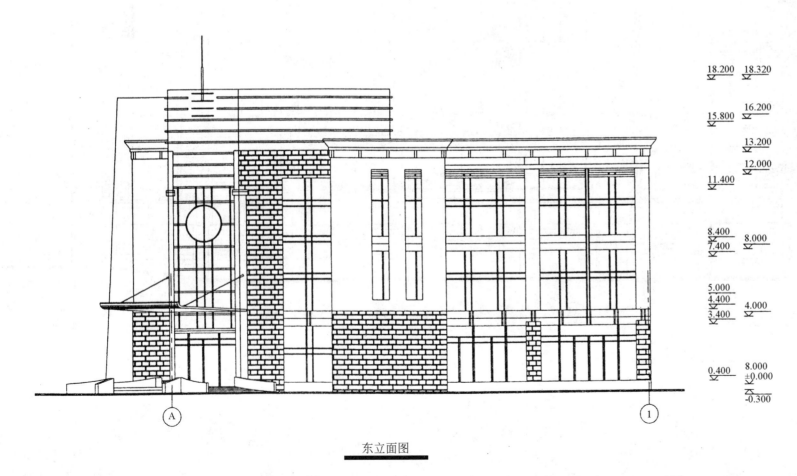

18.200　18.320

15.800　16.200

13.200

12.000

11.400

8.400　8.000
7.400

5.000
4.400　4.000
3.400

0.400　8.000
±0.000
-0.300

东立面图

180

乳白色墙漆
做法详见苏J 9501-22/6（余同）

红色屋面做法详见
苏00SJ202（一）W3（余同）

北立面图　　1:100

181

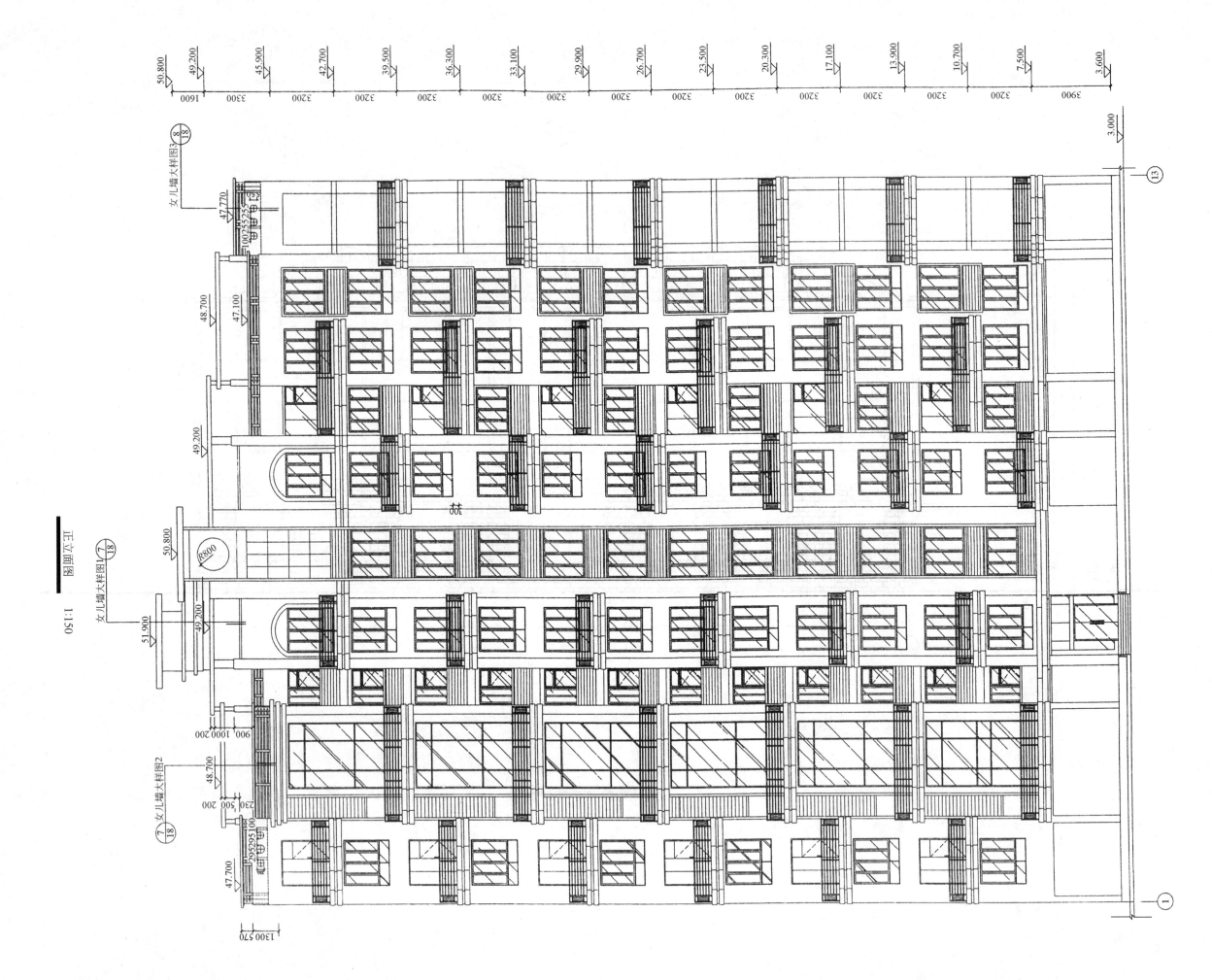

正立面图

1:150

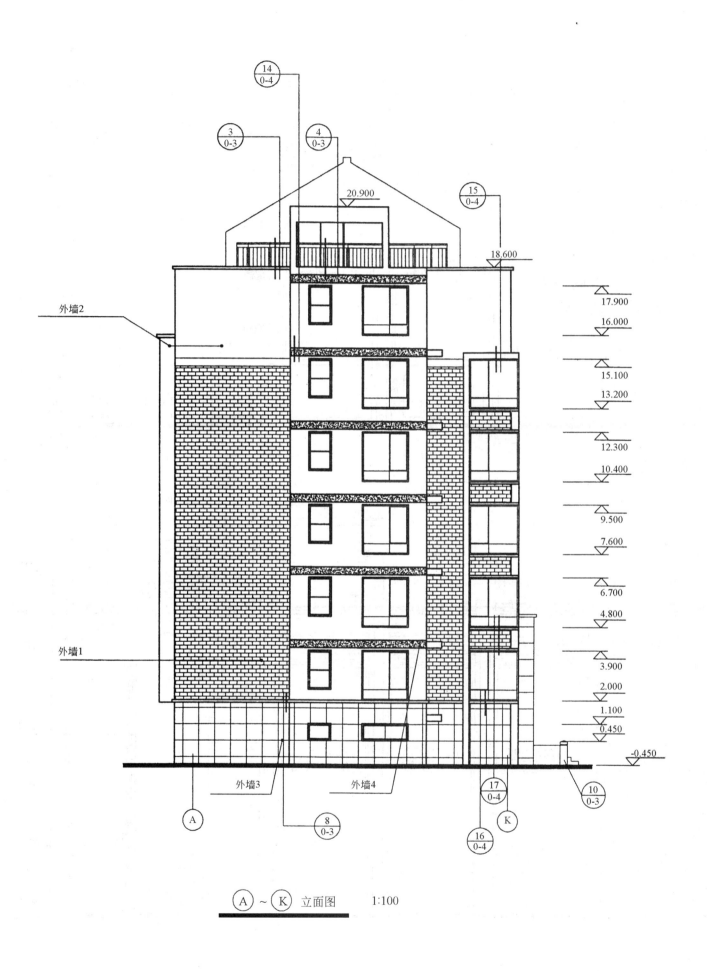

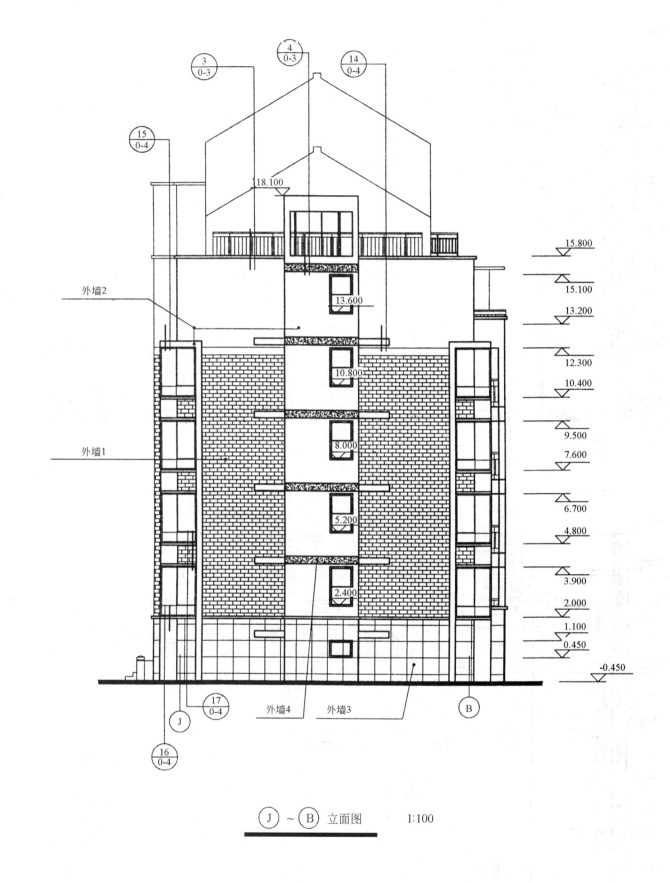

Ⓐ ~ Ⓚ 立面图   1:100

Ⓙ ~ Ⓑ 立面图   1:100

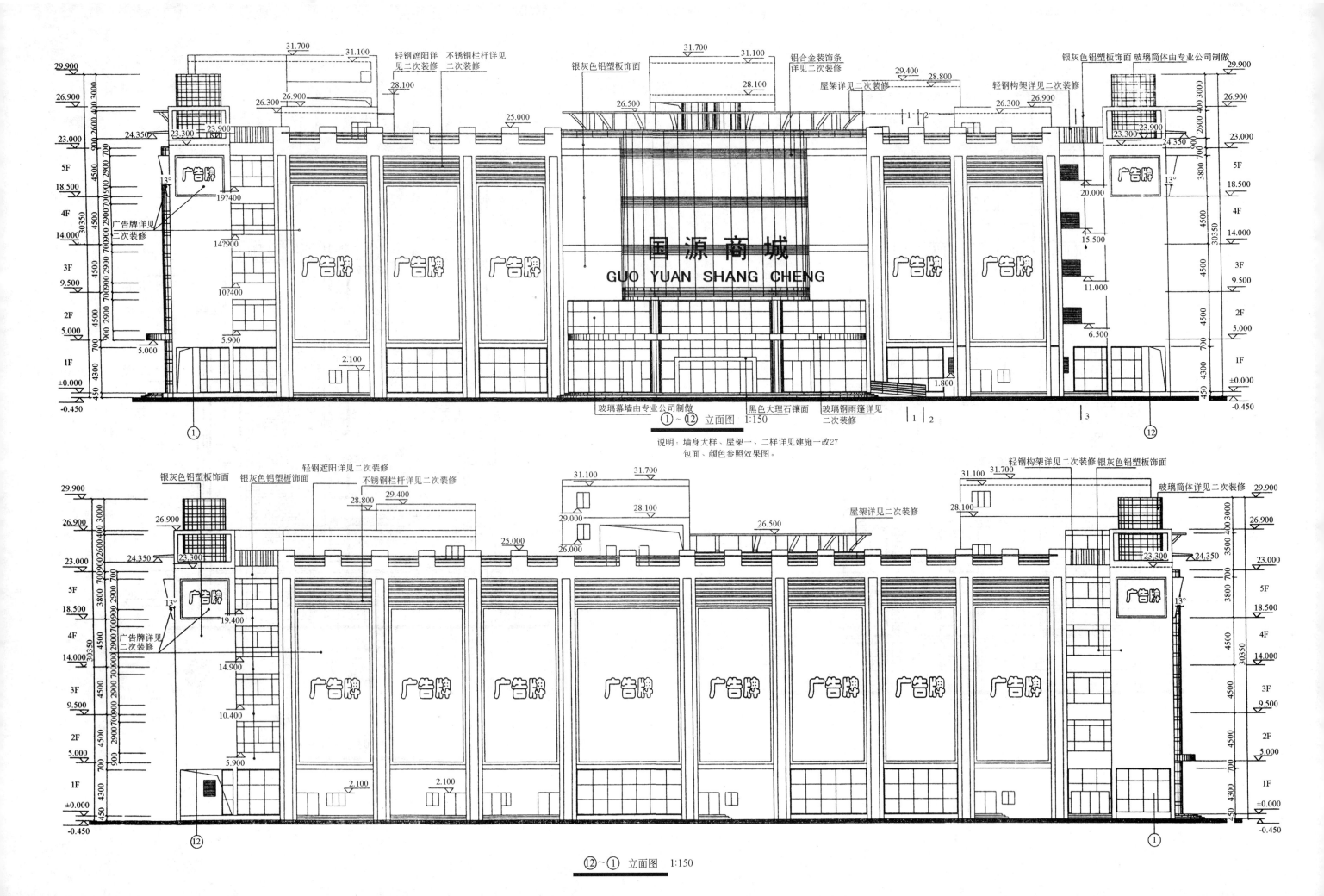

国 源 商 城

GUO YUAN SHANG CHENG

①～⑫ 立面图 1:150

说明：墙身大样、屋架一、二样详见建施一改27
包面、颜色参照效果图。

⑫～① 立面图 1:150

五、建筑剖面图

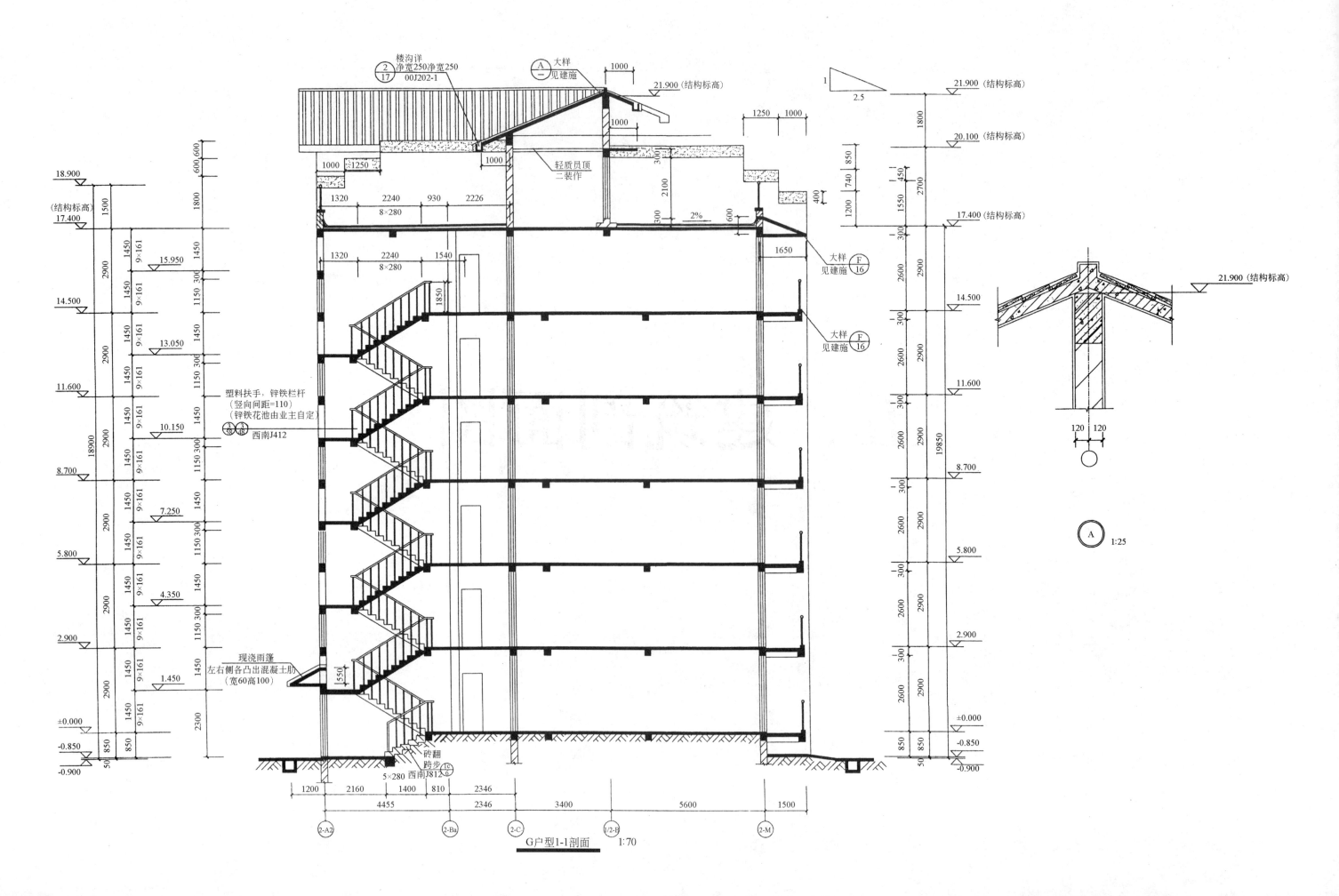

G户型1-1剖面 1:70

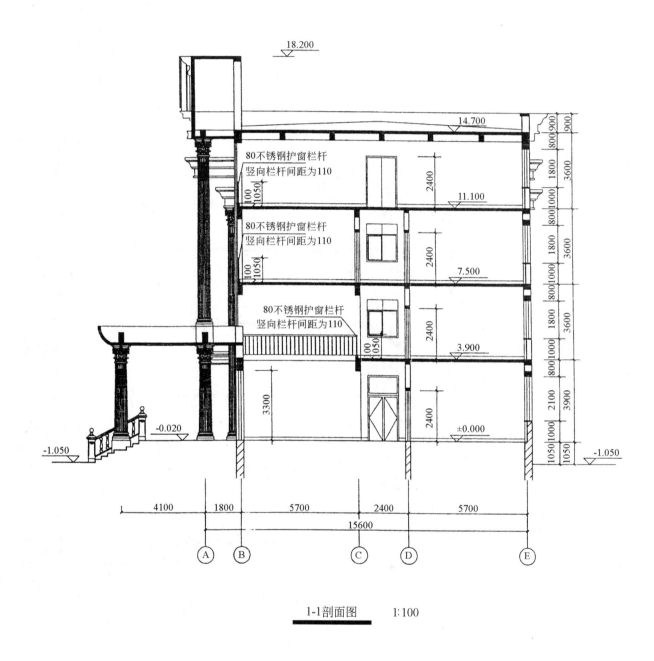

18.200

14.700

80不锈钢护窗栏杆
竖向栏杆间距为110

11.100

80不锈钢护窗栏杆
竖向栏杆间距为110

7.500

80不锈钢护窗栏杆
竖向栏杆间距为110

3.900

±0.000

-0.020

-1.050

-1.050

900
800 900
1800 3600
800 1000
1800 3600
800 1000
1800 3600
800 1000
2100 3900
1050 1000
1050

2400

2400

2400

2400

3300

4100 1800   5700   2400   5700

15600

Ⓐ Ⓑ   Ⓒ Ⓓ   Ⓔ

1-1剖面图   1:100

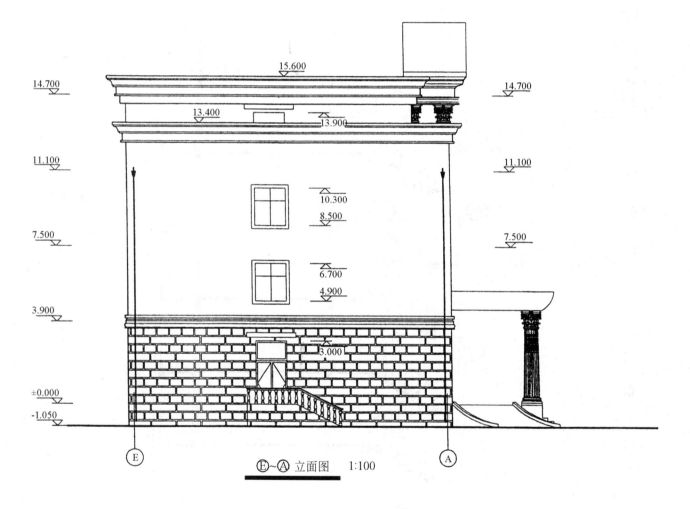

14.700

13.400

15.600

13.900

11.100

10.300

8.500

7.500

6.700

4.900

3.900

3.000

±0.000

-1.050

14.700

11.100

7.500

Ⓔ   Ⓐ

Ⓔ~Ⓐ 立面图   1:100

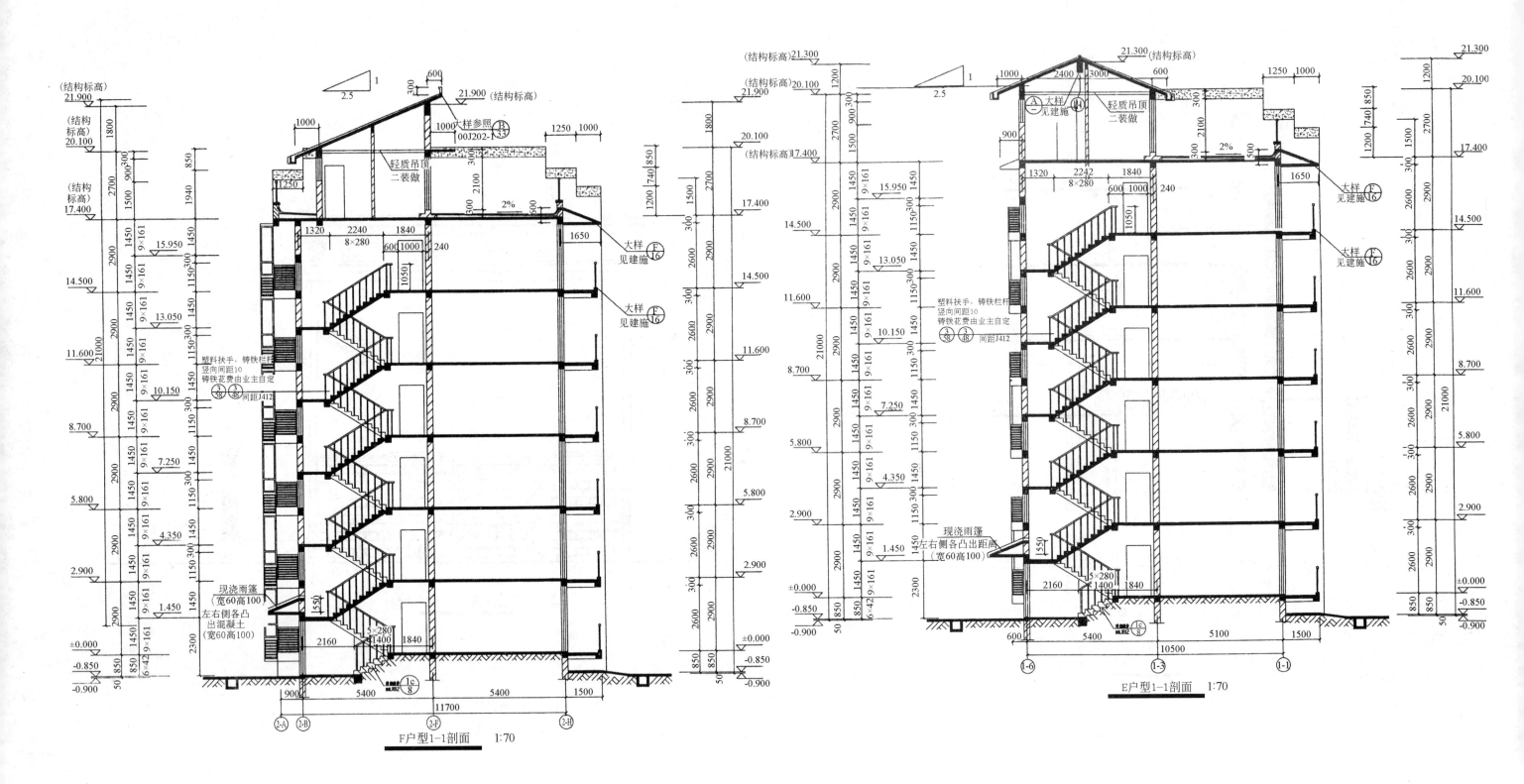

F户型1—1剖面 1:70

E户型1—1剖面 1:70

188

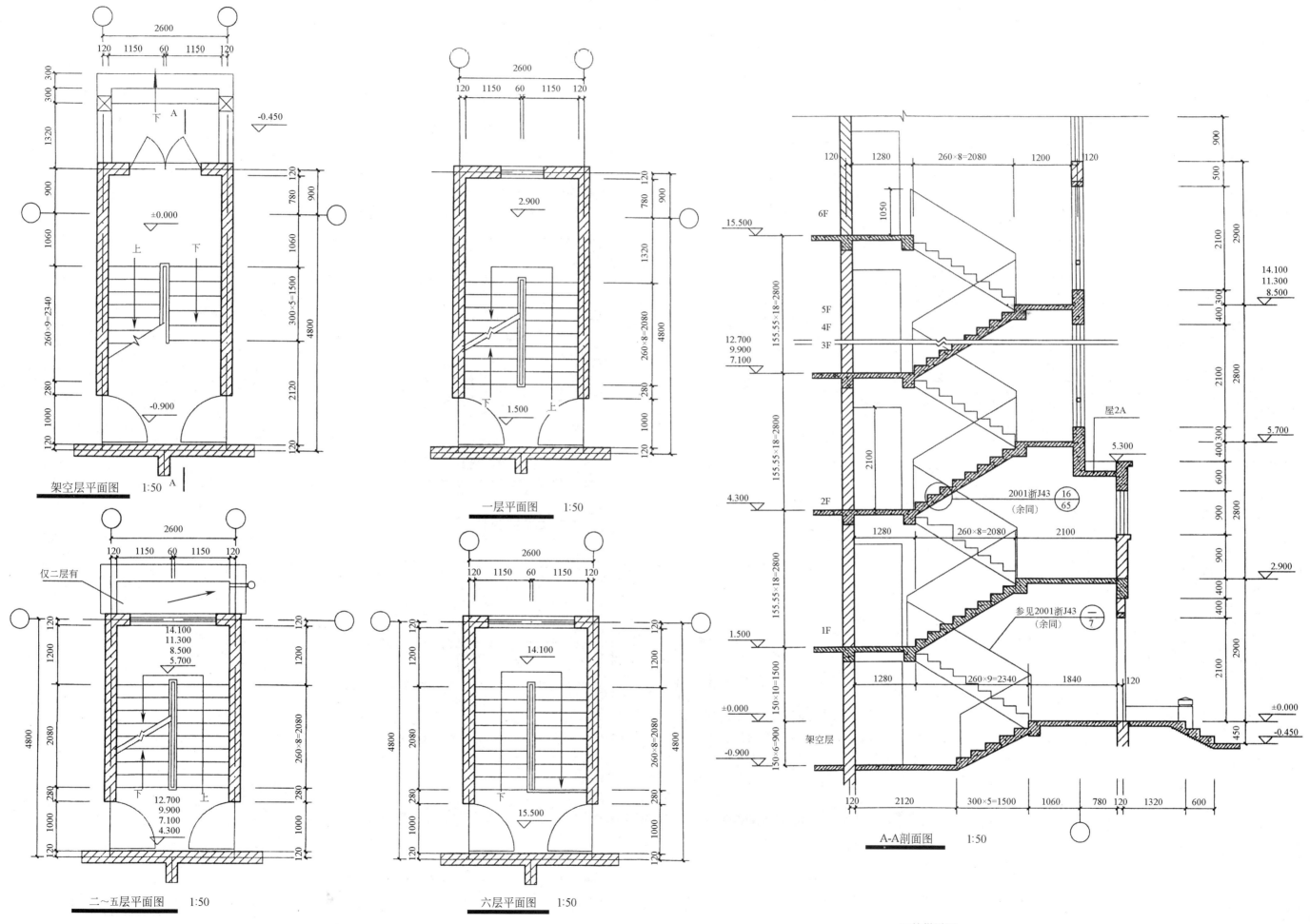

架空层平面图　1:50

一层平面图　1:50

二~五层平面图　1:50

六层平面图　1:50

A-A剖面图　1:50

2#楼梯详图

189

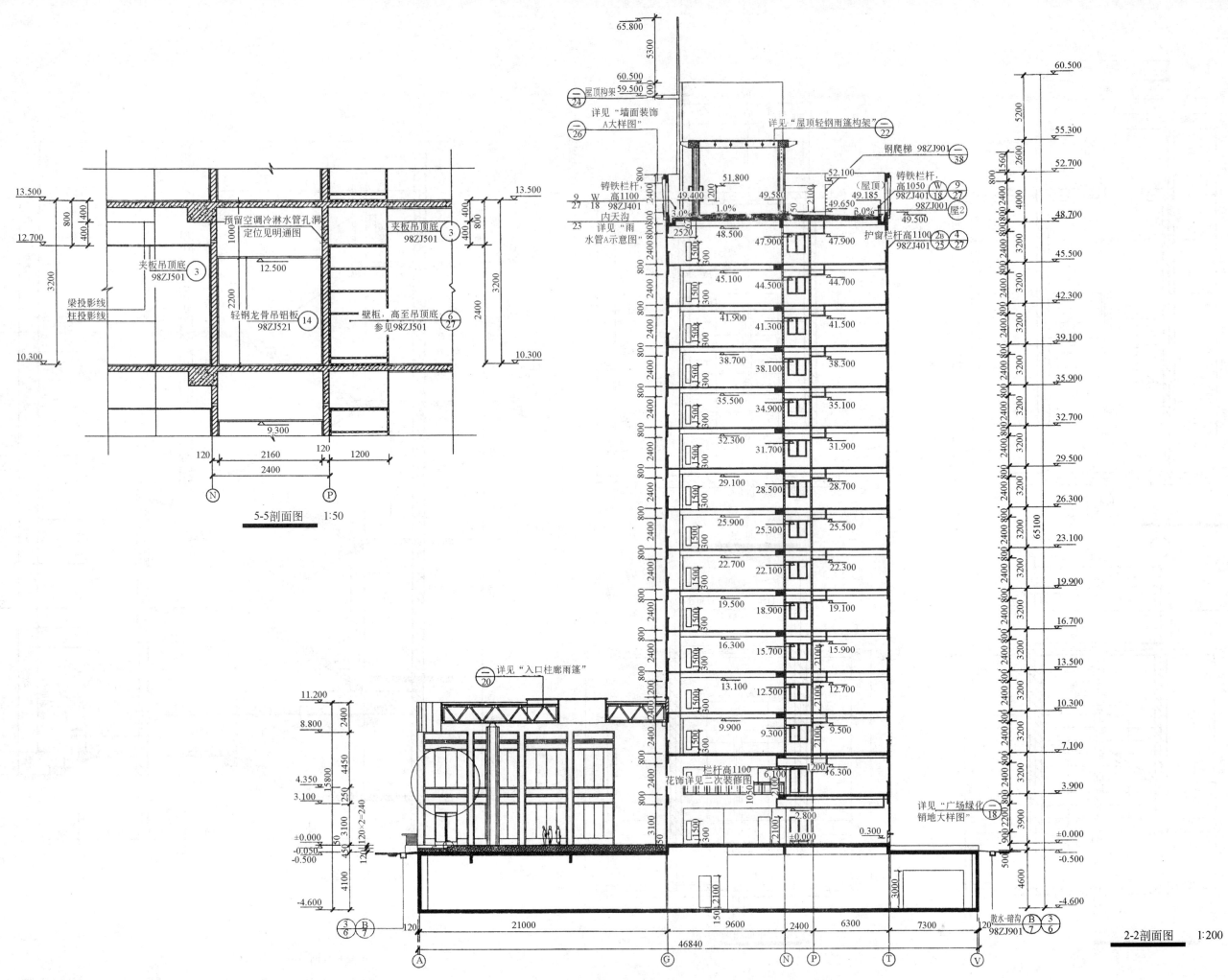

5-5剖面图　1:50

2-2剖面图　1:200

190

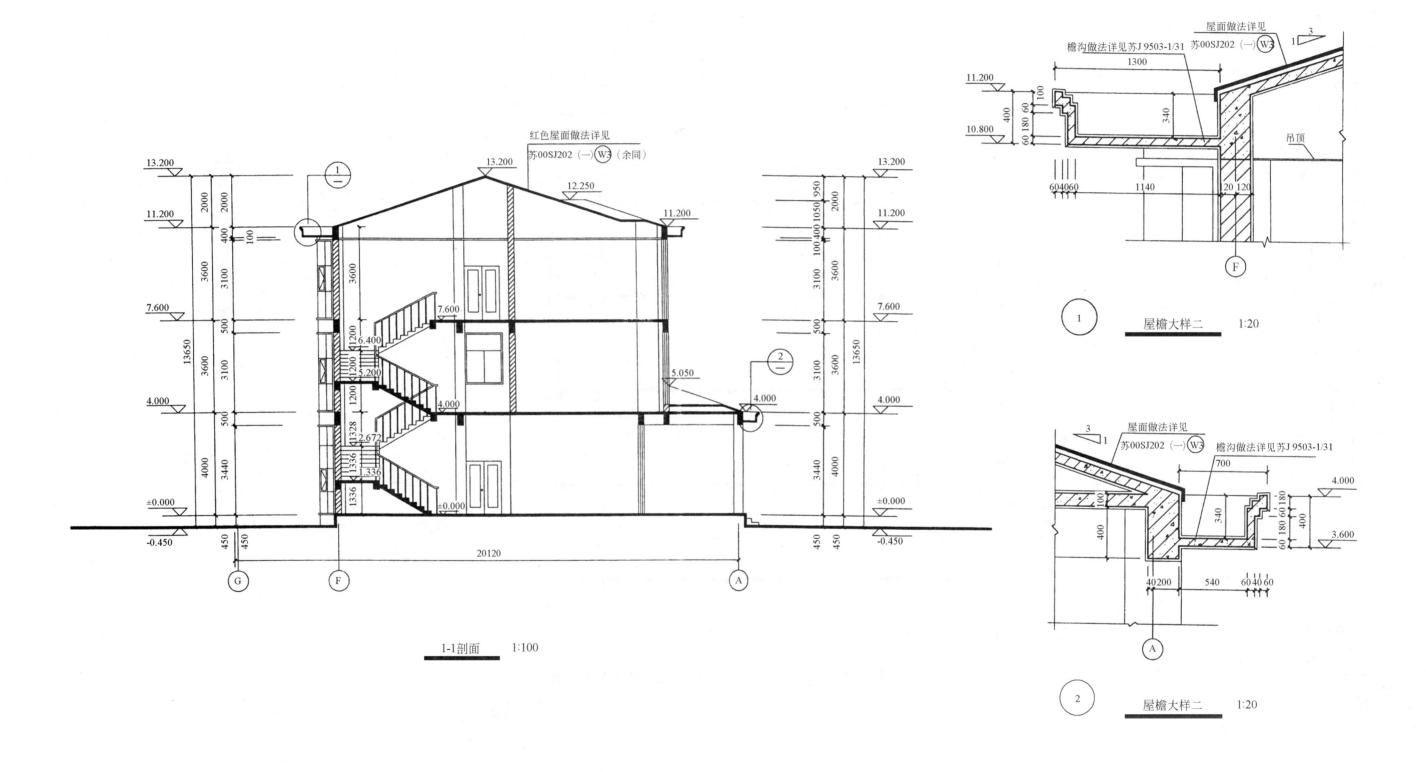

1-1剖面　1:100

屋檐大样二　1:20

屋檐大样二　1:20

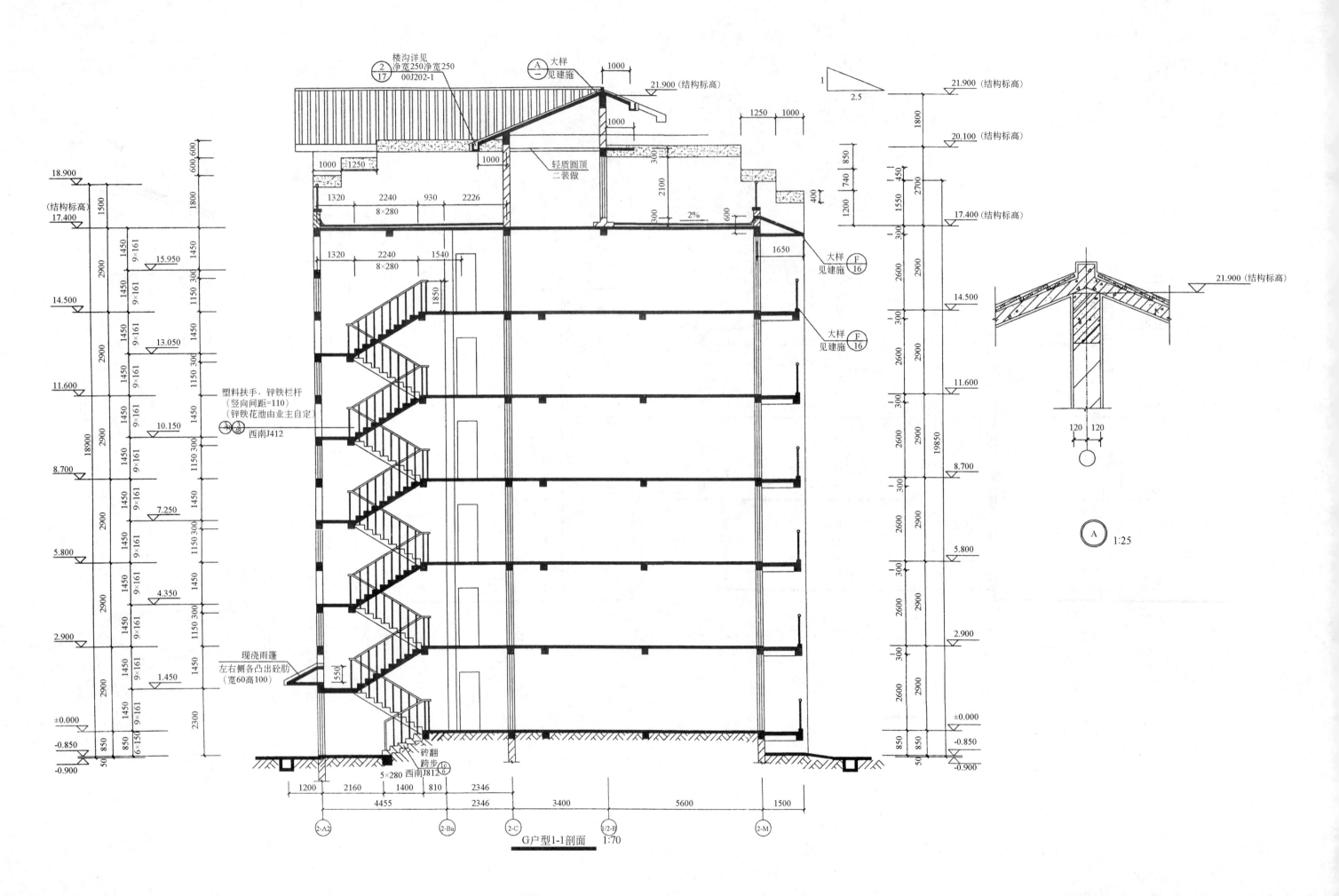

楼沟详见
净宽250 净宽250
00J202-1

轻质圆顶
二装做

塑料扶手,锌铁栏杆
(竖向间距=110)
(锌铁花池由业主自定)
西南J412

现浇雨篷
左右侧各凸出砼肋
(宽60高100)

砖翻
跨步
5×280 西南J812

大样
见建施

大样
见建施 F 16

大样
见建施 F 16

A 1:25

G户型1-1剖面 1:70

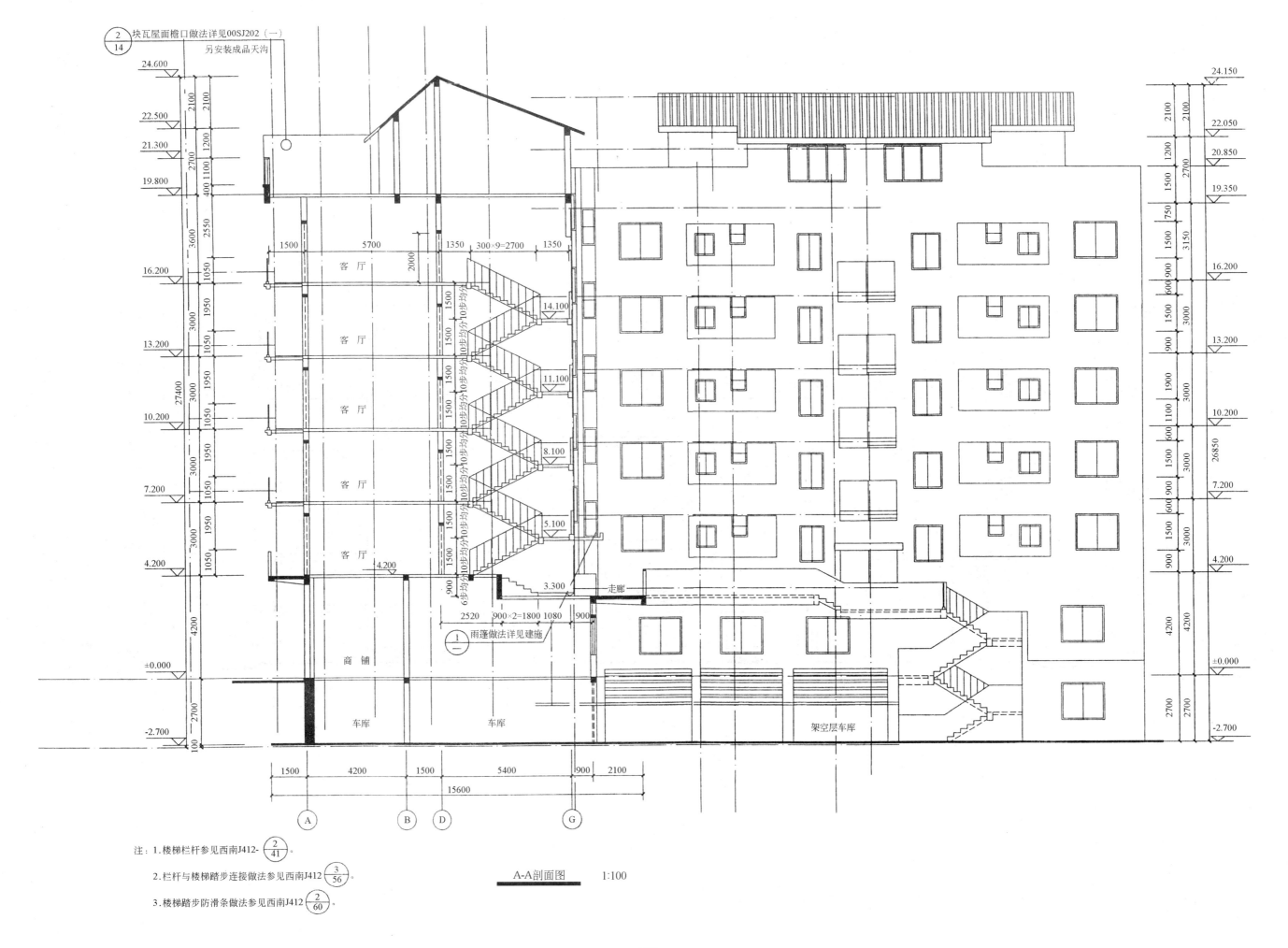

块瓦屋面檐口做法详见00SJ202（一）

$\dfrac{2}{14}$

另安装成品天沟

24.600

22.500

21.300

19.800

16.200

13.200

10.200

7.200

4.200

±0.000

-2.700

2100

2100

1200

2700

400 1100

3600

2550

1050

1950

3000

1050

1950

3000

1050

1950

3000

1050

1950

3000

1050

4200

2700

100

27400

24.150

22.050

20.850

19.350

16.200

13.200

10.200

7.200

4.200

±0.000

-2.700

2100

2100

1200

2700

1500

3150

900

1500

3000

900

1500

3000

900

1500

3000

900

1500

3000

900

2700

2700

26850

1500

5700

2000

1350

300×9=2700

1350

客 厅

客 厅

客 厅

客 厅

客 厅

商 铺

车库

车库

14.100

11.100

8.100

5.100

3.300

走廊

4.200

1500

1500

1500

1500

1500

1500

10步均分

10步均分

10步均分

10步均分

10步均分

10步均分

6步均分

900

2520

900×2=1800

1080

900

$\dfrac{1}{-}$ 雨篷做法详见建施

架空层车库

1500

4200

1500

5400

900

2100

15600

Ⓐ　　Ⓑ　Ⓓ　　　　Ⓖ

注：1. 楼梯栏杆参见西南J412- $\dfrac{2}{41}$ 。

2. 栏杆与楼梯踏步连接做法参见西南J412 $\dfrac{3}{56}$ 。

3. 楼梯踏步防滑条做法参见西南J412 $\dfrac{2}{60}$ 。

A-A剖面图　　1:100

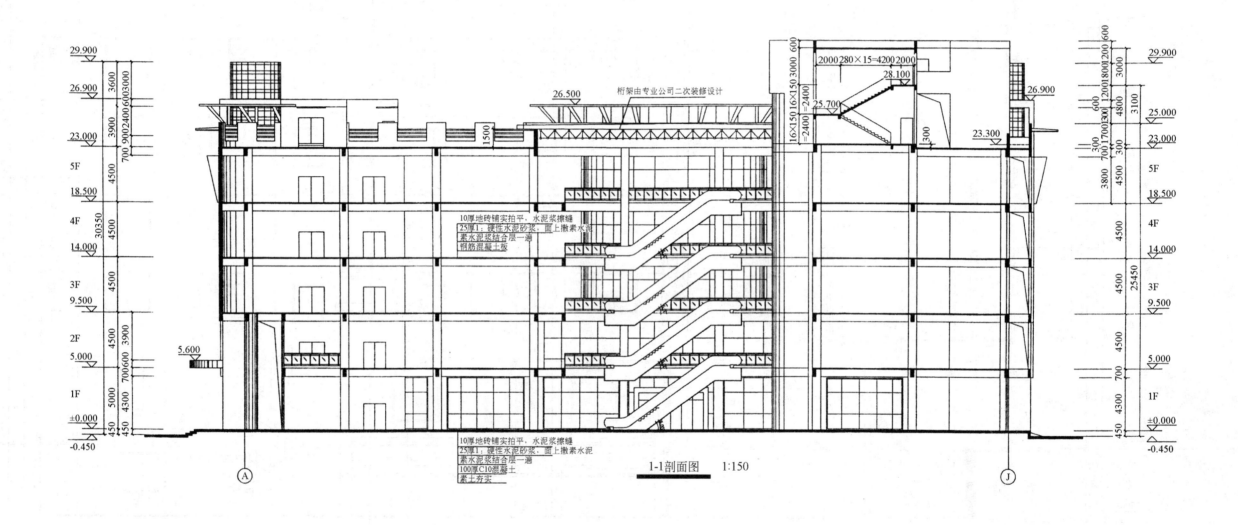

29.900

26.900   3600

23.000   3900   900 2400 600 3000

26.500   桁架由专业公司二次装修设计

5F   4500

18.500

4F   4500   30350

10厚地砖铺实拍平，水泥浆擦缝
25厚1:1硬性水泥砂浆，面上撒素水泥
素水泥浆结合层一遍
钢筋混凝土板

14.000

3F   4500

9.500

2F   4500   3900   700 600

5.000

5.600

1F   5000   4300

±0.000   450

-0.450

16×150 16×150 3000 600

2000 280×15=4200 2000

28.100

25.700

16×150 16×150 =2400 =2400

1300

23.300

26.900

29.900

25.000

23.000

5F

18.500

4F

14.000

3F

9.500

2F

5.000

1F

±0.000

-0.450

10厚地砖铺实拍平，水泥浆擦缝
25厚1:1硬性水泥砂浆，面上撒素水泥
素水泥浆结合层一遍
100厚C10混凝土
素土夯实

1-1剖面图   1:150

Ⓐ   Ⓙ

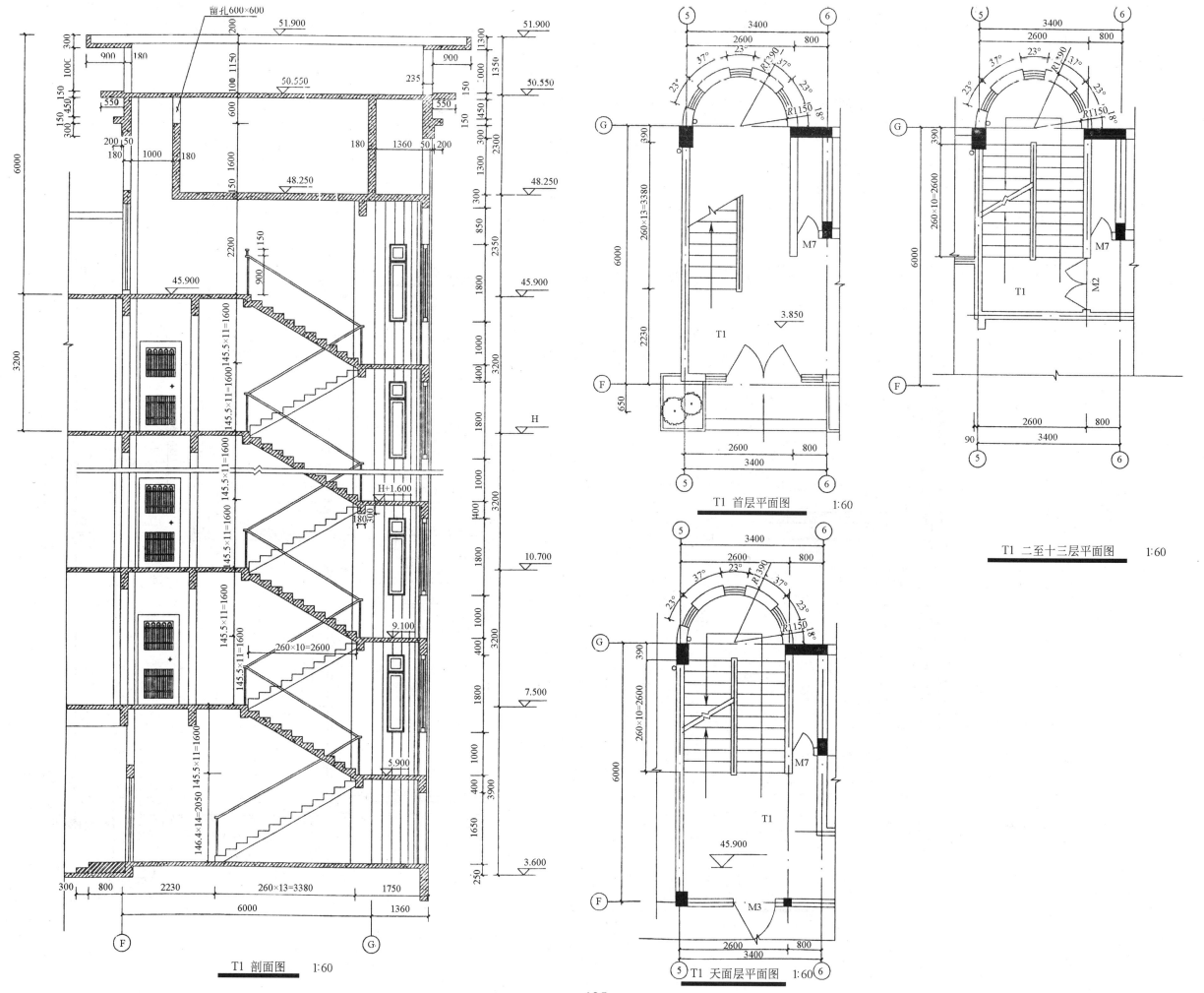

T1 剖面图 1:60

T1 首层平面图 1:60

T1 天面层平面图 1:60

T1 二至十三层平面图 1:60

195

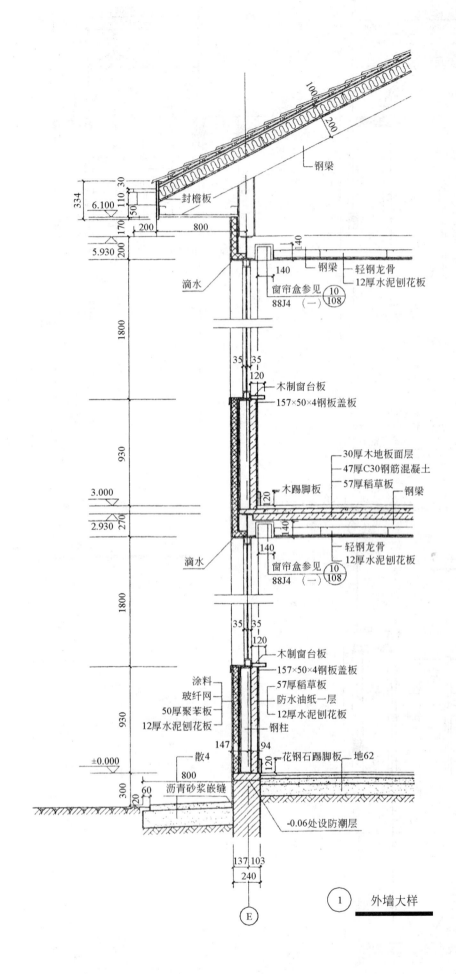

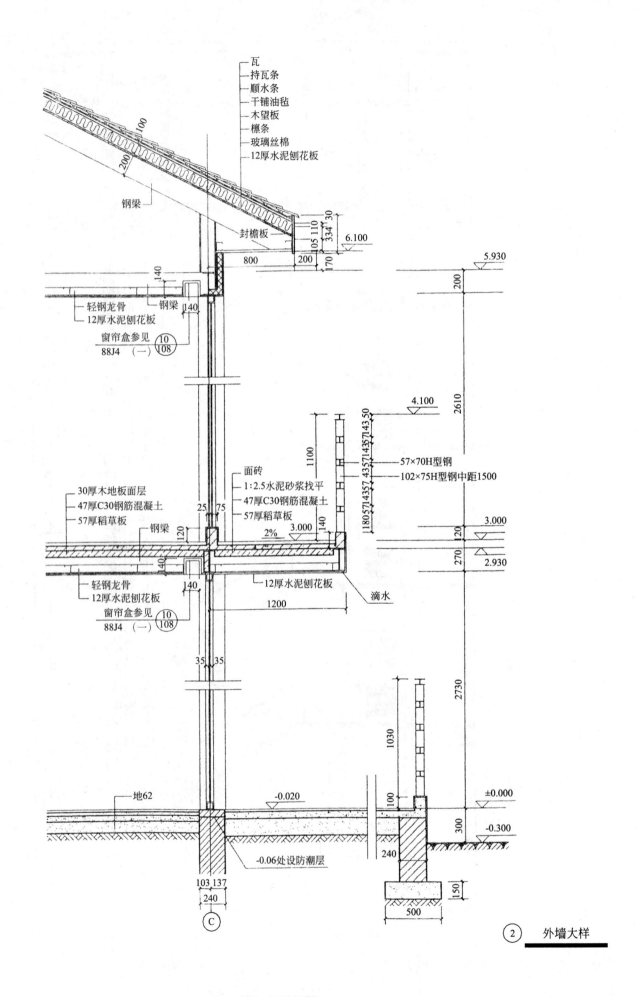

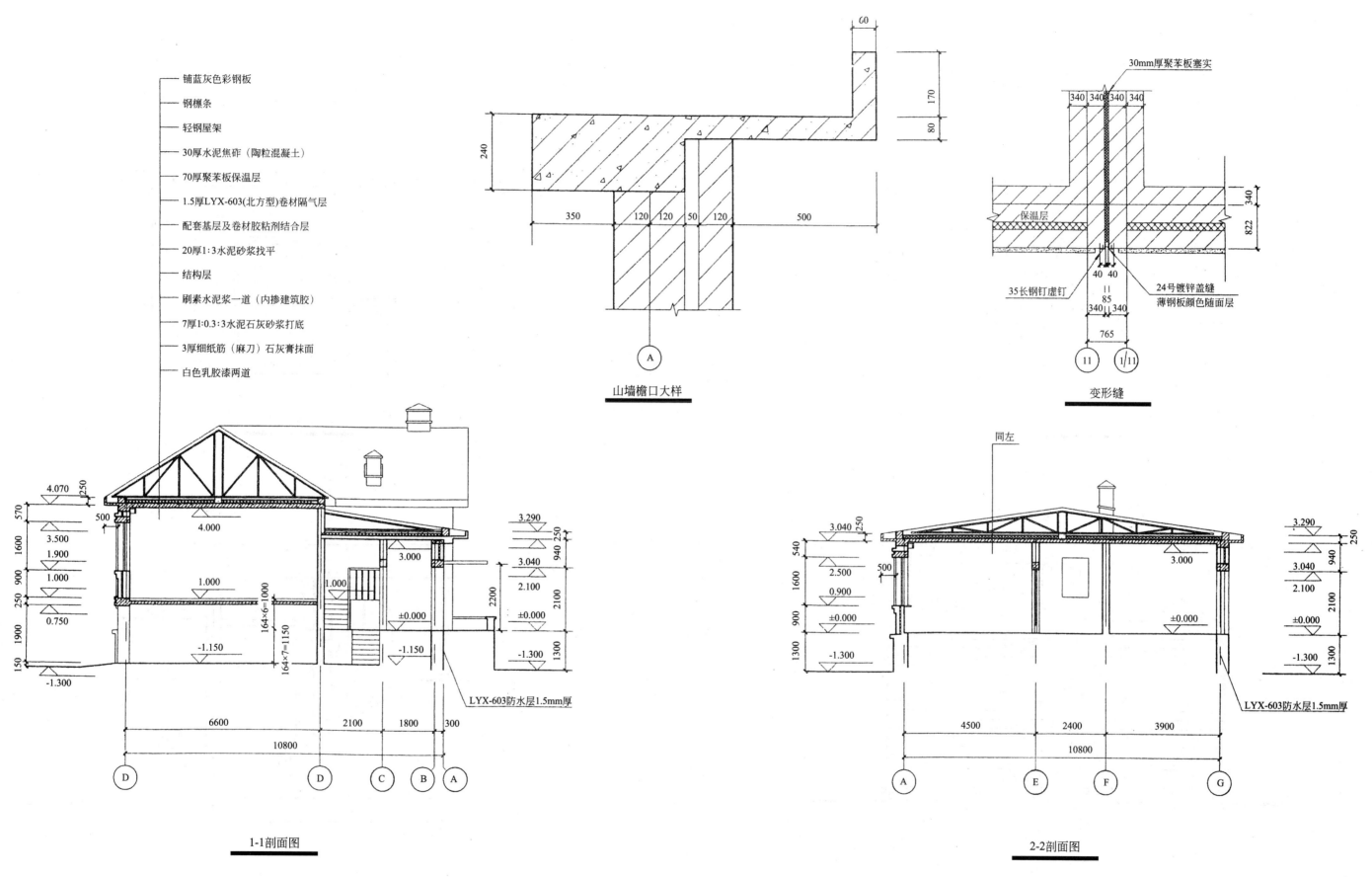

铺蓝灰色彩钢板
钢檩条
轻钢屋架
30厚水泥焦砟（陶粒混凝土）
70厚聚苯板保温层
1.5厚LYX-603(北方型)卷材隔气层
配套基层及卷材胶粘剂结合层
20厚1:3水泥砂浆找平
结构层
刷素水泥浆一道（内掺建筑胶）
7厚1:0.3:3水泥石灰砂浆打底
3厚细纸筋（麻刀）石灰膏抹面
白色乳胶漆两道

30mm厚聚苯板塞实

保温层

35长钢钉虚钉

24号镀锌盖缝
薄钢板颜色随面层

山墙檐口大样

变形缝

LYX-603防水层1.5mm厚

1-1剖面图

同左

LYX-603防水层1.5mm厚

2-2剖面图

注：暖气内卧处墙体内抹30厚1:8水泥珍珠岩保温砂浆。

注：暖气内卧处墙体内抹30厚1:8水泥珍珠岩保温砂浆。

197

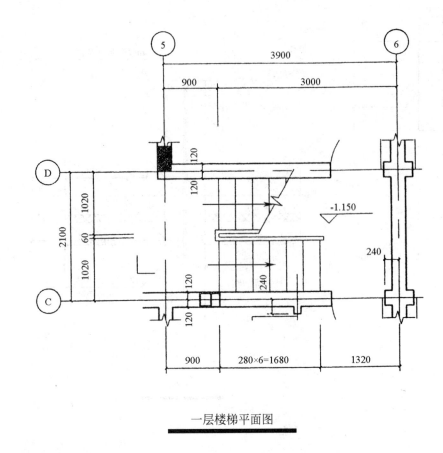

一层楼梯平面图

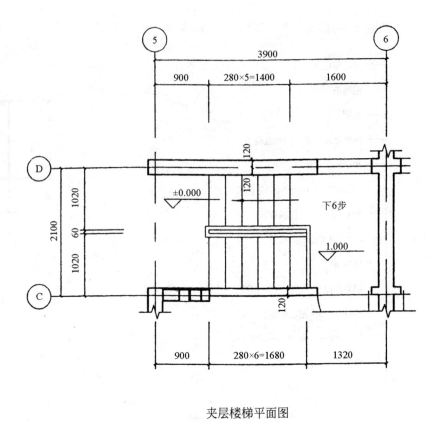

夹层楼梯平面图

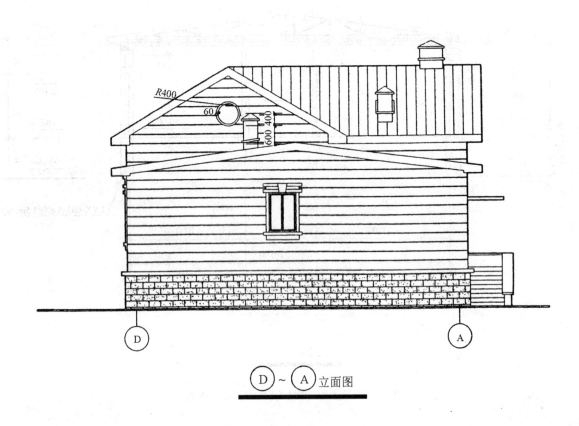

Ⓓ ～ Ⓐ 立面图

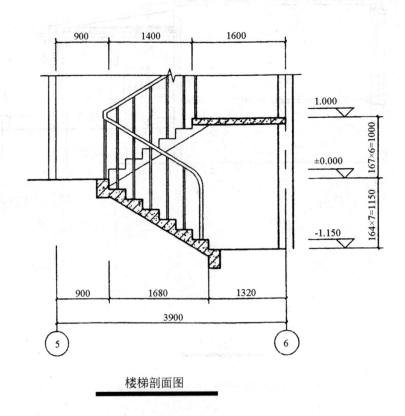

楼梯剖面图

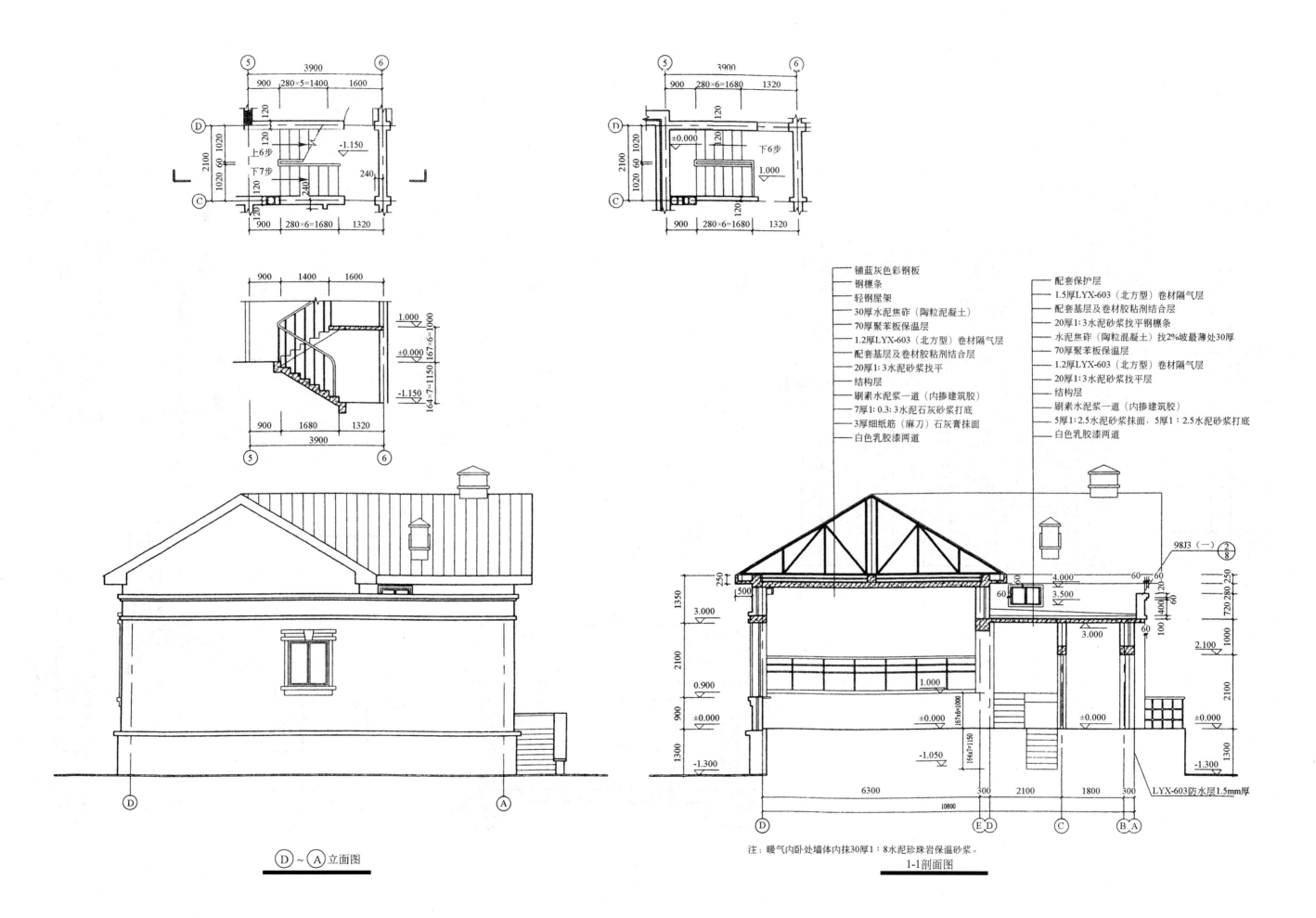

铺蓝灰色彩钢板
钢檩条
轻钢屋架
30厚水泥焦砟（陶粒泥凝土）
70厚聚苯板保温层
1.2厚LYX-603（北方型）卷材隔气层
配套基层及卷材胶粘剂结合层
20厚1：3水泥砂浆找平
结构层
刷素水泥浆一道（内掺建筑胶）
7厚1：0.3：3水泥石灰砂浆打底
3厚细纸筋（麻刀）石灰膏抹面
白色乳胶漆两道

配套保护层
1.5厚LYX-603（北方型）卷材隔气层
配套基层及卷材胶粘剂结合层
20厚1：3水泥砂浆找平钢檩条
水泥焦砟（陶粒混凝土）找2%坡最薄处30厚
70厚聚苯板保温层
1.2厚LYX-603（北方型）卷材隔气层
20厚1：3水泥砂浆找平层
结构层
刷素水泥浆一道（内掺建筑胶）
5厚1：2.5水泥砂浆抹面，5厚1：2.5水泥砂浆打底
白色乳胶漆两道

98J3（一）

LYX-603防水层1.5mm厚

注：暖气内卧处墙体内抹30厚1：8水泥珍珠岩保温砂浆。

Ⓓ～Ⓐ立面图

1-1剖面图

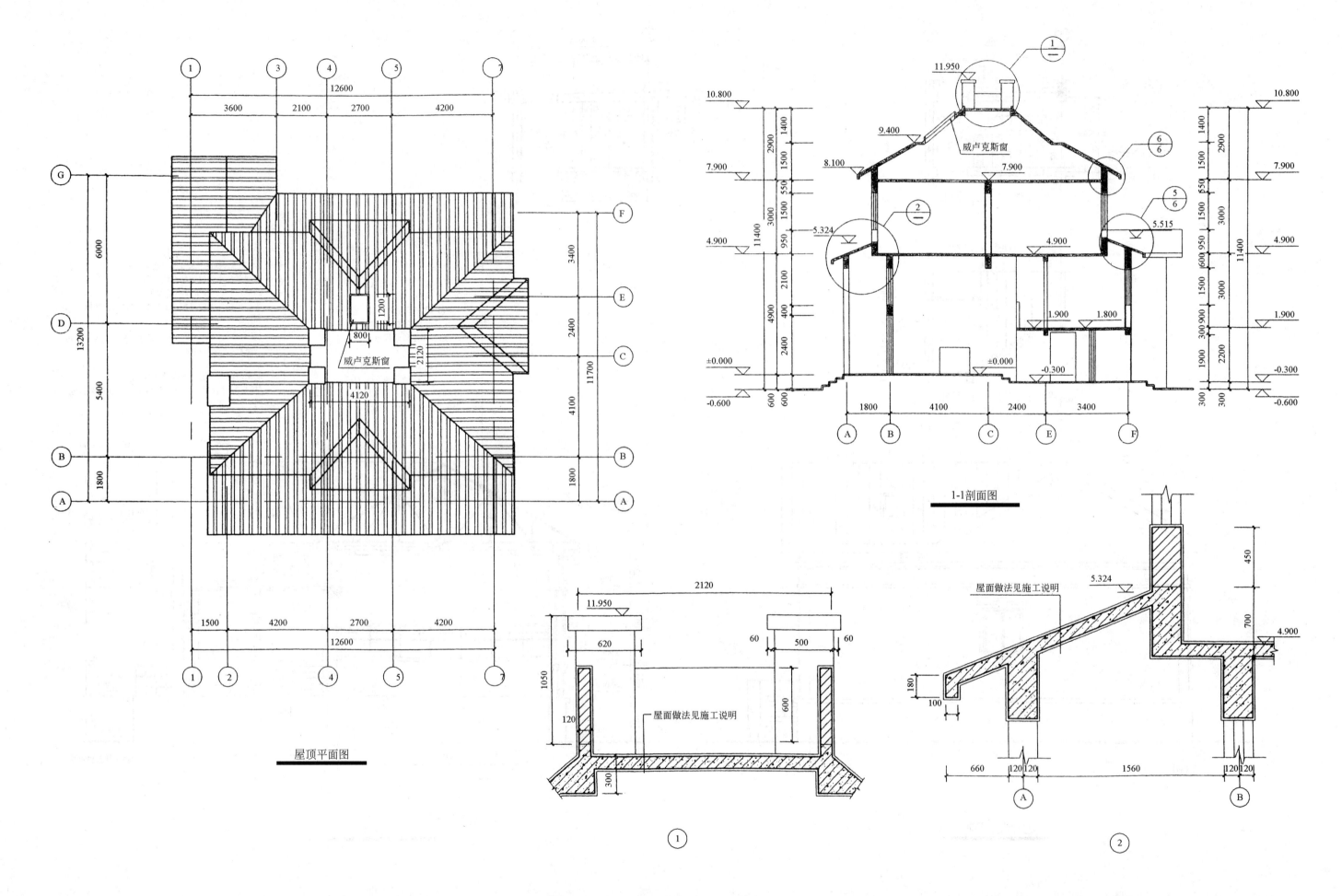

屋顶平面图

1-1剖面图

威卢克斯窗

屋面做法见施工说明

屋面做法见施工说明

①

②

200

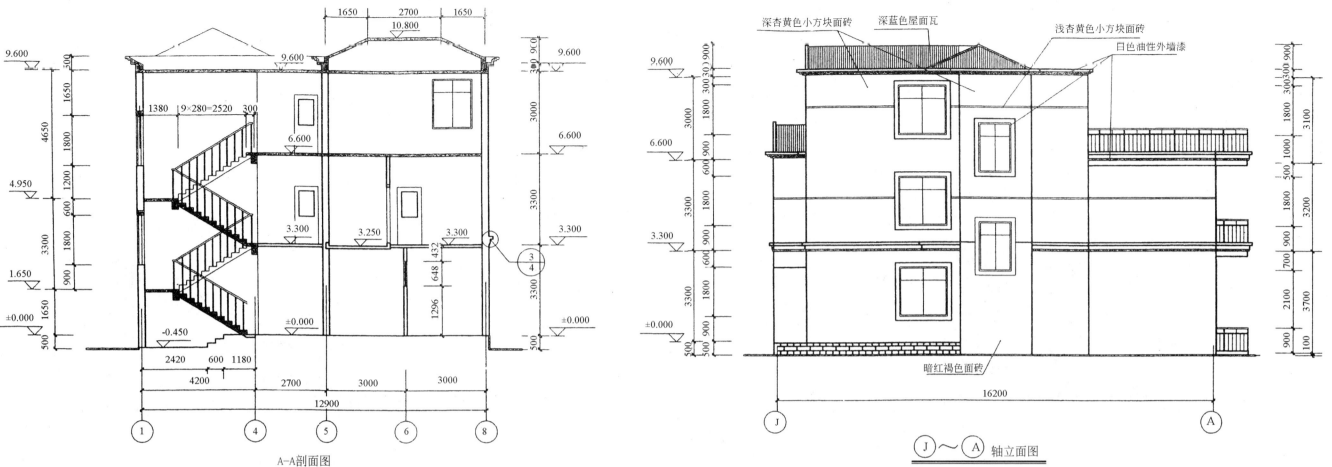

A-A剖面图

J～A 轴立面图

深杏黄色小方块面砖　深蓝色屋面瓦　浅杏黄色小方块面砖　白色油性外墙漆　暗红褐色面砖

建筑设计说明

一、设计依据：
1.本工程施工图根据规划、消防批准和甲方确认的设计方案及设计合同进行设计
2.有关建筑设计规范
《建筑设计防火规范》（GBJ16—1987）
《民用建筑设计通则》（JGJ 37—1987）
《民用建筑隔声设计规范》（GBJ 118—1988）
《建筑抗震设计规范》（GB 50011—2001）
《屋面工程技术规范》（GB 50207—1994）
3.本工程设计的主体结构使用年限为50年

二、工程概况
建筑名称：私人别墅；建筑层数：3层；建筑主体高度：11.1m
建筑占地面积为184.6m²；建筑面积442.28m²
建筑耐火等级为二级；主要结构类型为砖混；抗震设防烈度6度
屋面防水等级为二级；抗震等级为四级

三、本工程室内地坪±0.000相当于总平面图黄海标高，高出室外地坪0.50m
四、本工程图尺寸以"mm"为单位，标高、总图以"m"为单位

五、墙体工程：
1.砖墙厚度未注明者为240，砖砌体设计要求详见结构专业设计说明
2.墙身防潮：±0.000（-0.400）以下墙体用20厚1:2水泥砂浆加5%防水剂双面粉刷，在-0.06m处设20厚1:2水泥砂浆加5%防水剂的防潮层

六、门窗工程：
1.位置除特别注明者外，平开门门与开启方向墙面平，平开外门与立墙外平，窗居墙中，门窗五金除注明外均按有关标准和预算定额规定配齐
2.窗选用塑钢窗（白色框、5厚白玻璃），其安装详见产品说明，所有塑钢窗尺寸必须现场尺寸放样

七、油漆工程：
所有外露铁件刷红丹防锈漆底，银粉漆面；未露明部分铁件刷红丹防锈漆二度。
不露面木材满涂水柏油，木门一底二度清树脂漆二道

八、外墙装修材料、涂料色彩均应先做样块，与建设单位、设计单位商定后才能大面积施工
九、所有有水房间做离地300高C20混凝土止水带，楼地面比同层楼地面低50，并做1%泛水坡向地漏
十、落水管采用φ100PVC落水管，在雨水管正下方设置一块30×400×400的混凝土散水板
十一、内窗台除注明者外，均做1:2水泥砂浆粉面，并做50宽护角线
十二、外墙窗台、窗楣、雨篷、阳台、压顶和突出腰线等上面应做流水坡度，下面应做滴水线，所有外墙窗台做60厚细石混凝土压顶，内配3φ6钢筋
十三、一般木制品采用一底二度调和漆，不露面木材满涂水柏油
十四、所有与水、电等工种有关的预埋件、预留孔洞，必须与相关图纸密切配合施工
十五、凡有空调搁板的房间均在外墙上预留φ75孔洞，距地2.1m
十六、护角线2200高，1:1水泥砂浆粉刷，每边宽50
十七、楼梯、栏杆及扶手（除注明者外）
楼梯面层（平台及踏步）均用花岗石
木扶手做法见98ZJ 401④/27，栏杆做法见98ZJ 401⑲
十八、所有工程及装修材料应经设计、监理及建设单位看样许可，方可施工
十九、本工程建筑、结构、给水排水、电气等施工图请配合施工
二十、本工程未尽事宜请按国家有关施工验收规范执行

工程材料做法
一、外墙面做法
外墙一　涂料饰面
1.外墙涂料（色彩详立面）
2.8厚1:2.5水泥砂浆罩面
3.12厚1:3水泥砂浆打底扫毛
4.砖墙

外墙二　小方块面砖
1.8厚面砖，水泥浆勾缝（色彩详立面）
2.4～5厚1:1水泥砂浆加20%107胶镶贴
3.12厚1:3水泥砂浆打底扫毛
4.砖墙

二、散水、台阶、勒脚做法
散水一　混凝土散水（宽900）
1.60厚C15混凝土撒1:1水泥砂子压实赶光纵向分缝长度<12m缝宽20靠墙缝宽20沥青砂子嵌缝
2.120厚度碎石灌1:2水泥砂浆
3.素土夯实向外坡5%
台阶
1.20厚1:2水泥砂浆光面
2.80厚C15混凝土
3.70厚碎石垫层
4.素土夯实
三、地面、楼面做法
地一　同质地砖
1.10厚同质地砖（500×500），水泥砂浆擦缝
2.25厚1:4干硬性水泥砂浆，面撒素水泥
3.刷水泥砂浆结合层一遍
4.80厚C10混凝土
5.素土夯实
楼一　同质地砖（适用于所有楼面）
1.10厚同质地砖（500×500），水泥砂浆擦缝
2.25厚1:4干硬性水泥砂浆，面撒素水泥
3.20厚1:3水泥砂浆找平
4.现浇钢筋混凝土楼板

四、踢脚做法
踢一　水泥踢脚（高120）
1.8厚地砖素水泥擦缝
2.5厚1:1水泥细砂结合层
3.12厚1:3水泥砂浆打底扫毛
4.砖墙
五、内墙面做法
内墙一　无光丙烯酸墙面
1.刷无光丙烯酸涂料二道
2.5厚1:0.3:3水泥石灰膏砂浆粉面压实抹光
3.12厚1:1:6水泥石灰膏砂浆打底
内墙二　采釉瓷砖墙面（用于厕所、厨房及露台墙裙）
1.彩釉砖（200×300）墙面白水泥浆勾缝
2.6厚1:0.3:3水泥砂浆打底
3.12厚1:3水泥砂浆打底
六、顶棚做法
棚一（用于非吊顶房间）
1.刷（喷）平顶涂料
2.3厚细纸筋（麻刀）石灰粉面
3.8厚1:0.3:3水泥石灰膏砂浆
4.刷素水泥浆一道（内掺水重3～5%的108胶）
5.捣制钢筋混凝土板
七、屋面做法
屋一　平屋面
1.40厚细石混凝土内配φ4@200双向钢筋
2.25厚欧文斯科宁保温板
3.1.5厚高分子卷材
4.20厚1:2.5水泥砂浆找平
5.现浇钢筋混凝土楼板

5.1:8水泥珍珠岩找2%坡，最薄处为20厚
6.现浇钢筋混凝土板
屋二　坡屋面
1.装饰瓦
2.20厚1:2水泥砂浆
3.15厚高分子卷材
4.基层处理剂一遍
5.20厚1:2.5水泥砂浆找平
6.现浇钢筋混凝土板

门窗统计表

名称	编号	洞口尺寸(b×h)	数量	所用图集	所选门窗	说明
窗	C-1	2400×2200	2			塑钢推拉窗
	C-2	1800×1800	6			塑钢推拉窗
	C-3	1200×1800	6			塑钢推拉窗
	C-4	1500×1800	2			塑钢推拉窗
	C-5	1200×1800	2			塑钢推拉窗
	C-6	1200×1200	1			塑钢推拉窗
门	M1	1800×2400	1	98ZJ681	GJM130-乙	
	M2	900×2100	11	98ZJ681	GJM102-乙	
	M3	700×2100	4			塑钢门
	M4	1500×2400	1			塑钢地弹簧门
	TLM-1	3000×2900	2			塑钢推拉门
	TLM-2	1800×2400	1			塑钢推拉门
	TLM-3	2700×2700	1			塑钢推拉门

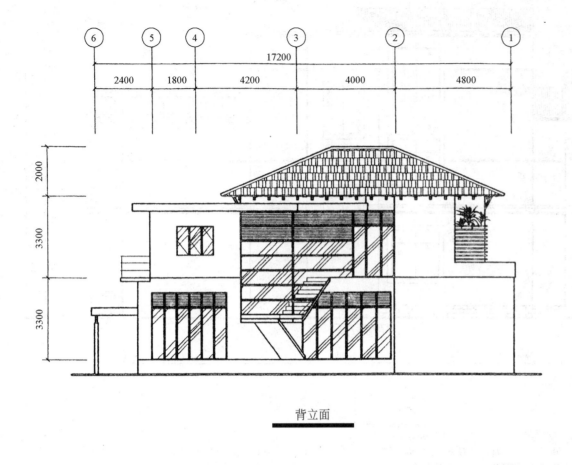

背立面

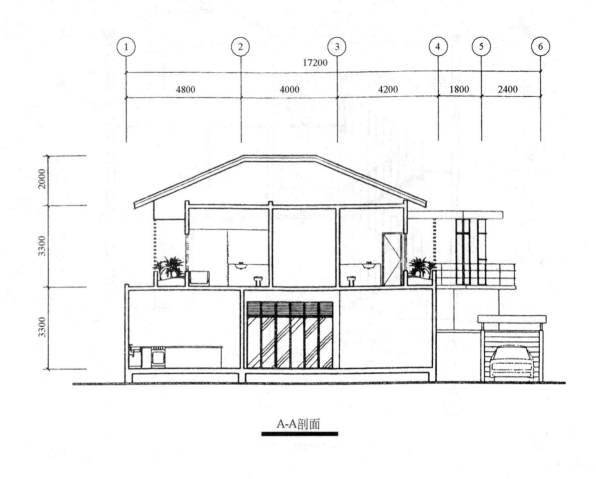

A-A剖面

左侧立面

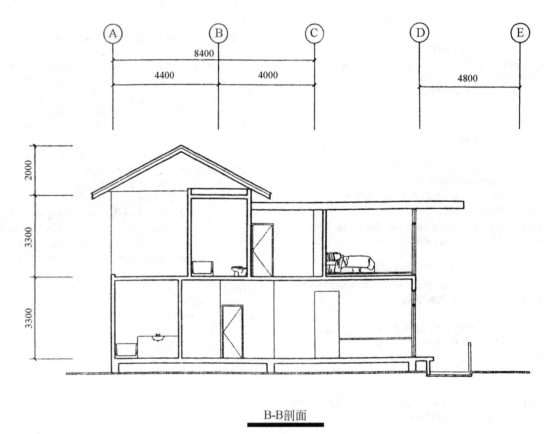

B-B剖面

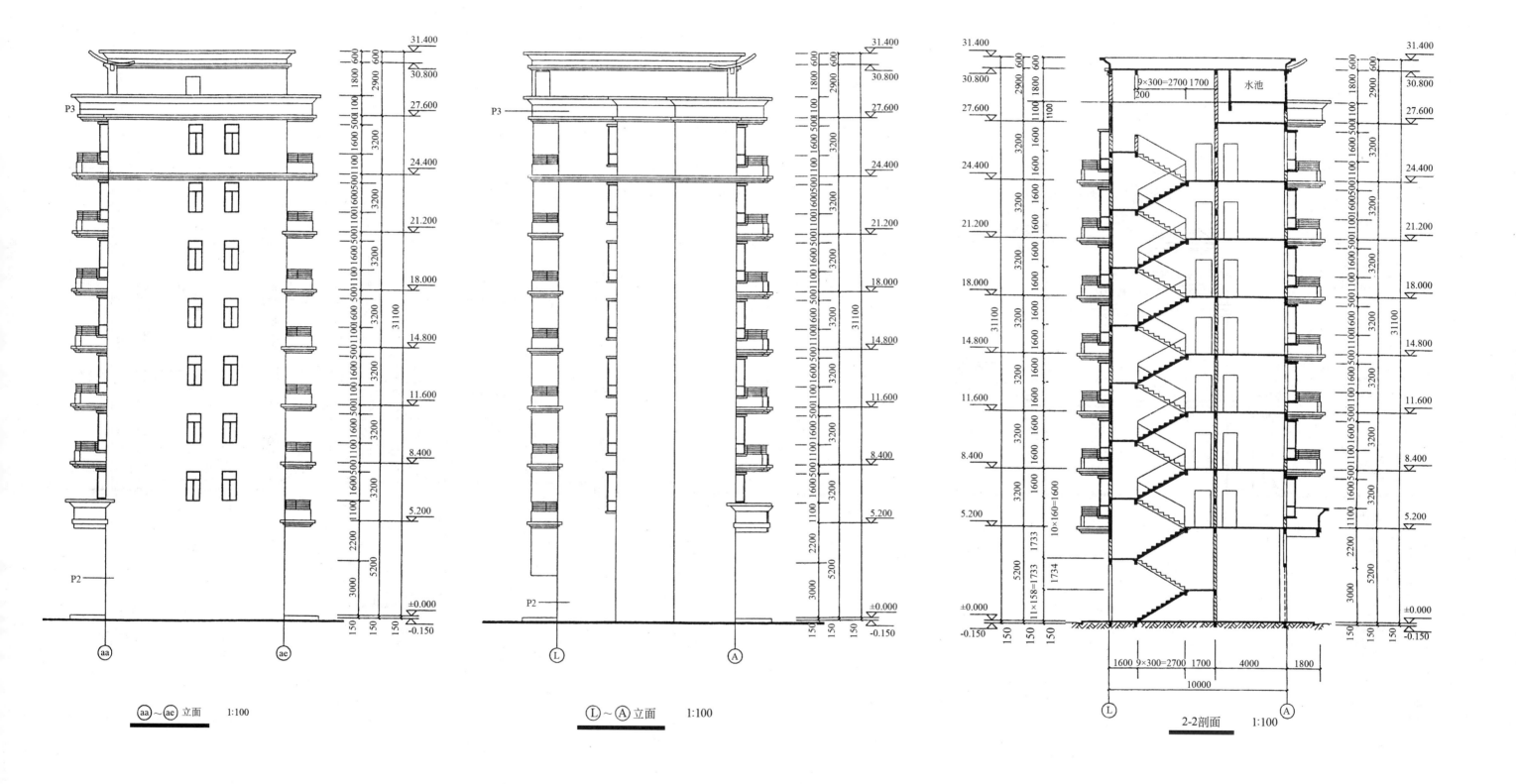

ⓐⓐ～ⓐⓔ 立面　1:100

Ⓛ～Ⓐ 立面　1:100

2-2剖面　1:100

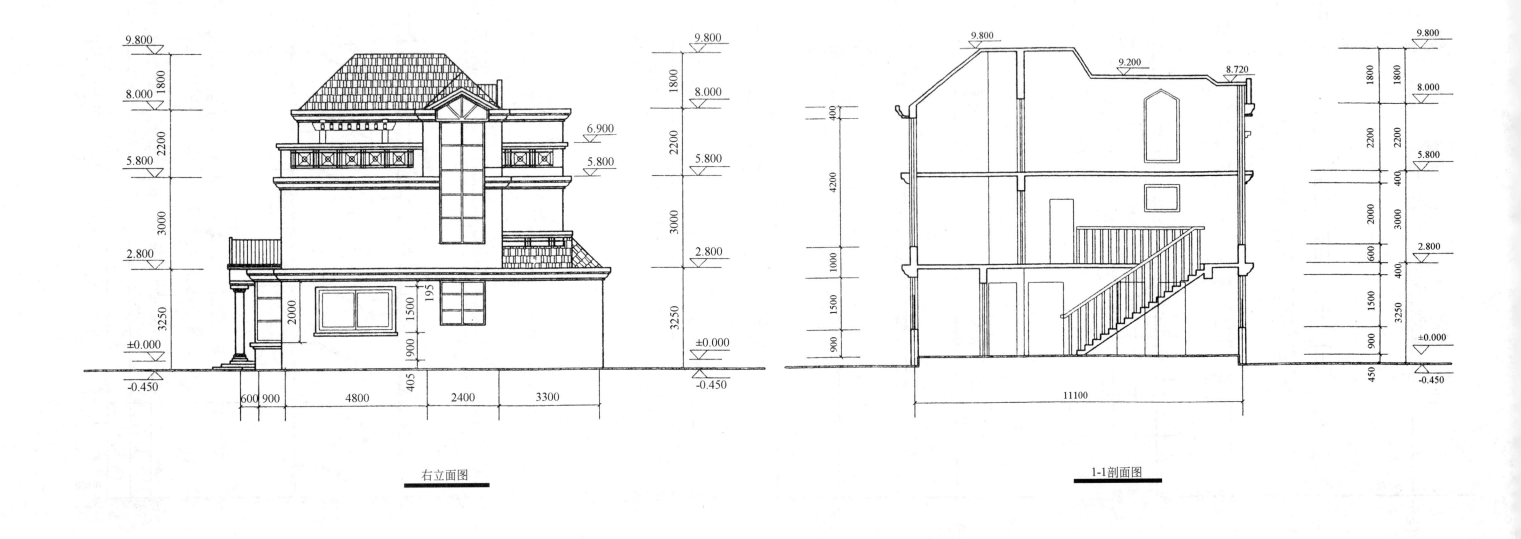

右立面图

1-1剖面图

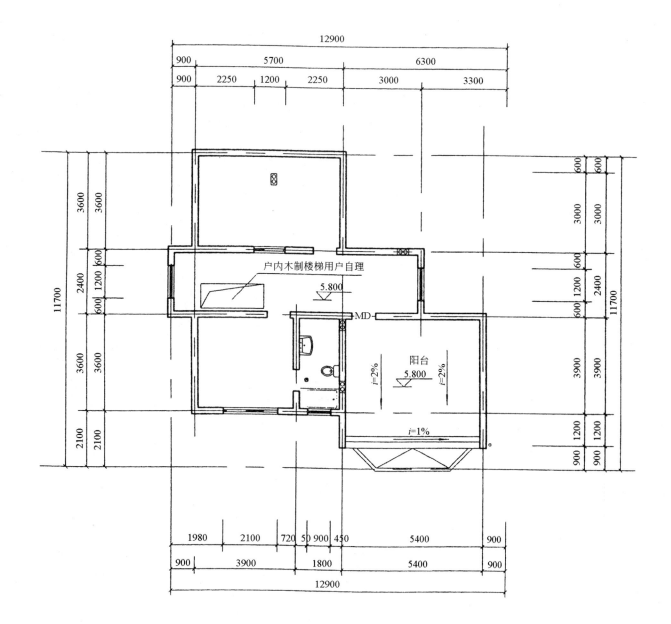

阁楼层平面图

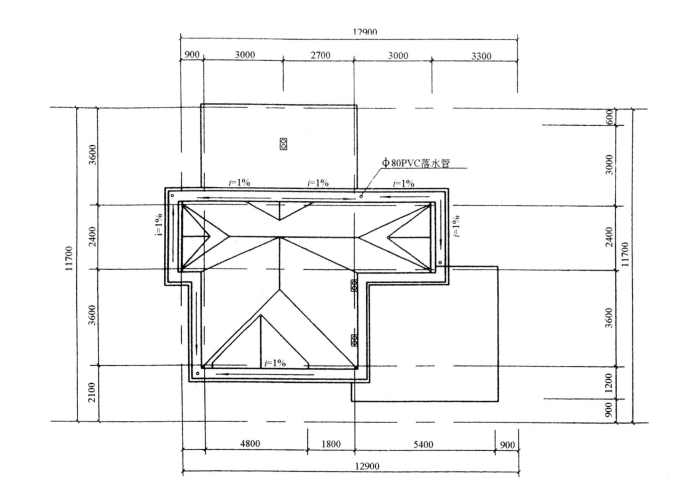

Φ80PVC落水管

屋顶平面图

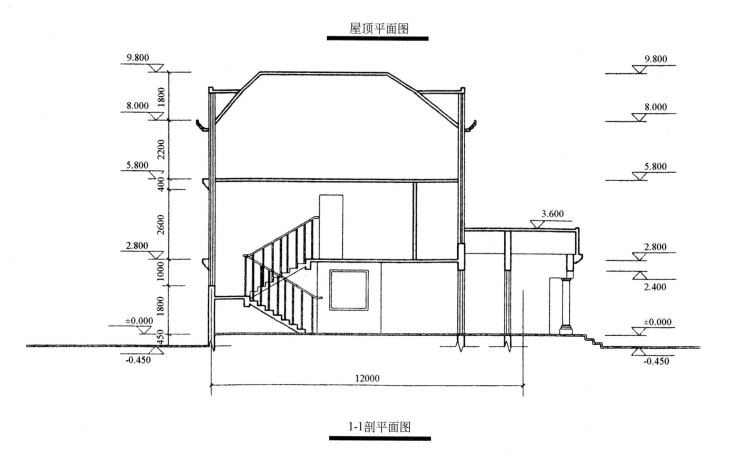

1-1剖平面图

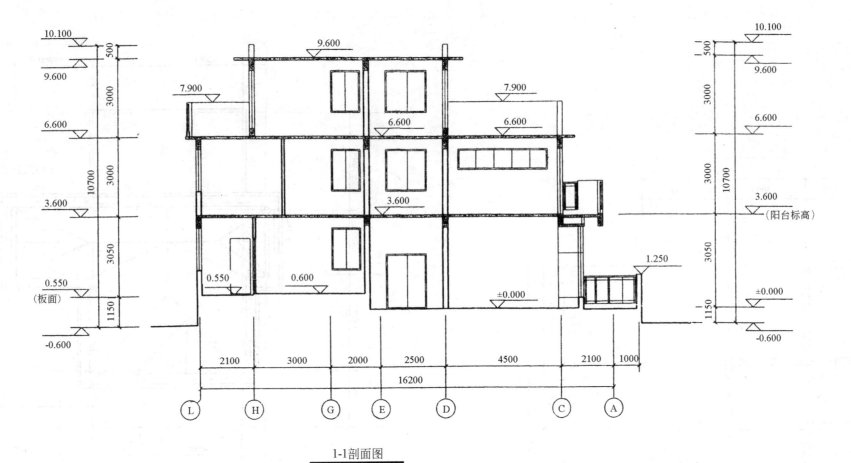

1-1剖面图

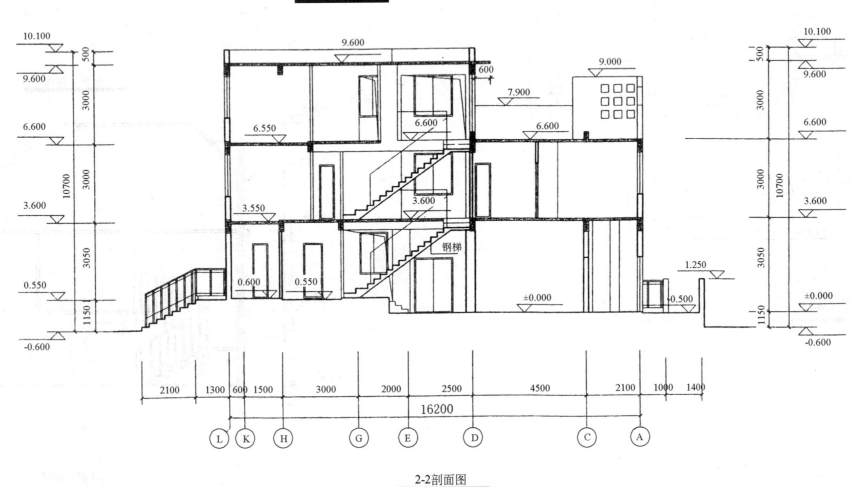

2-2剖面图

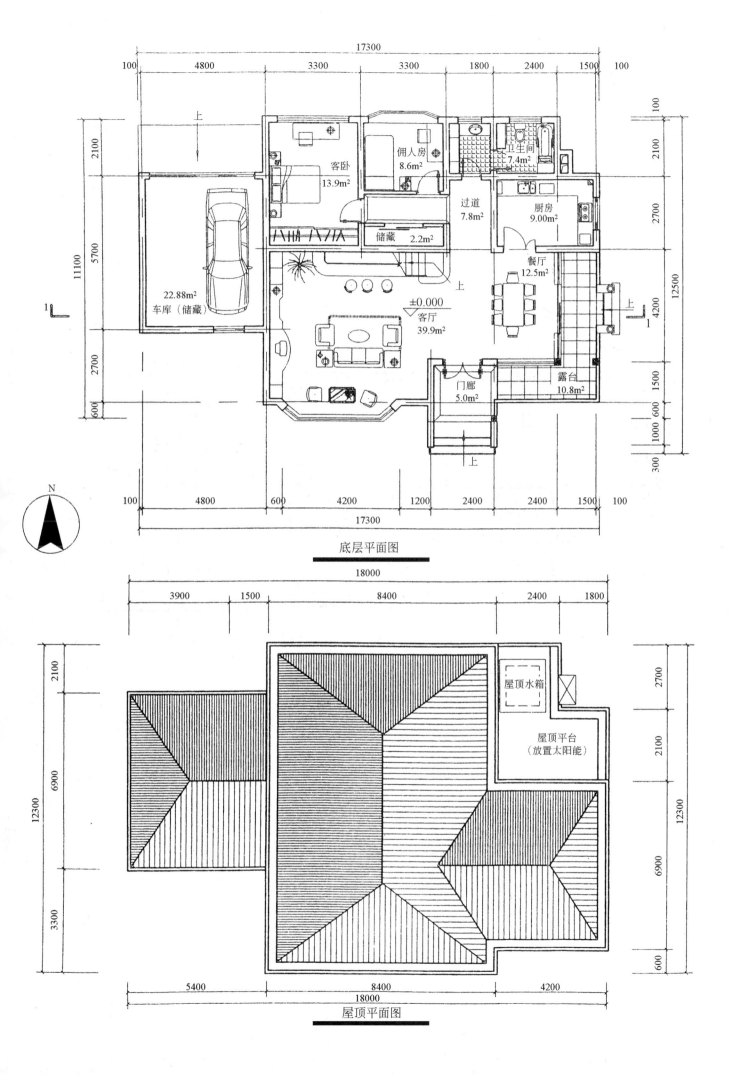

底层平面图

18000

屋顶平面图

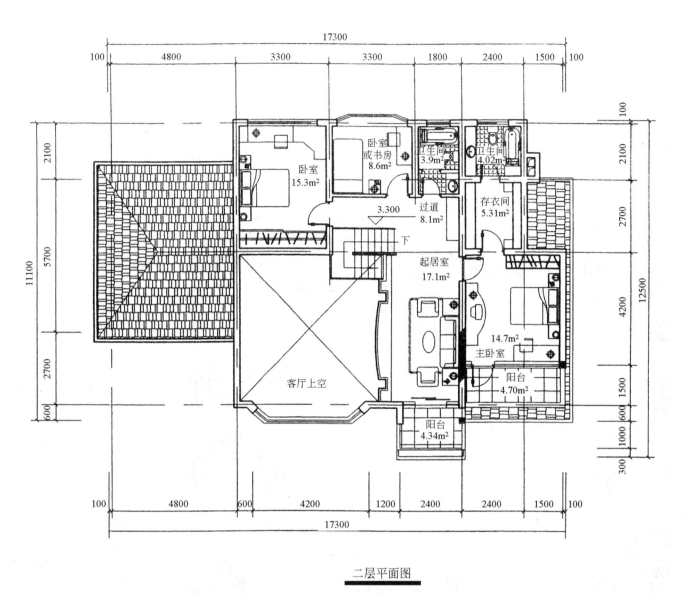

二层平面图

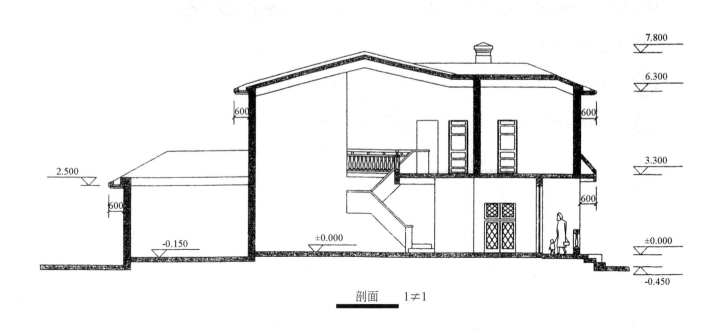

剖面 1≠1

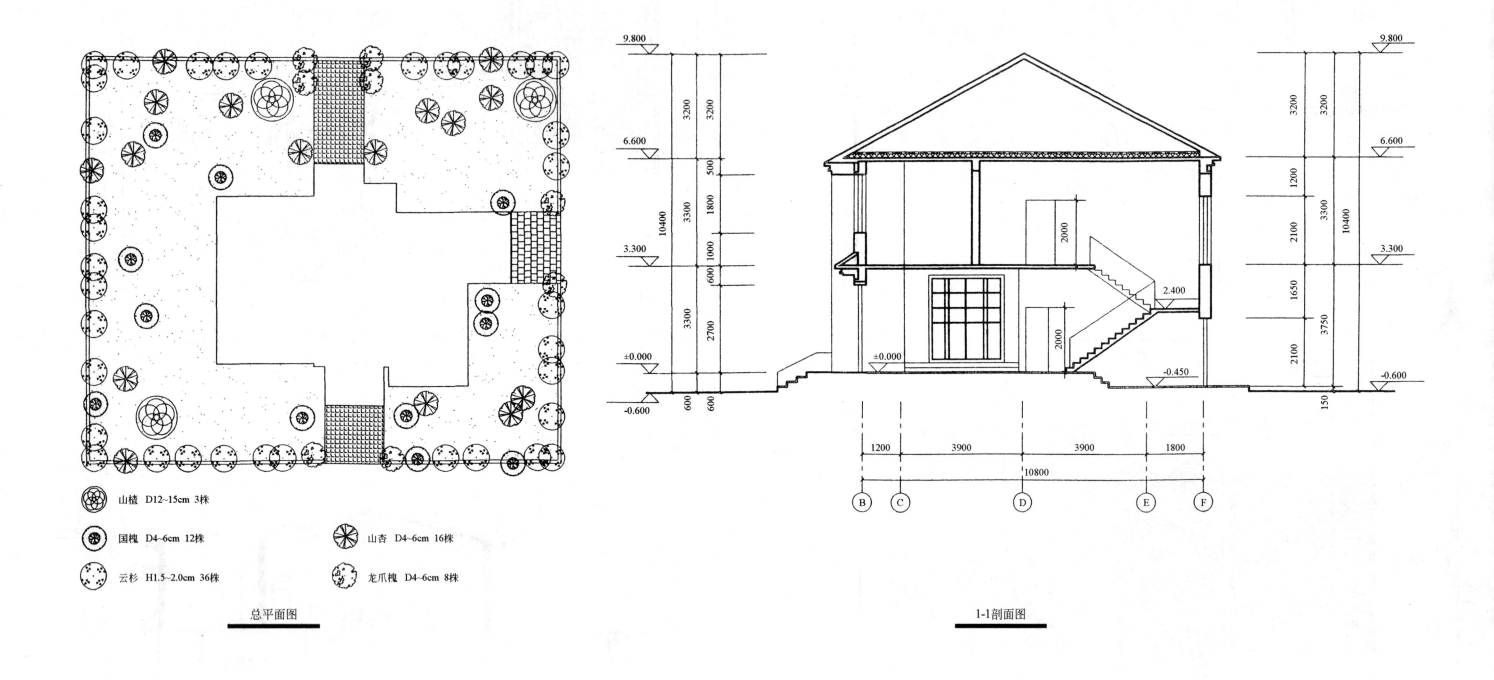

山楂 D12~15cm 3株

国槐 D4~6cm 12株　　　山杏 D4~6cm 16株

云杉 H1.5~2.0cm 36株　　龙爪槐 D4~6cm 8株

总平面图

1-1剖面图

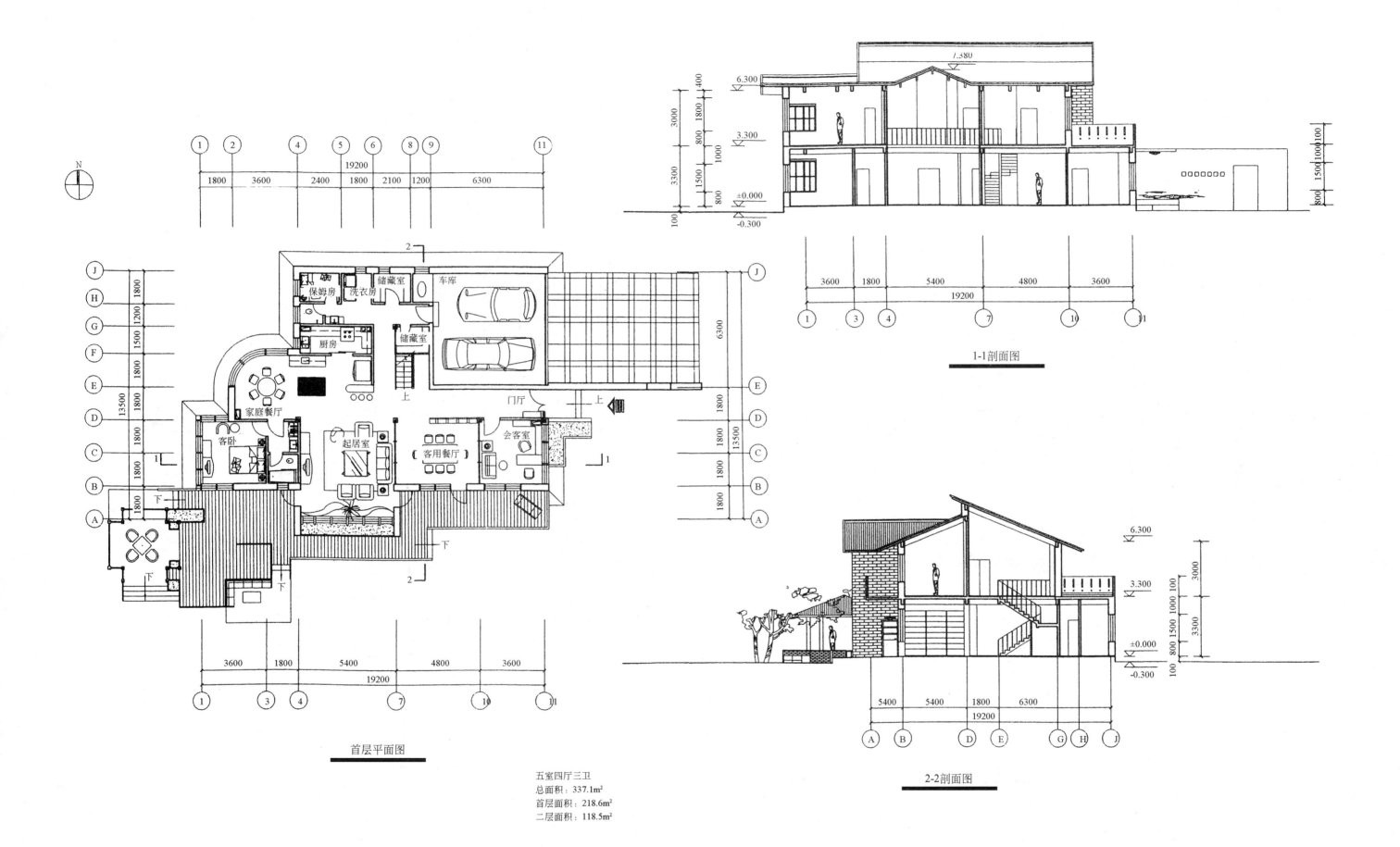

保姆房　洗衣房　储藏室　车库

储藏室

厨房

上

家庭餐厅

客卧

起居室

客用餐厅

会客室

门厅

上

下

下

下

下

19200
1800　3600　2400　1800　2100　1200　6300

3600　1800　5400　4800　3600
19200

13500
1800　1500　1200　1800　1800　1800　1800

6300　1800　1800　1800　1800
13500

首层平面图

五室四厅三卫
总面积：337.1m²
首层面积：218.6m²
二层面积：118.5m²

1-1剖面图

7.380
6.300
3.300
±0.000
-0.300

3000　1800　400
3300　800　1000
1500　800
100

800　1500 1000 100

3600　1800　5400　4800　3600
19200

2-2剖面图

6.300
3.300
±0.000
-0.300

3000
800 1500 1000 100
3300
100

5400　5400　1800　6300
19200

209

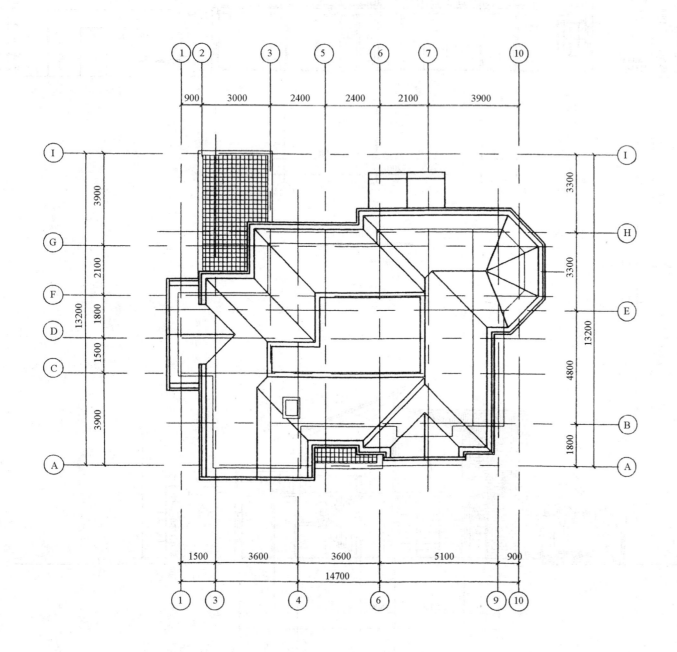

屋顶平面图

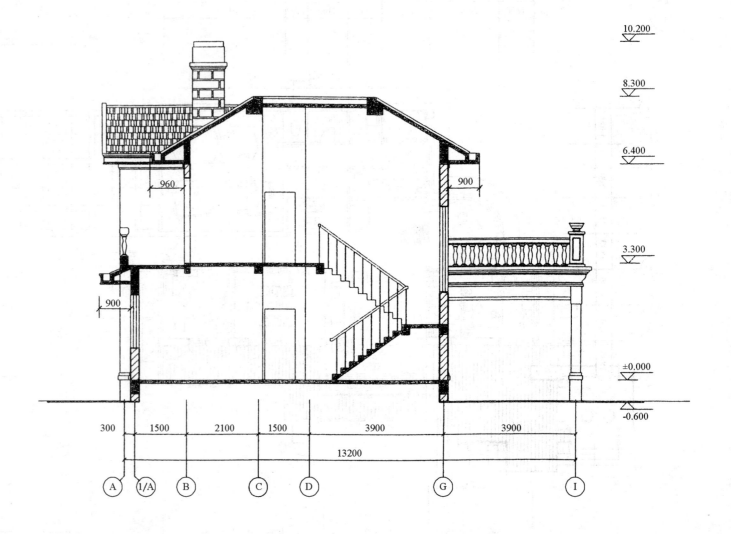

1-1剖面图

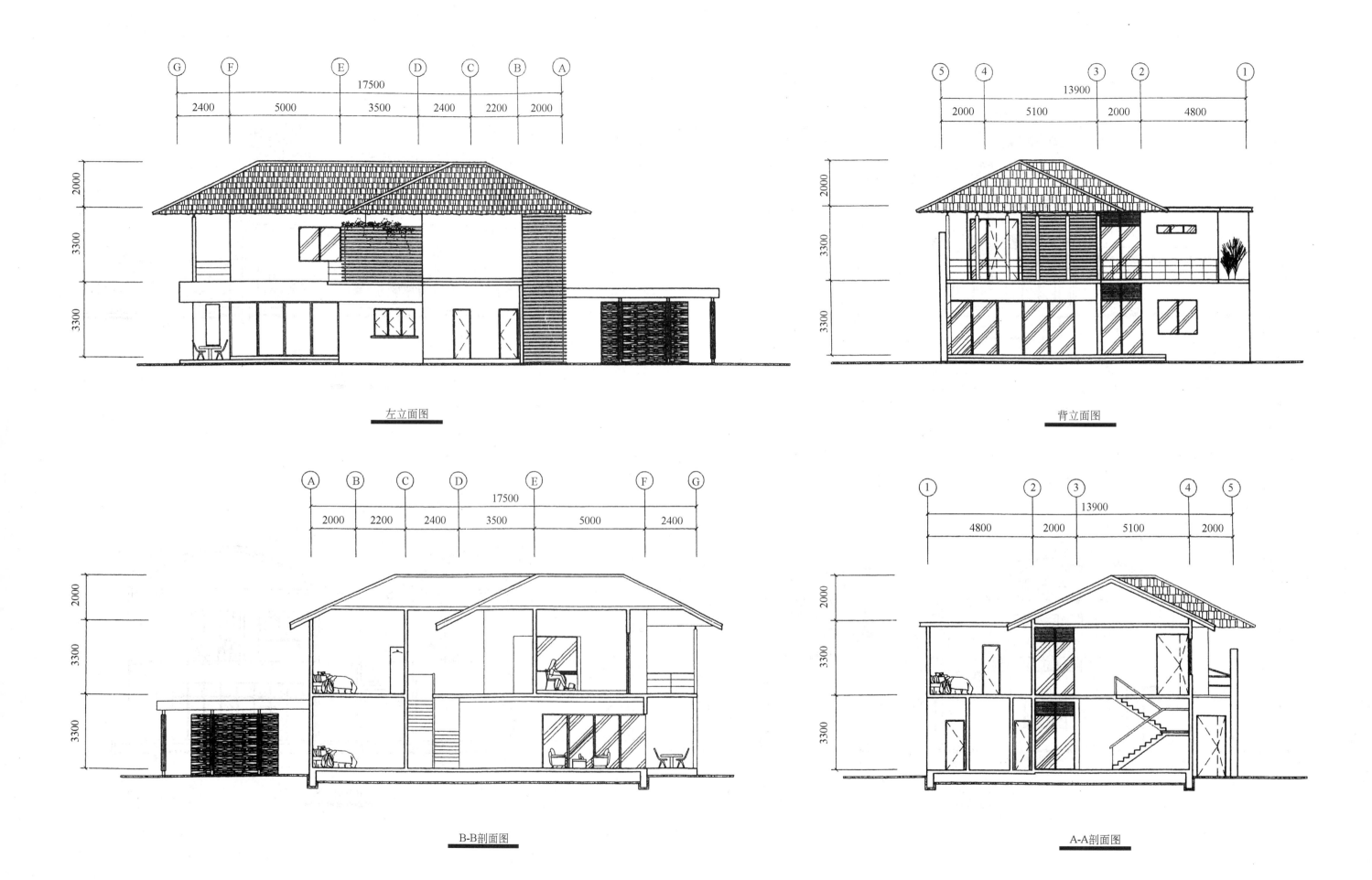

G F E D C B A

17500

2400 5000 3500 2400 2200 2000

2000
3300
3300

左立面图

5 4 3 2 1

13900

2000 5100 2000 4800

2000
3300
3300

背立面图

A B C D E F G

17500

2000 2200 2400 3500 5000 2400

2000
3300
3300

B-B剖面图

1 2 3 4 5

13900

4800 2000 5100 2000

2000
3300
3300

A-A剖面图

211

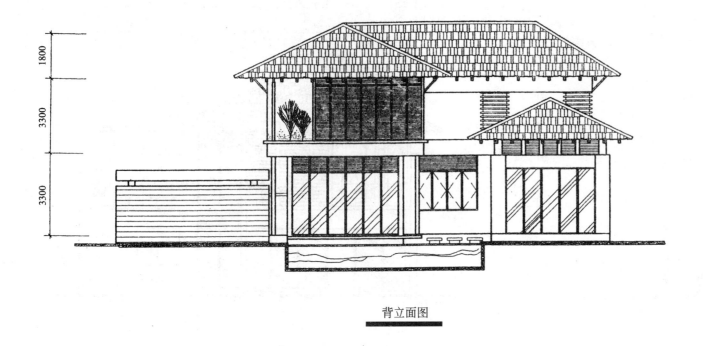

背立面图

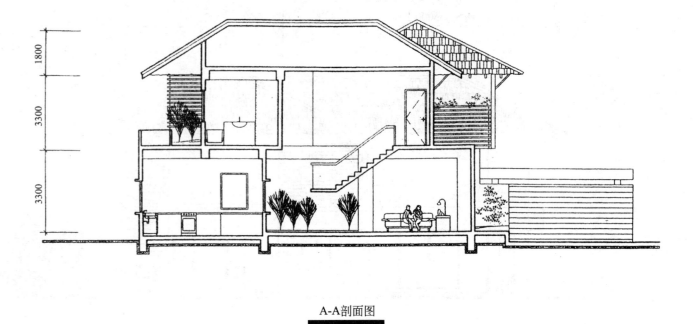

A-A剖面图

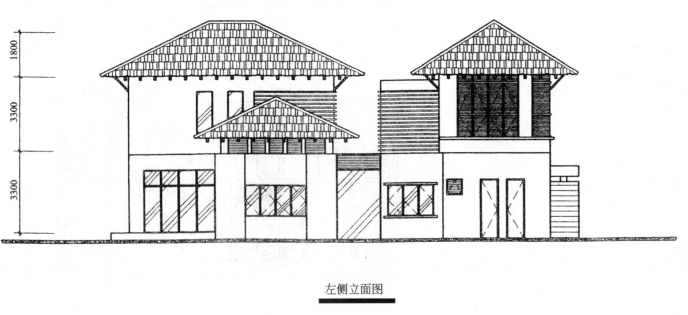

左侧立面图

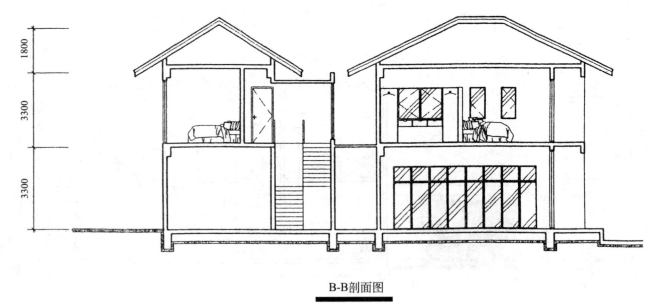

B-B剖面图

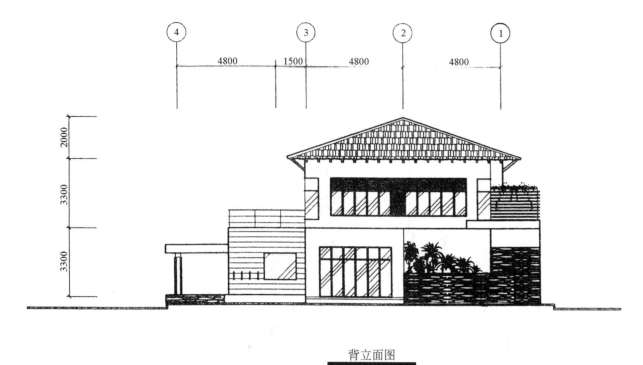

背立面图

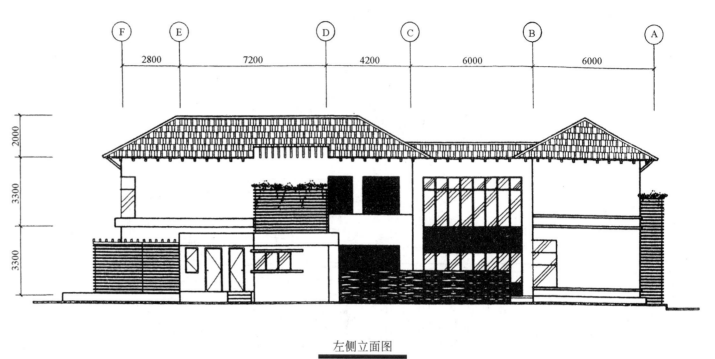

左侧立面图

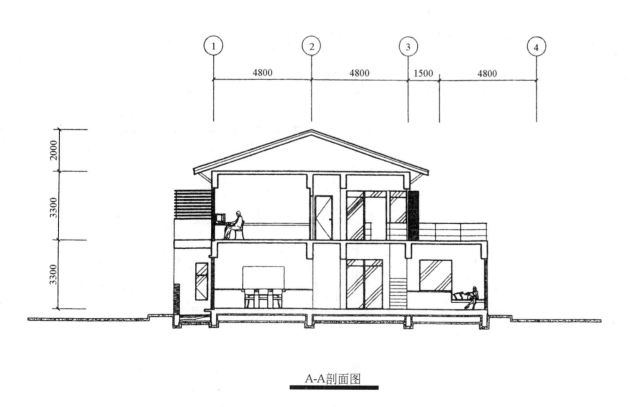

A-A剖面图

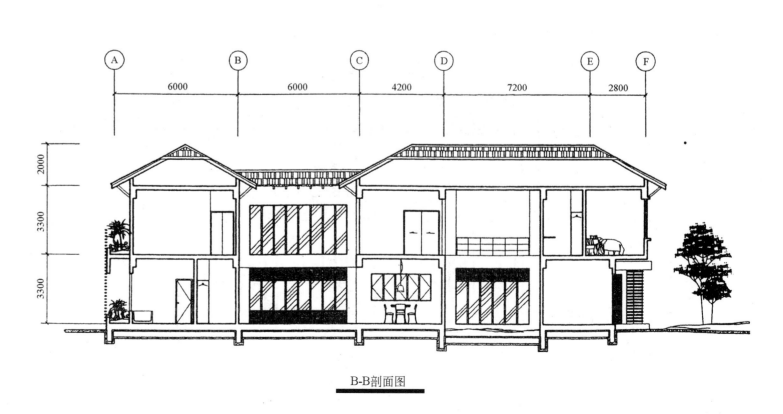

B-B剖面图

右侧立面

A-A剖面

左侧立面

B-B剖面

214

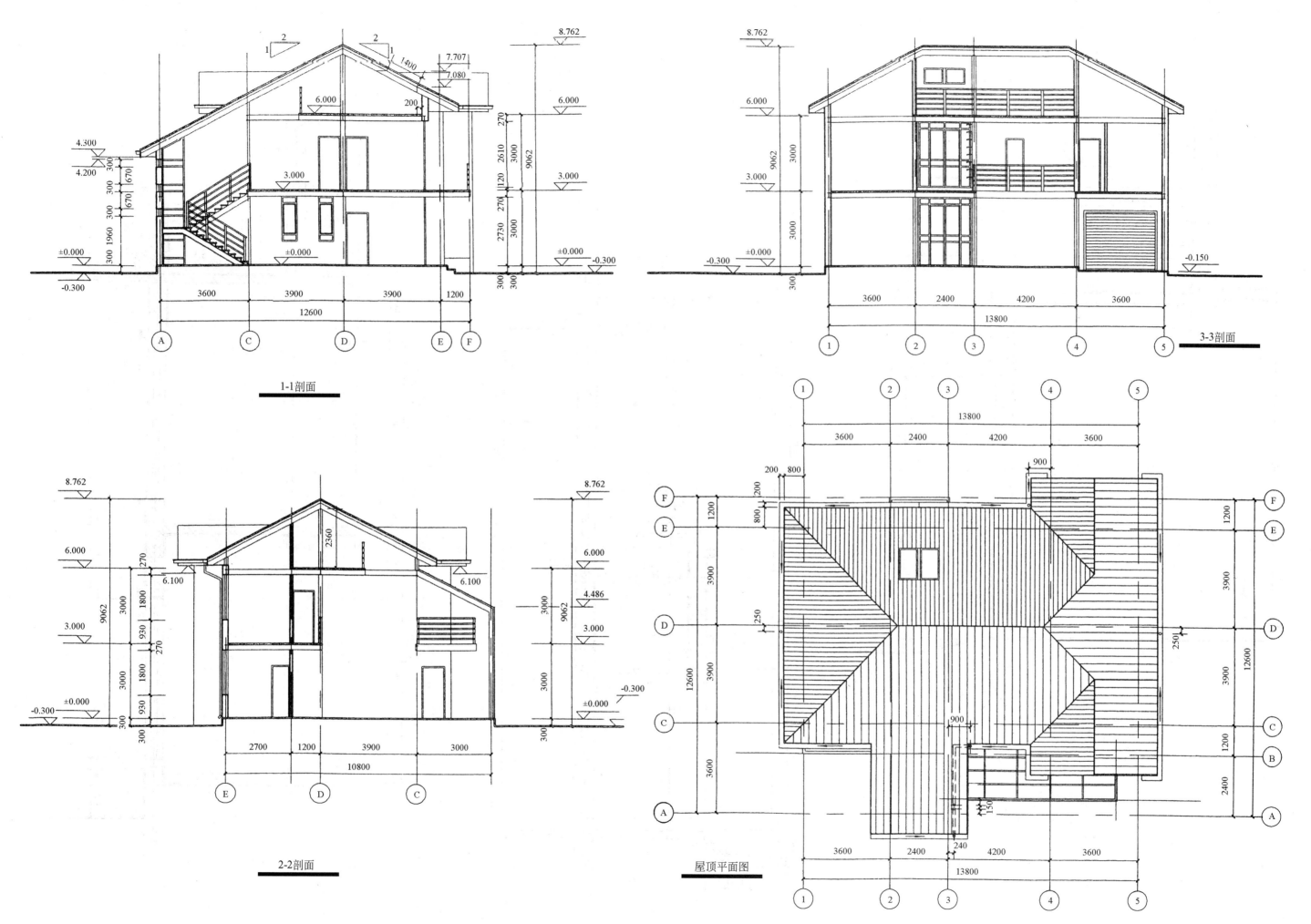

1-1剖面

3-3剖面

2-2剖面

屋顶平面图

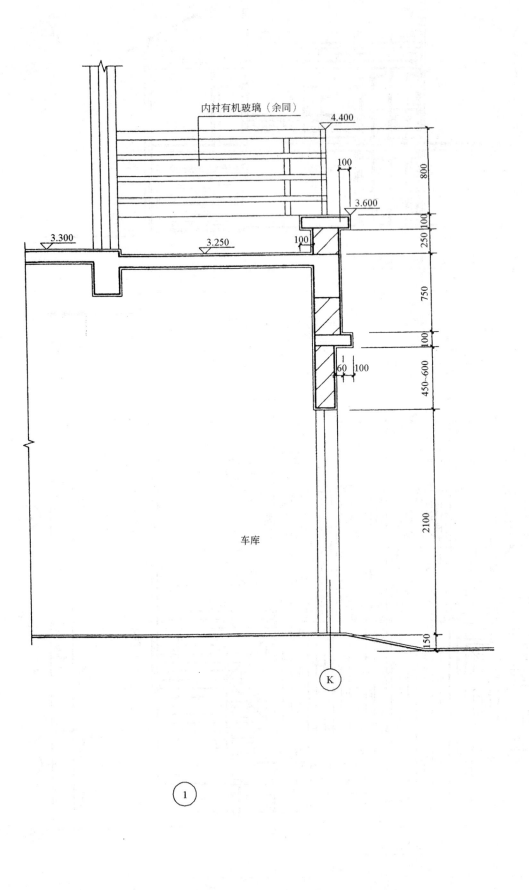

内衬有机玻璃（余同）

4.400

100

3.600

3.300

3.250

100

车库

K

①

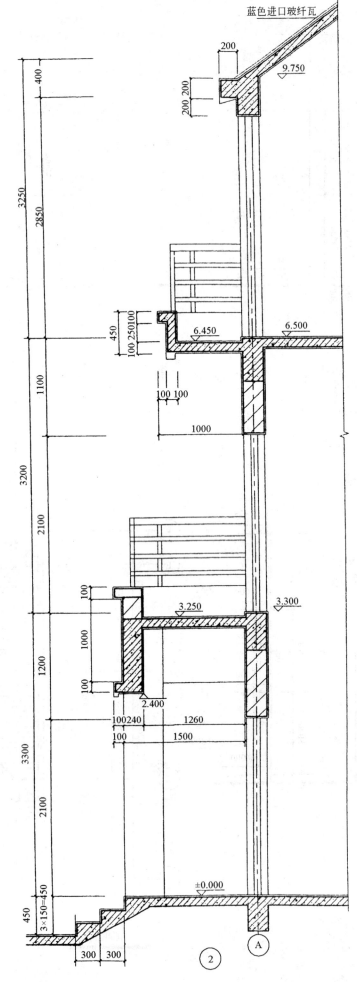

蓝色进口玻纤瓦

9.750

6.450

6.500

3.250

3.300

2.400

±0.000

A

②

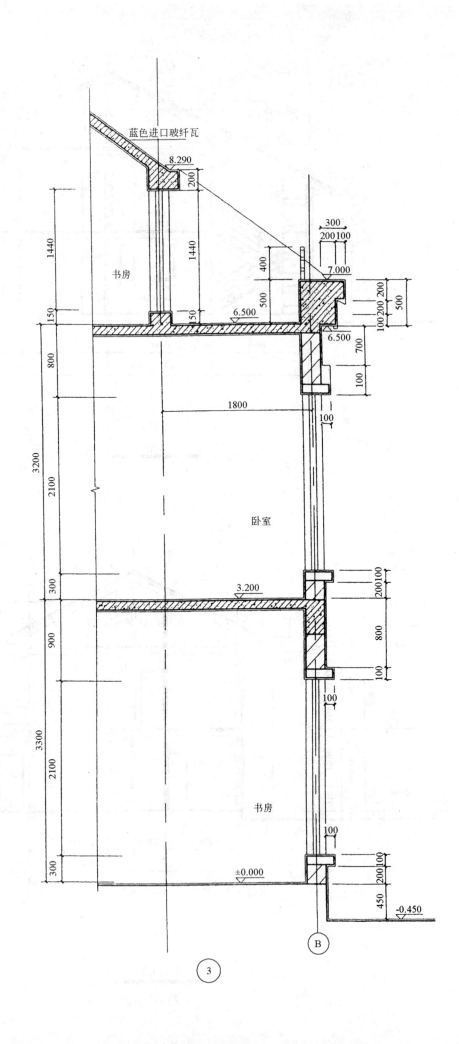

蓝色进口玻纤瓦

8.290

书房

7.000

6.500

1800

卧室

3.200

书房

±0.000

-0.450

B

③

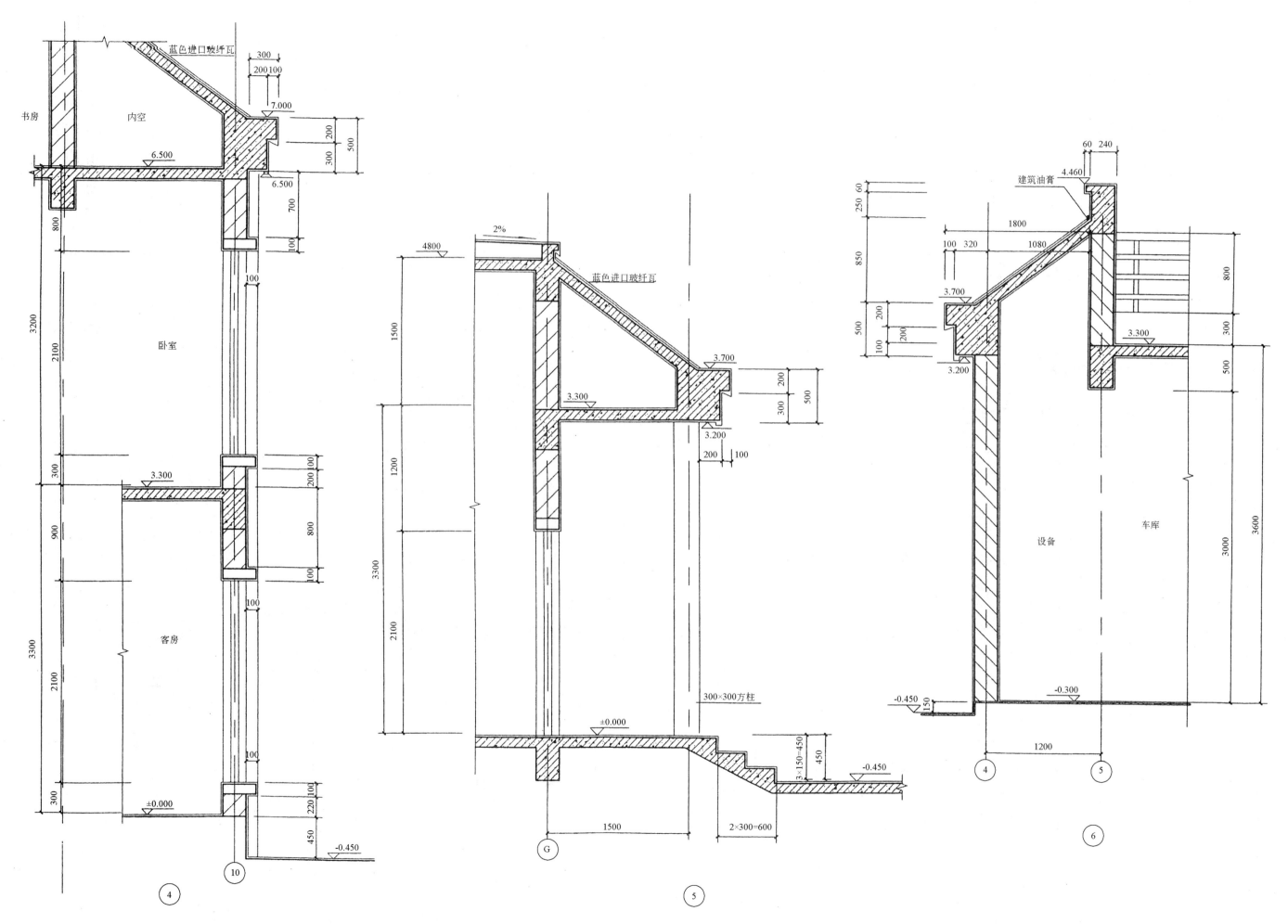

书房　内空　蓝色进口玻纤瓦

7.000

6.500

卧室

3.300

客房

±0.000

-0.450

④　⑩

蓝色进口玻纤瓦

4800

2%

3.300

3.700

3.200

±0.000

-0.450

300×300方柱

G　⑤

4.460

建筑油膏

3.700

3.200

3.300

设备　车库

-0.300

-0.450

④　⑤

⑥

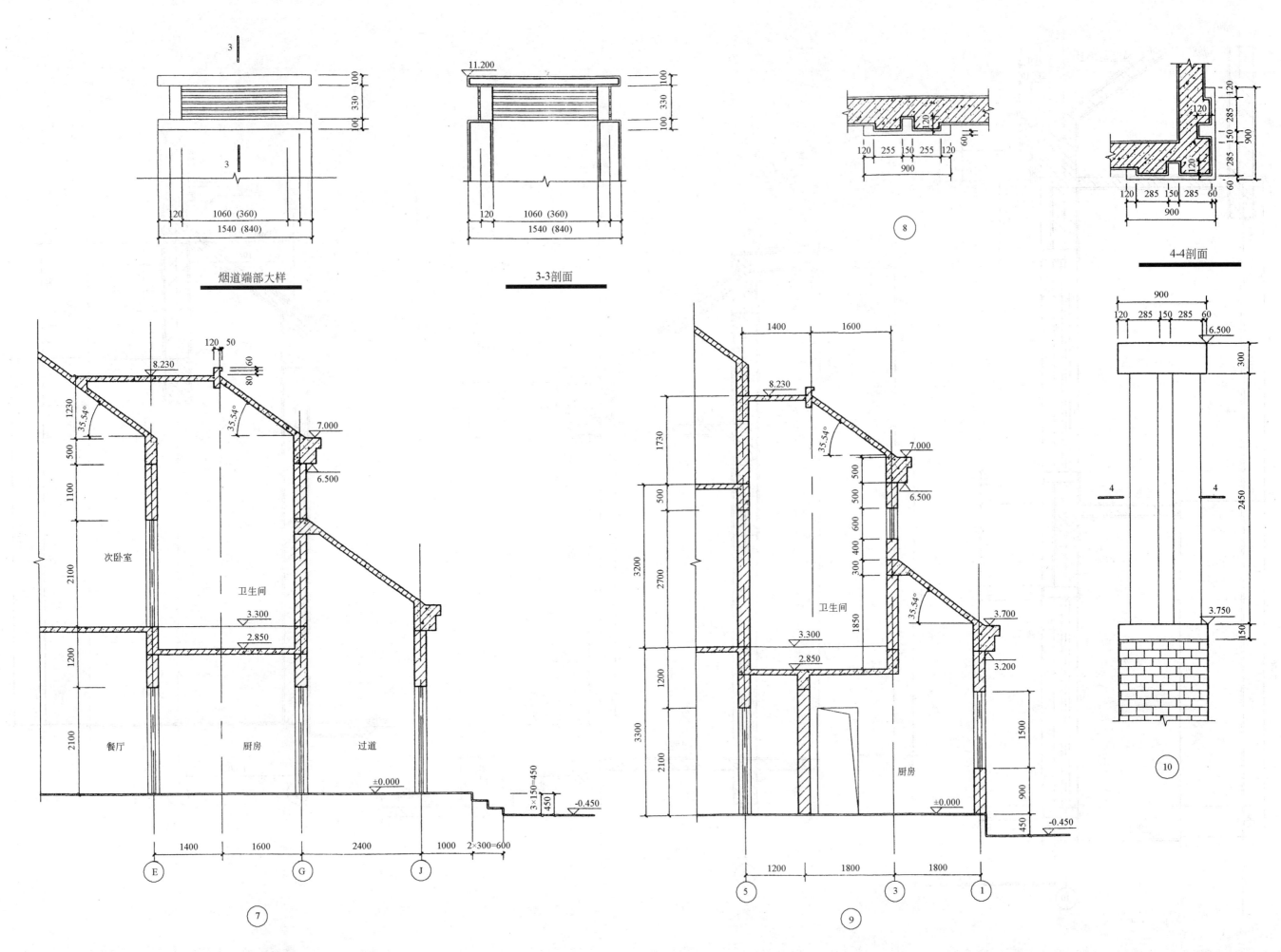

烟道端部大样

3-3剖面

8

4-4剖面

次卧室

卫生间

3.300

2.850

餐厅

厨房

过道

±0.000

-0.450

卫生间

3.300

2.850

厨房

±0.000

-0.450

7

9

10

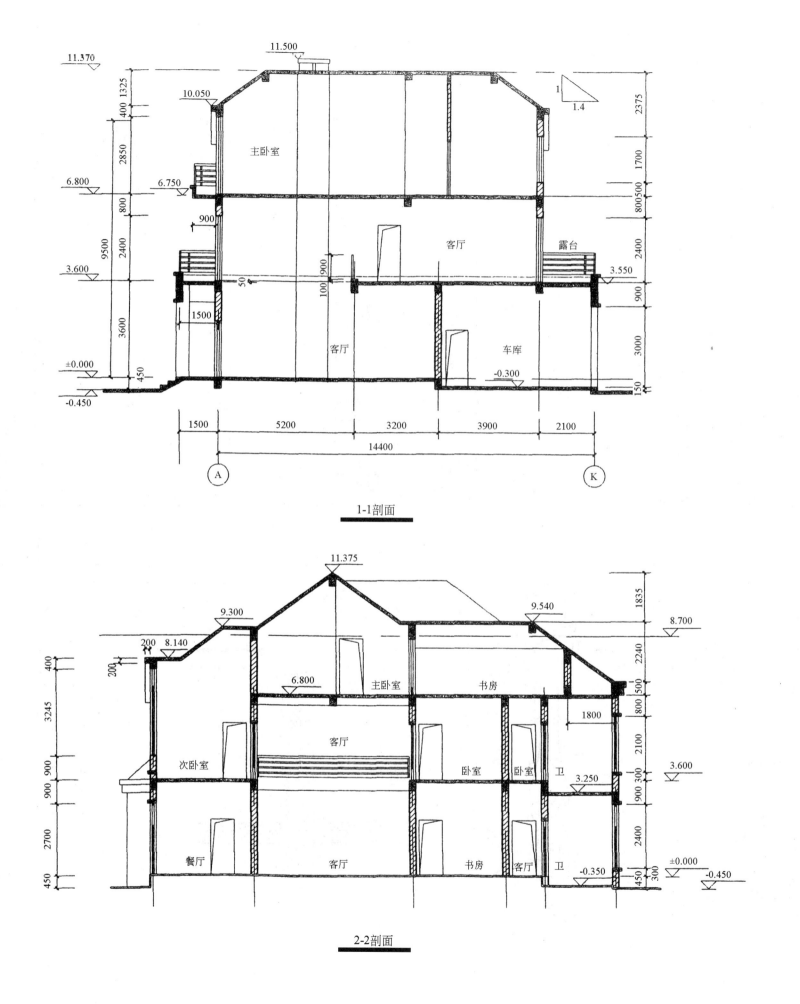

1-1剖面

2-2剖面

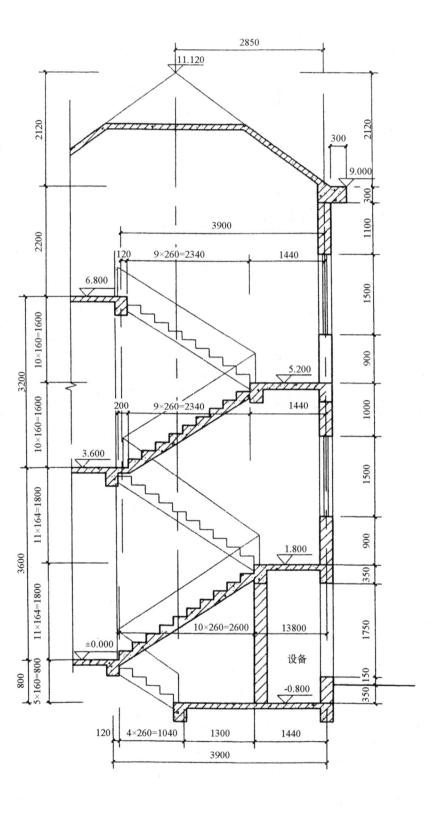

楼梯剖面图

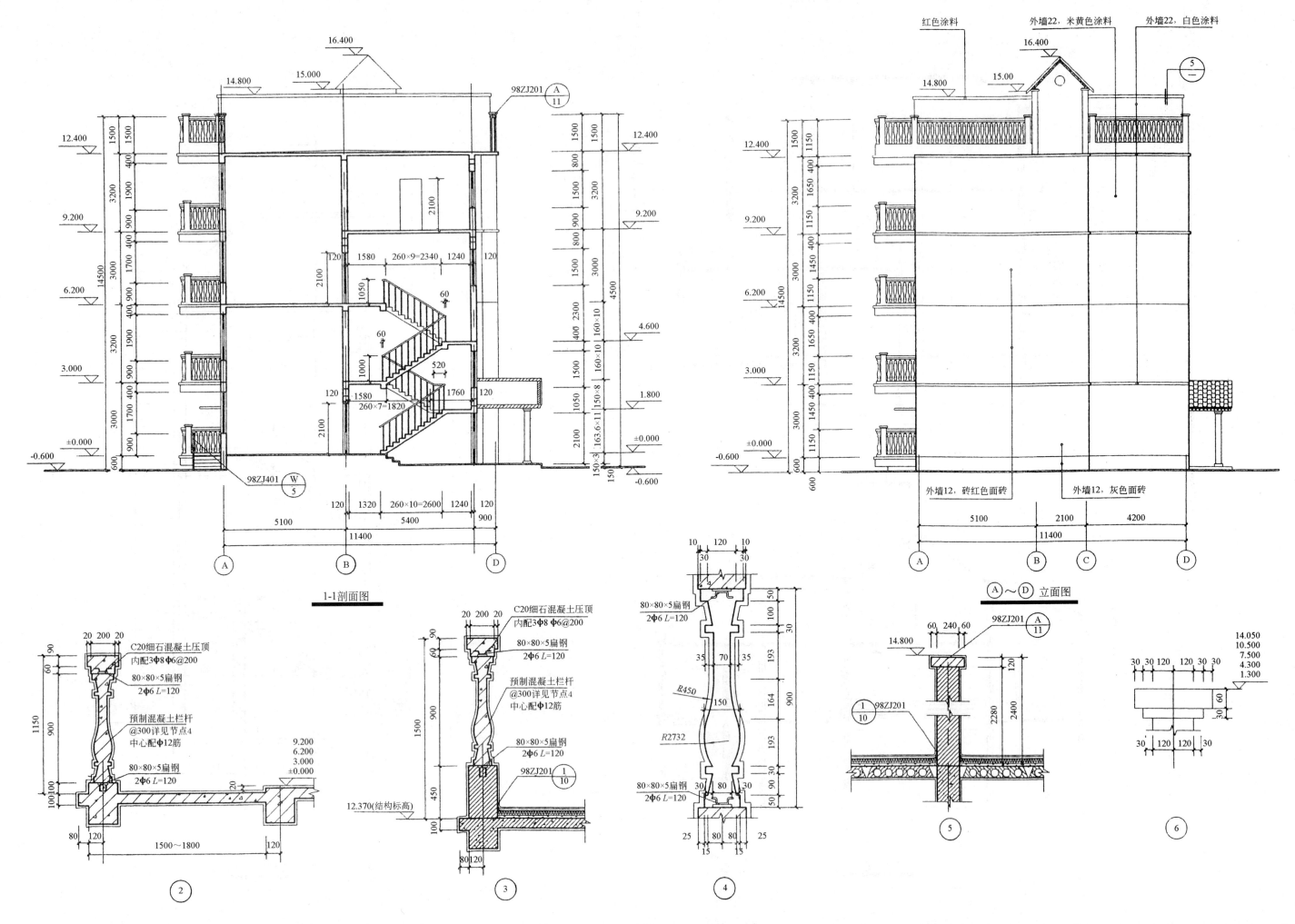

1-1剖面图

A～D 立面图

220

建筑设计说明

1.本工程为别墅，3层框混结构，总建筑面积为474.19m²

2.本图中所注尺寸除标高以"m"计外，其余均以"mm"计，图纸中细部节点以详图为准

3.施工中凡遇到设备管洞均事先预留，避免先浇后凿

4.平面图上门窗洞口及洞边尺寸未详之处详见门窗表及按以下原则：

有门垛部位凡门垛尺寸足够的均为120，不足120的按实际或不做门垛

5.卫生间内部设计见详图，三大件型号待定，留孔及配件按瓷砖模数，排风窗孔均留在屋

面檐口以下或底层圈梁下

6.顶层各分隔墙未注明高度的均砌至屋面梁下

7.凡外露铁件均以双度防锈漆底栗色漆面，非露明铁件防锈底漆两度，预埋木砖、泛水木

条均须防腐处理

8.屋面做法：坡屋面为现浇钢筋混凝土屋面，20厚1：3水泥砂浆找平，再贴油毡瓦两层；

露台为现浇钢筋混凝土，做法见图注（露台处现浇板必须保证浇捣质量）

9.外墙面做法：均为1：3水泥砂浆底基座部分线脚以下为片岩贴面，基座以上的墙面材料

详见立面图，其中凸出墙面的装饰线、窗套、窗台、外墙角柱暂定为外墙涂料，颜色待定

10.内墙做法：厨房、卫生间为1：3水泥砂浆粉平，其余为1：1：6混合砂浆底纸筋灰面，

双飞粉两道，厨房、卫生间及洗涤用房暗墙裙高2400，其余房间做150高踢脚板，均为

1：2水泥砂浆面，与内墙粉刷面平

11.顶棚做法：坡屋顶下均不做木吊顶，屋面板下预留吊筋ϕ8@900网点，顶棚粉饰同内墙

12.地面做法：踏步平台做法素土夯实200厚块石排夯C15混凝土80厚，内配ϕ4@200双向

1：2水泥砂浆面随捣随抹平，每间设分仓缝，架空板40厚C20细石混凝土加1：2水泥砂浆

面随捣随抹，内配ϕ@200双向

13.楼面做法：现浇板上15厚1：3水泥砂浆底，10厚1：2水泥砂浆面

14.楼梯扶手不做，每踏面预留50×50预埋件，预埋件埋深120

15.木门油漆另定

16.本图中厨房均采用成品排烟道

17.本图中顶层坡屋面保温均不设，由住户装修中自行处理

18.说明未及之处按相应施工及验收规范执行

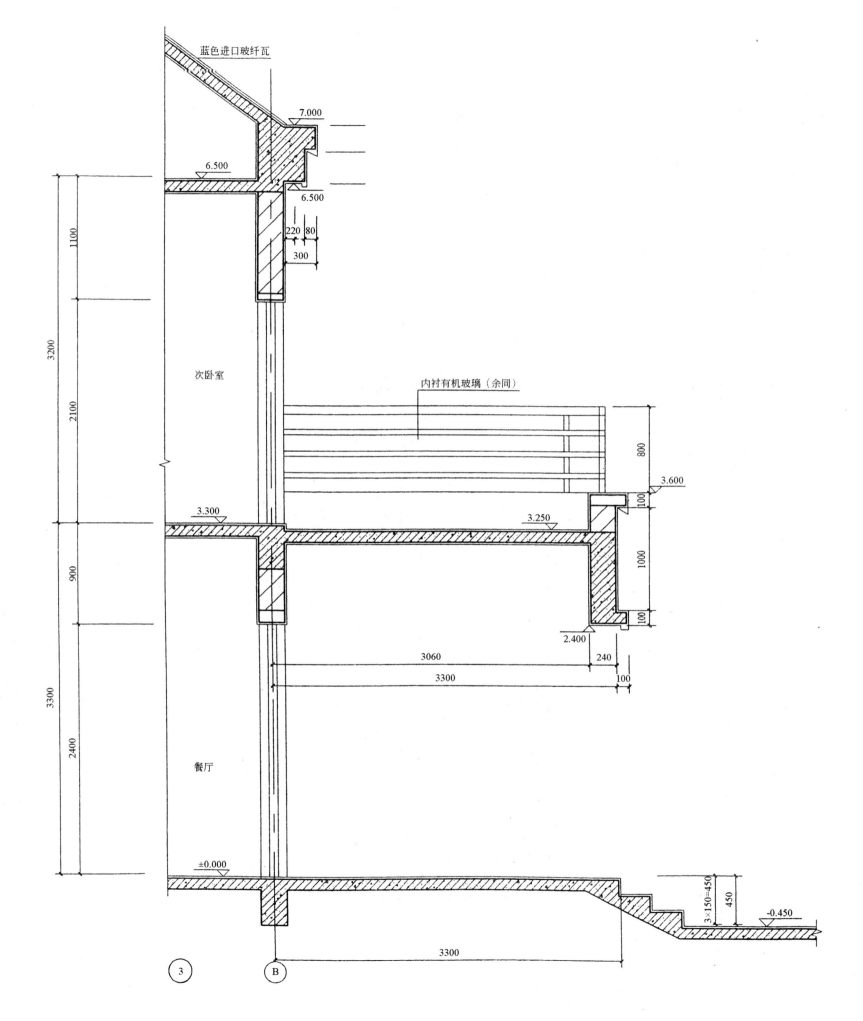

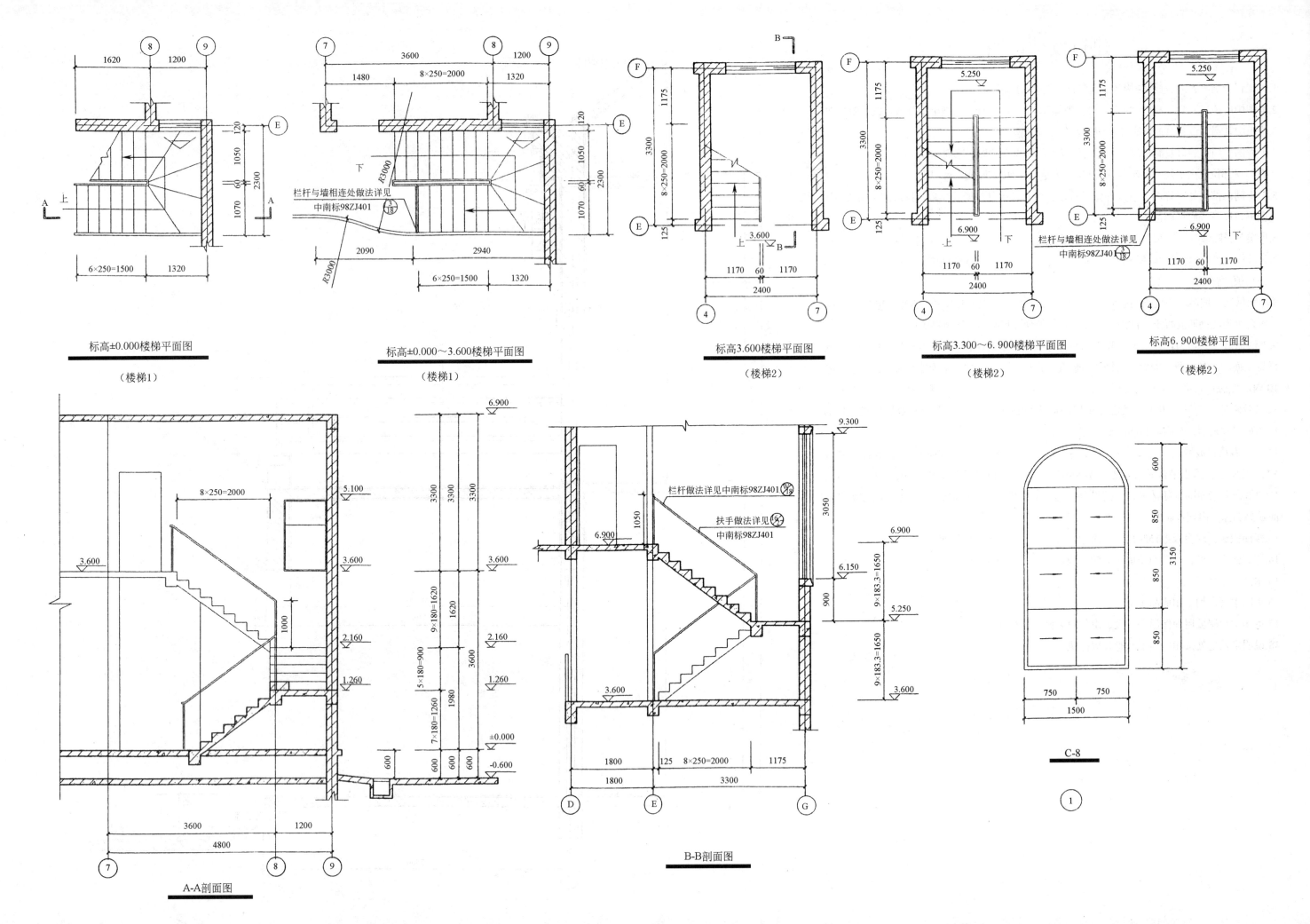

标高±0.000楼梯平面图

（楼梯1）

标高±0.000～3.600楼梯平面图

（楼梯1）

栏杆与墙相连处做法详见
中南标98ZJ401

标高3.600楼梯平面图

（楼梯2）

标高3.300～6.900楼梯平面图

（楼梯2）

栏杆与墙相连处做法详见
中南标98ZJ401

标高6.900楼梯平面图

（楼梯2）

栏杆做法详见中南标98ZJ401

扶手做法详见
中南标98ZJ401

A-A剖面图

B-B剖面图

C-8

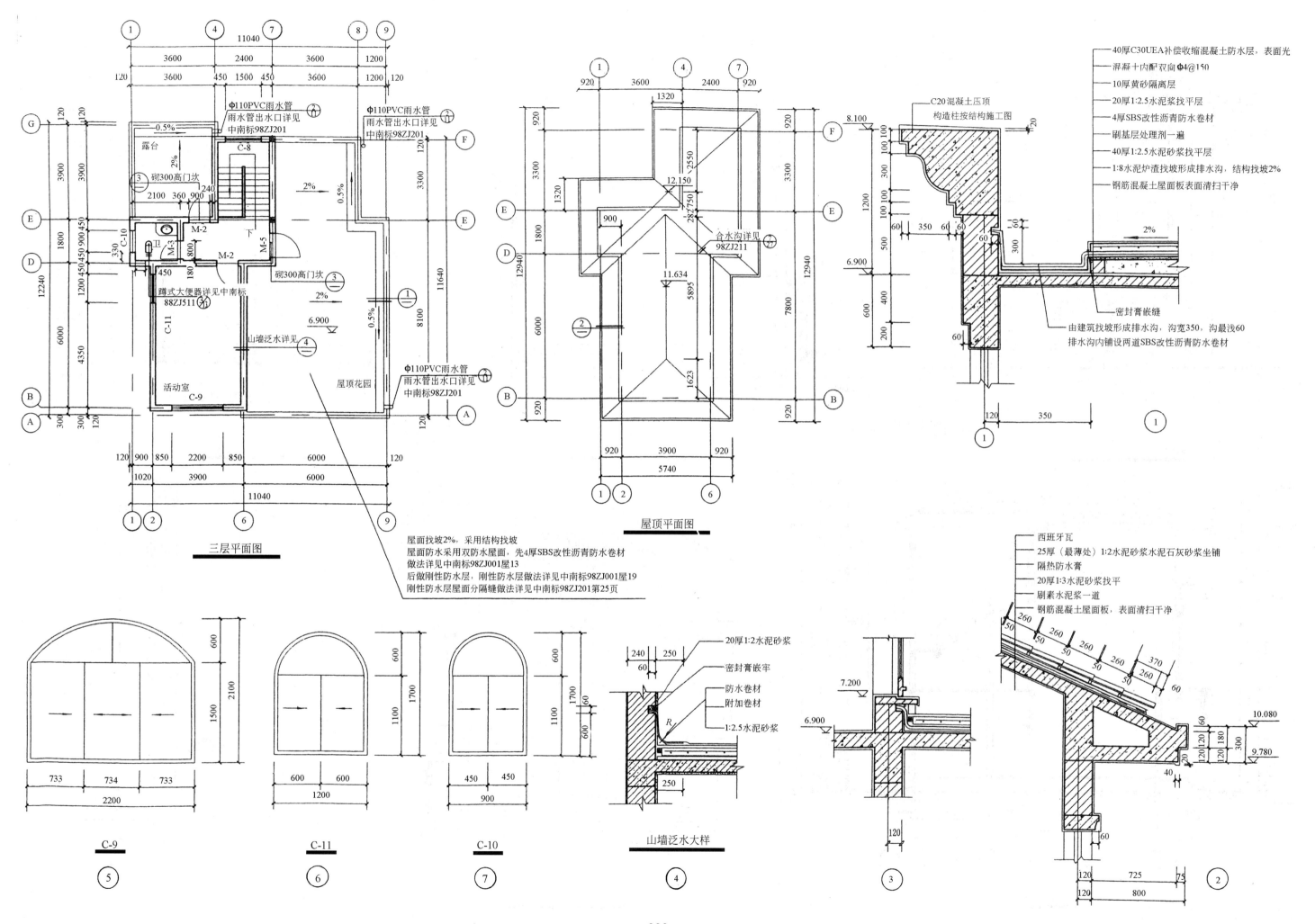

三层平面图

Φ110PVC雨水管
雨水管出水口详见
中南标98ZJ201

Φ110PVC雨水管
雨水管出水口详见
中南标98ZJ201

露台
砌300高门坎
M-2
M-3
M-5
卫
蹲式大便器详见中南标
88ZJ511
砌300高门坎
山墙泛水详见
屋顶花园
活动室
C-9
C-11
C-10
C-8

Φ110PVC雨水管
雨水管出水口详见
中南标98ZJ201

屋面找坡2%,采用结构找坡
屋面防水采用双防水屋面,先4厚SBS改性沥青防水卷材
做法详见中南标98ZJ001屋13
后做刚性防水层,刚性防水层做法详见中南标98ZJ001屋19
刚性防水层屋面分隔缝做法详见中南标98ZJ201第25页

屋顶平面图

合水沟详见
98ZJ211

40厚C30UEA补偿收缩混凝土防水层,表面光
混凝十内配双向Φ4@150
10厚黄砂隔离层
20厚1:2.5水泥浆找平层
4厚SBS改性沥青防水卷材
刷基层处理剂一遍
40厚1:2.5水泥砂浆找平层
1:8水泥炉渣找坡形成排水沟,结构找坡2%
钢筋混凝土屋面板表面清扫干净

C20混凝土压顶
构造柱按结构施工图

密封膏嵌缝
由建筑找坡形成排水沟,沟宽350,沟最浅60
排水沟内铺设两道SBS改性沥青防水卷材

西班牙瓦
25厚(最薄处)1:2水泥砂浆水泥石灰砂浆坐铺
隔热防水膏
20厚1:3水泥砂浆找平
刷素水泥浆一道
钢筋混凝土屋面板,表面清扫干净

C-9 ⑤

C-11 ⑥

C-10 ⑦

20厚1:2水泥砂浆
密封膏嵌牢
防水卷材
附加卷材
1:2.5水泥砂浆

山墙泛水大样 ④

③

②

①

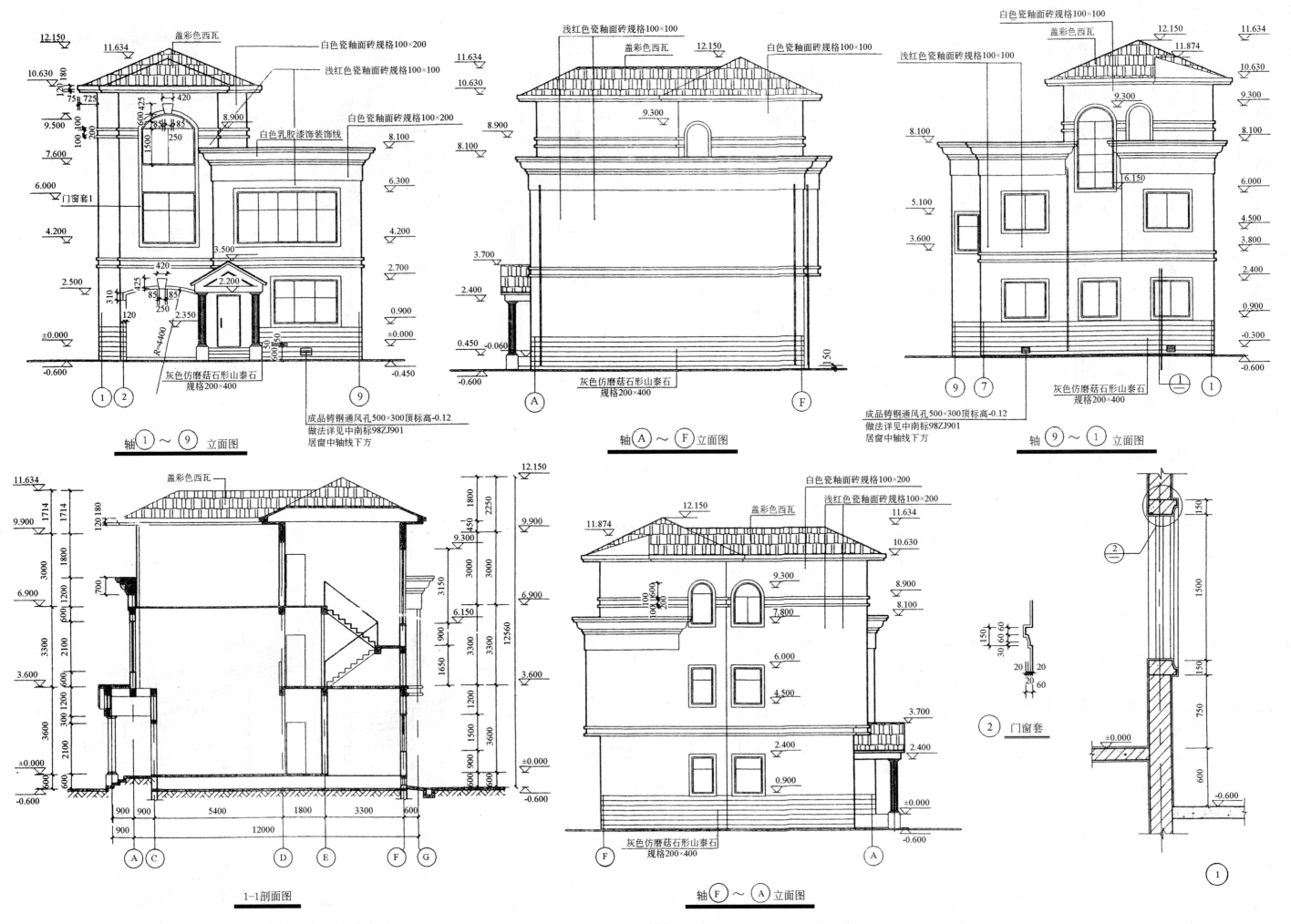

轴 ① ~ ⑨ 立面图

盖彩色西瓦
白色瓷釉面砖规格100×200
浅红色瓷釉面砖规格100×100
白色瓷釉面砖规格100×200
白色乳胶漆饰装饰线
门窗套1
灰色仿磨菇石形山泰石规格200×400
成品铸钢通风孔500×300顶标高-0.12
做法详见中南标98ZJ901
居窗中轴线下方

轴 Ⓐ ~ Ⓕ 立面图

浅红色瓷釉面砖规格100×100
盖彩色西瓦
白色瓷釉面砖规格100×100
灰色仿磨菇石形山泰石规格200×400

轴 ⑨ ~ ① 立面图

白色瓷釉面砖规格100×100
盖彩色西瓦
浅红色瓷釉面砖规格100×100
灰色仿磨菇石形山泰石规格200×400
成品铸钢通风孔500×300顶标高-0.12
做法详见中南标98ZJ901
居窗中轴线下方

1-1剖面图

盖彩色西瓦

轴 Ⓕ ~ Ⓐ 立面图

白色瓷釉面砖规格100×200
盖彩色西瓦
浅红色瓷釉面砖规格100×200
灰色仿磨菇石形山泰石规格200×400

② 门窗套

224

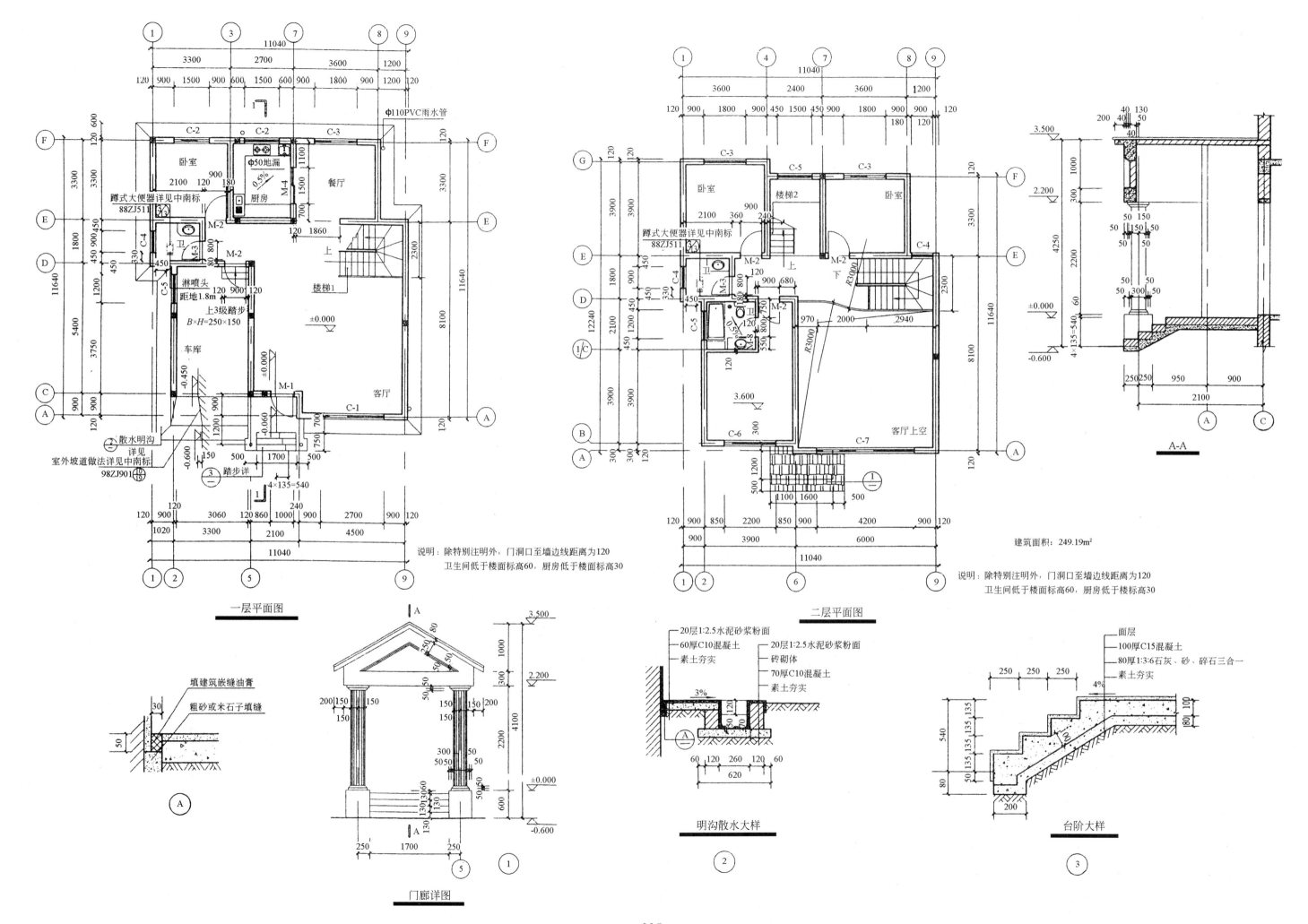

一层平面图

二层平面图

A-A

门廊详图

明沟散水大样

台阶大样

说明：除特别注明外，门洞口至墙边线距离为120
　　　卫生间低于楼面标高60，厨房低于楼面标高30

建筑面积：249.19m²

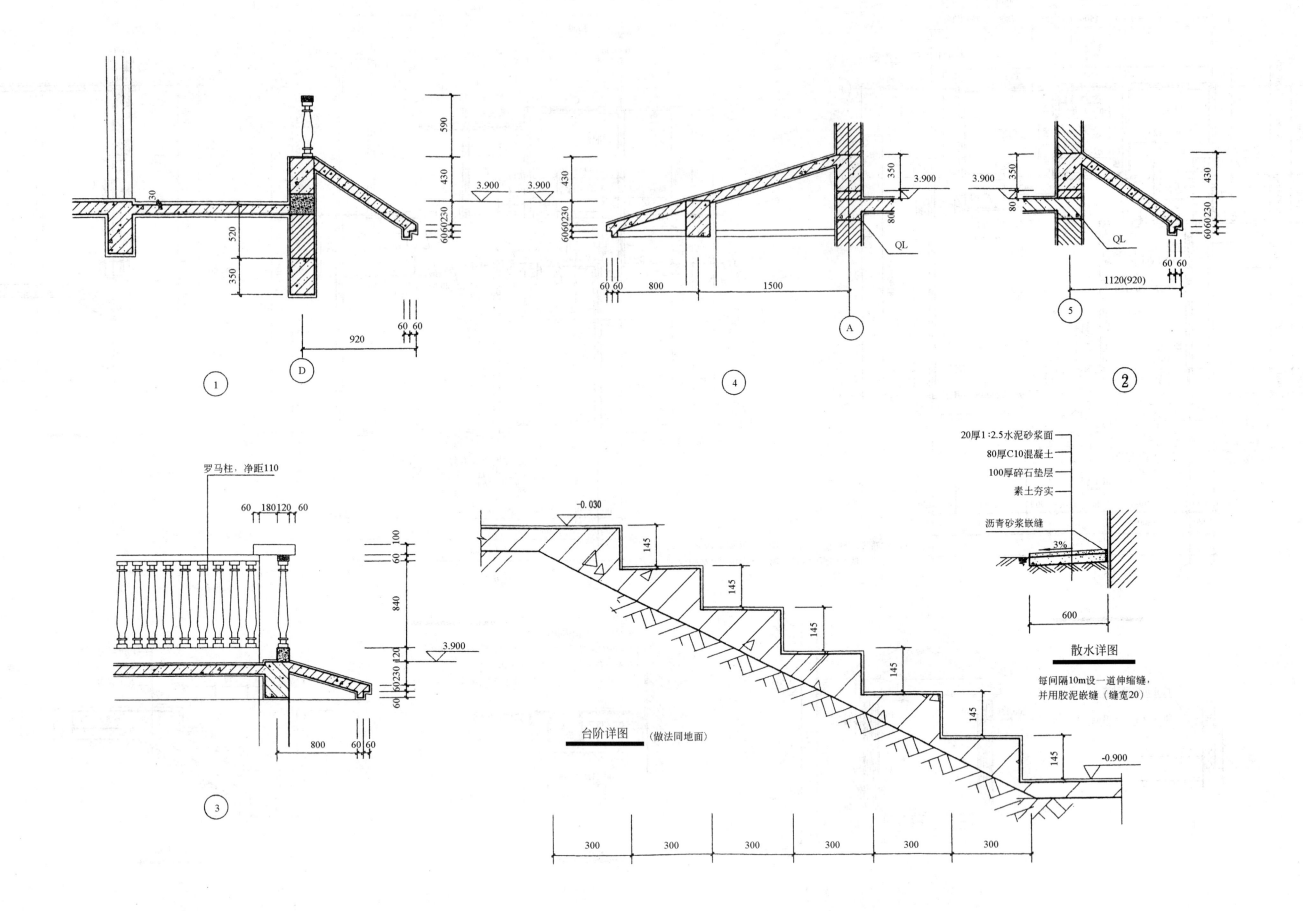

590
430
3.900
3.900
430
30
520
350
60 60 230
60 60 230
920
60 60
①
D

350
3.900
3.900
350
80
80
QL
QL
60 60 230
60 60 230
60 60
800
1500
1120(920)
④
A
⑤
②

罗马柱，净距110
60 180 120 60
60 100
840
120 60 230
60
3.900
800
60 60
③

20厚1:2.5水泥砂浆面
80厚C10混凝土
100厚碎石垫层
素土夯实
沥青砂浆嵌缝
3%
600
散水详图

每间隔10m设一道伸缩缝，
并用胶泥嵌缝（缝宽20）

-0.030
145
145
145
145
145
145
-0.900
台阶详图 （做法同地面）
300 300 300 300 300 300

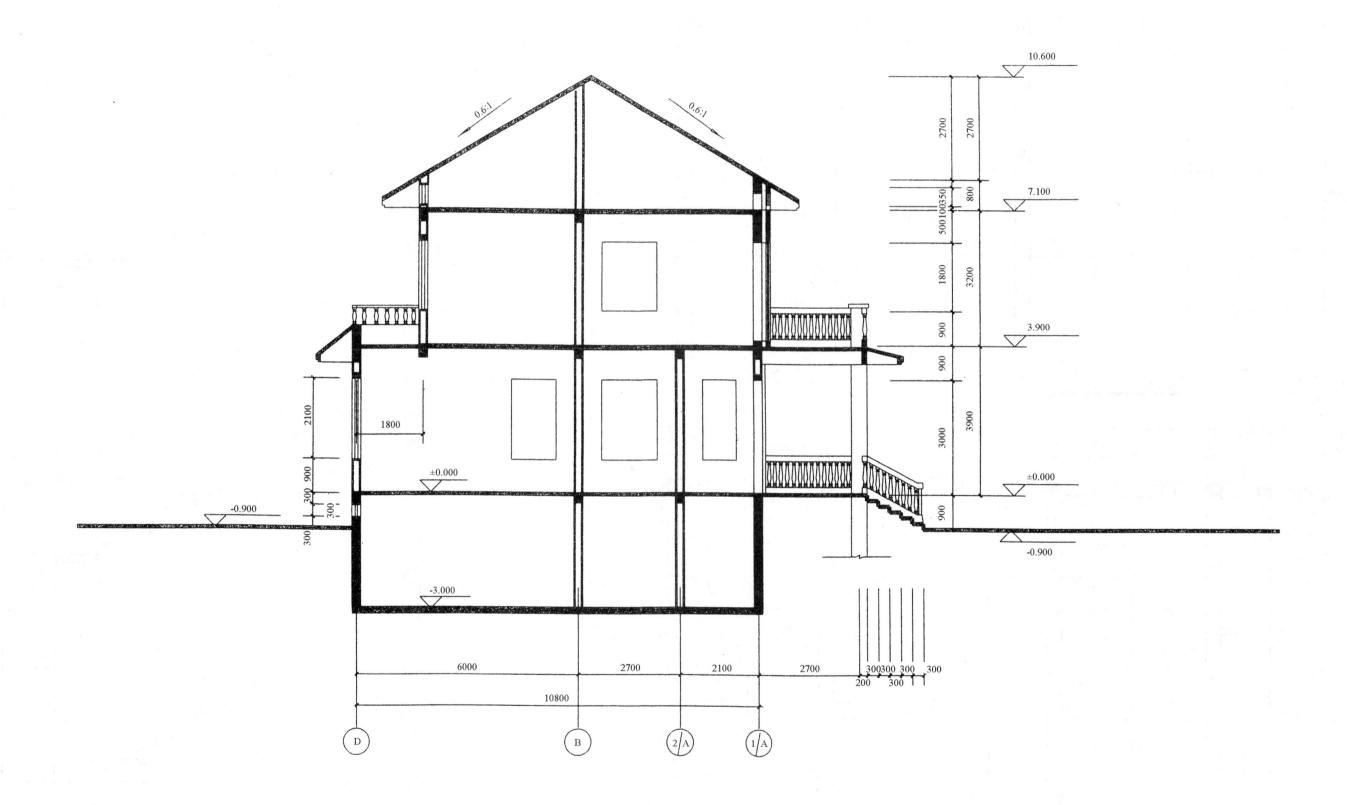

10.600

2700
2700

0.6:1   0.6:1

7.100
800
500 100 350

1800   3200

3.900
900

900

2100
1800

3000   3900

±0.000
900

±0.000

300 900
300
300

-0.900

-0.900

-3.000

6000   2700   2100   2700   300 300 300   300
200   300

10800

D   B   2/A   1/A

227

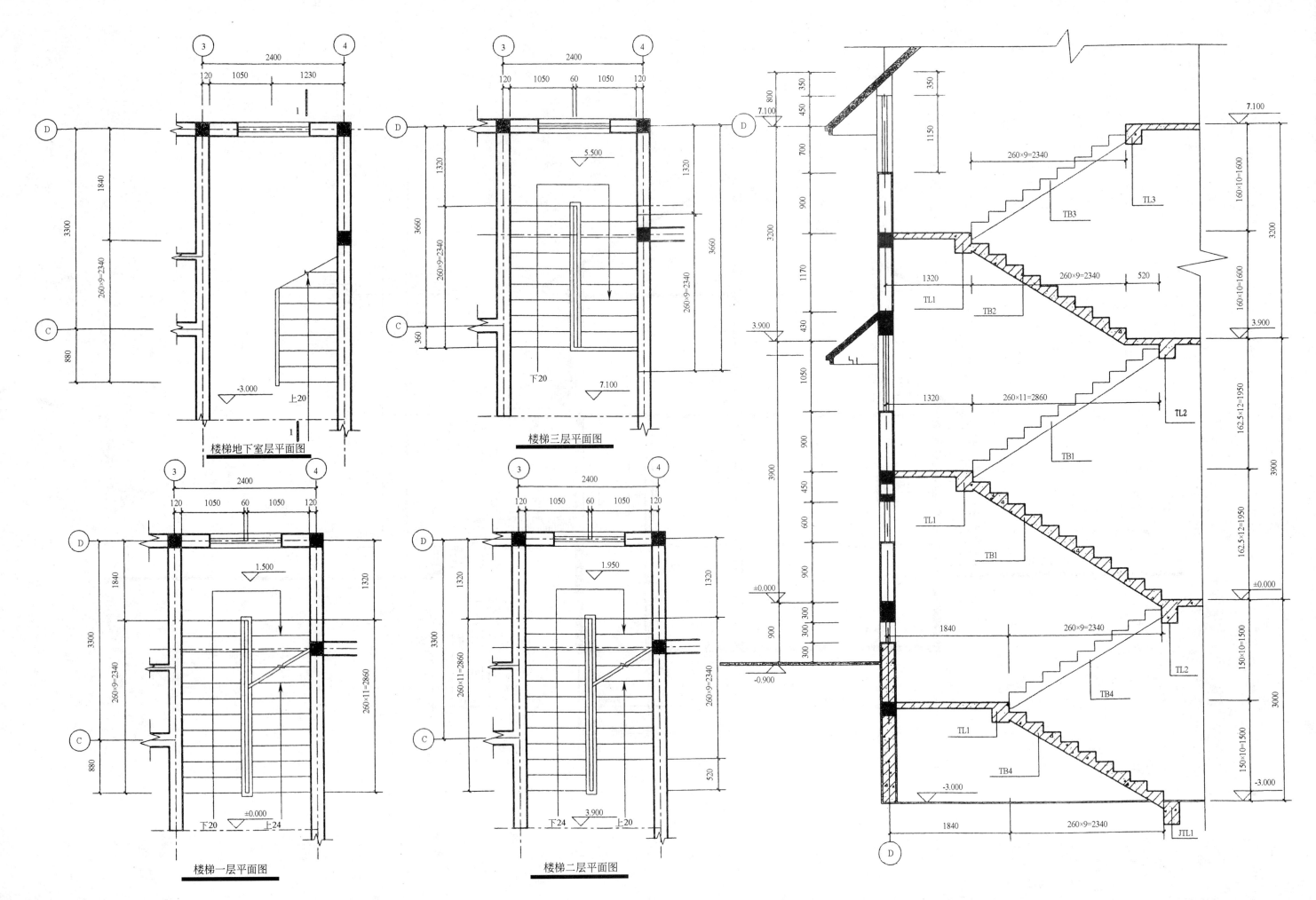

楼梯地下室层平面图

楼梯三层平面图

楼梯一层平面图

楼梯二层平面图

228

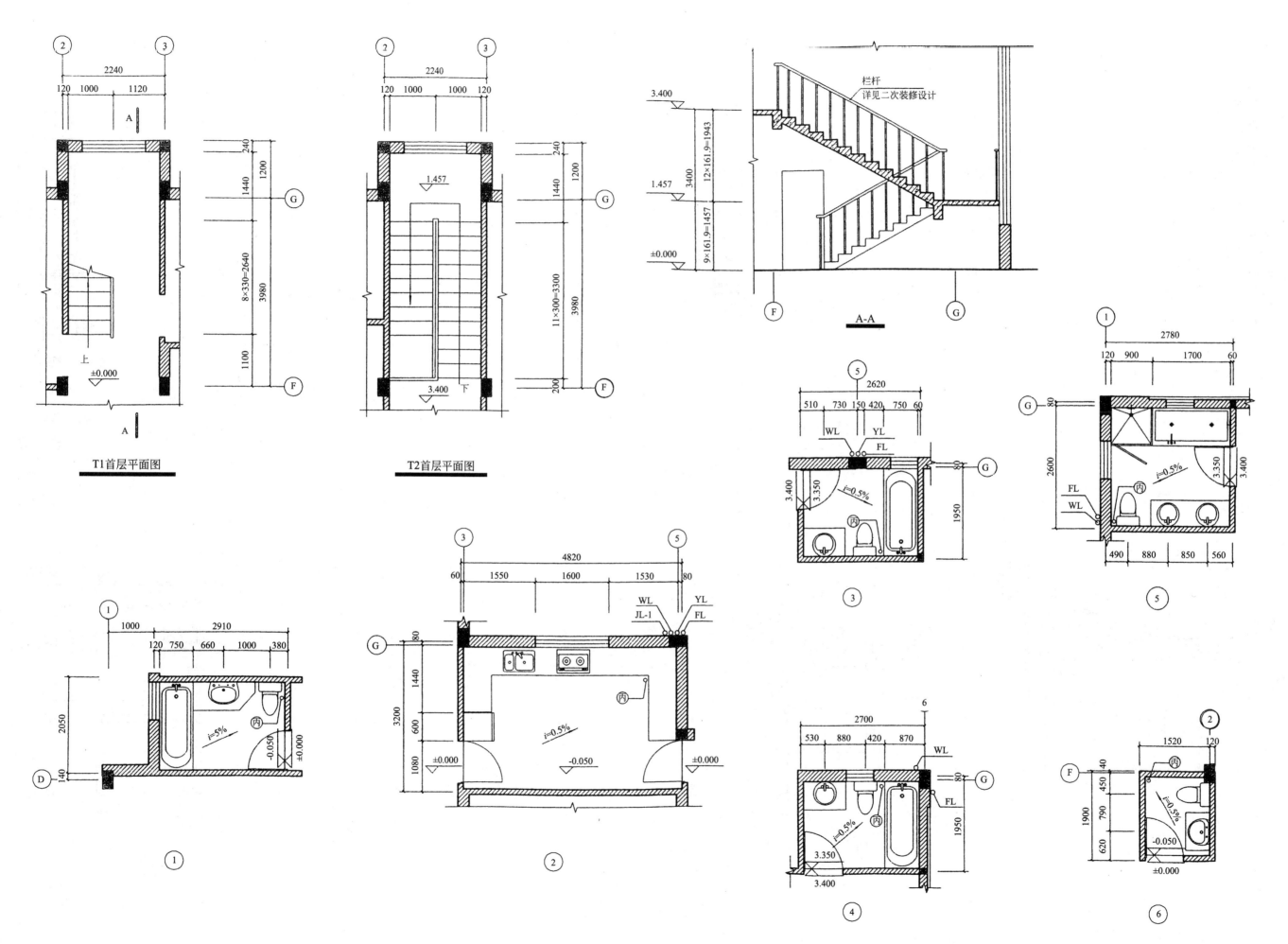

T1首层平面图

T2首层平面图

A-A

229

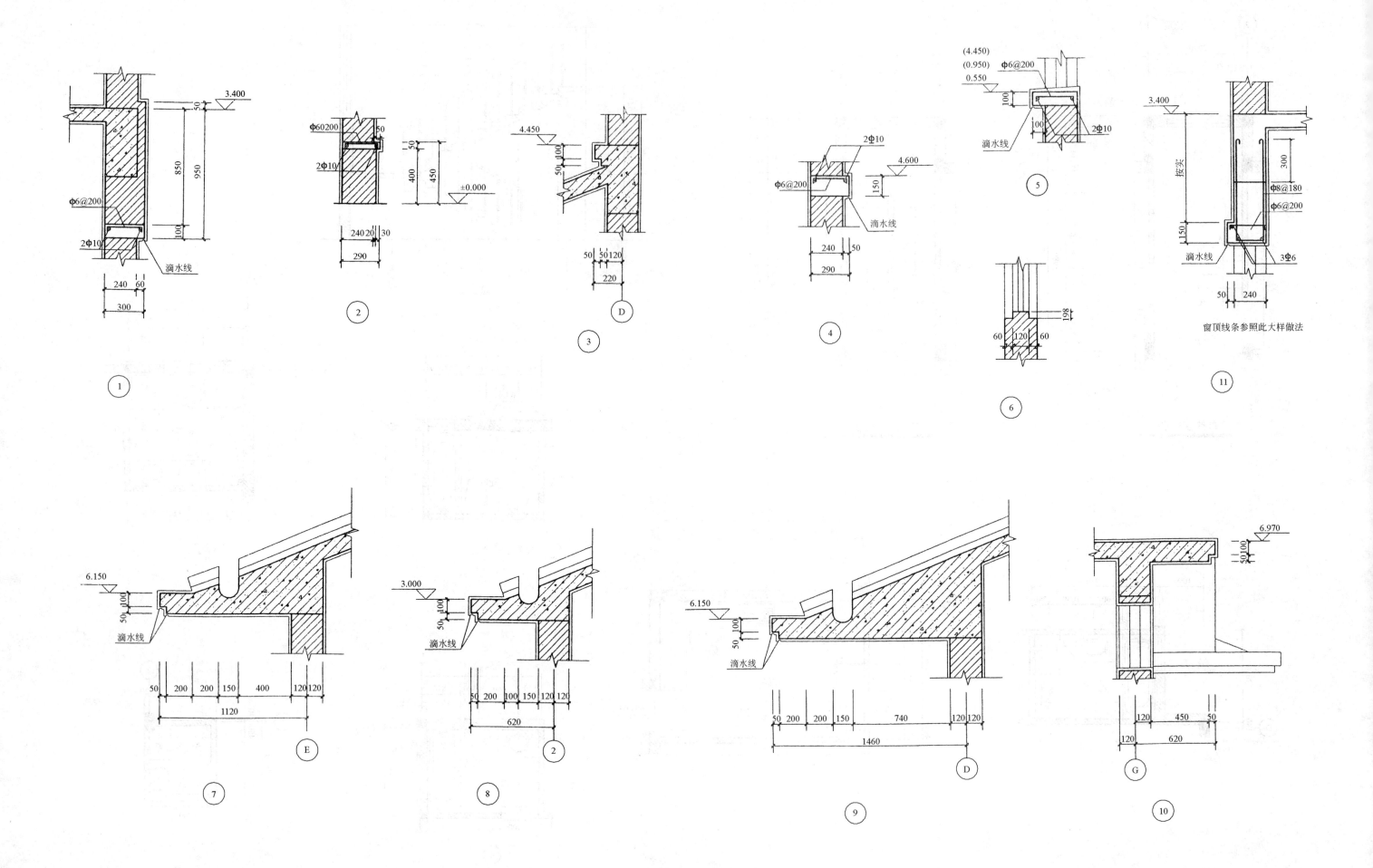

窗顶线条参照此大样做法

滴水线

2Φ10

Φ6@200

2Φ10

230

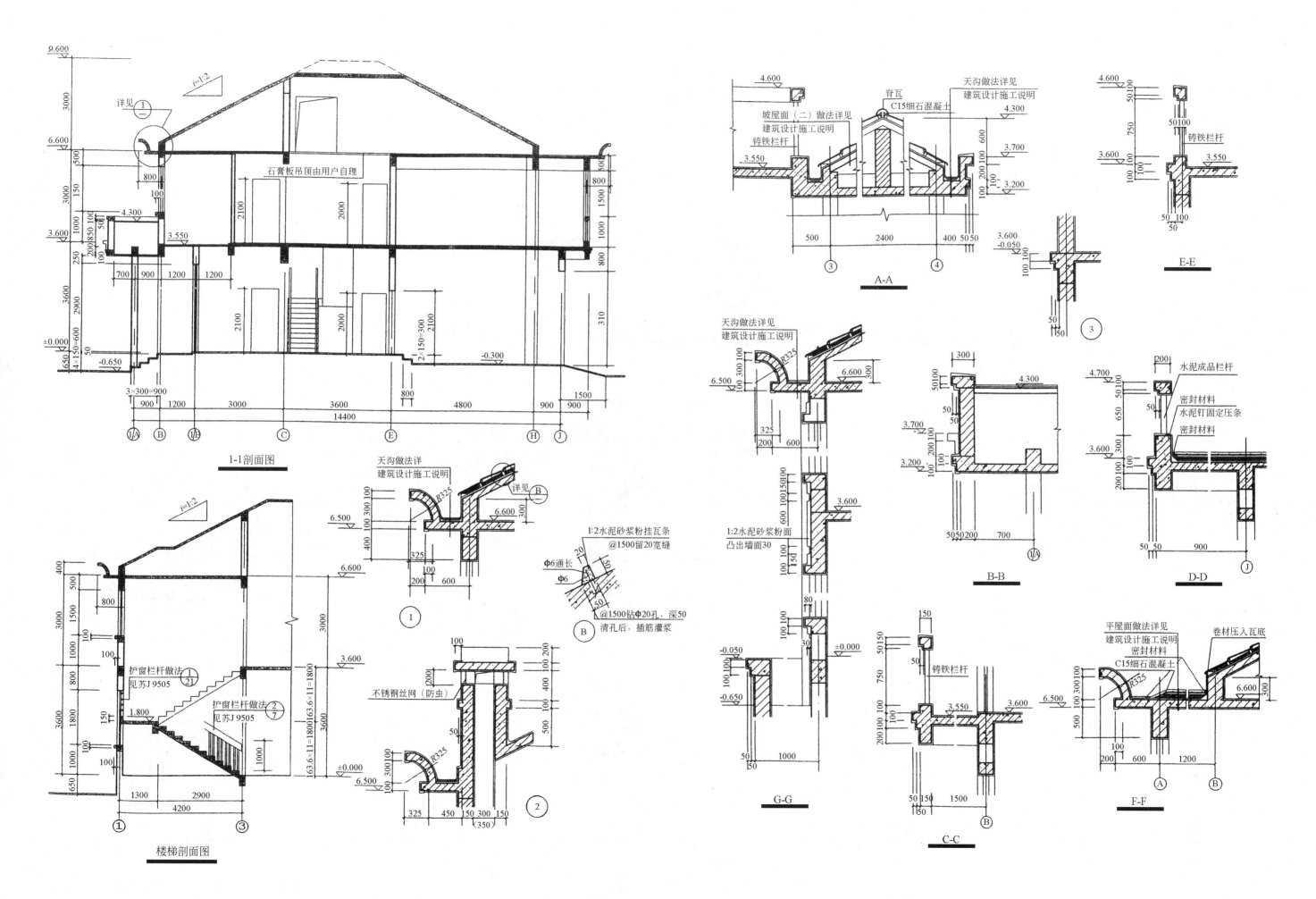

1-1剖面图

楼梯剖面图

石膏板吊顶由户自理

护窗栏杆做法①见苏J 9505 21

护窗栏杆做法②见苏J 9505 7

天沟做法详见建筑设计施工说明

详见①

详见 B

不锈钢丝网（防虫）

1:2水泥砂浆粉挂瓦条@1500留20宽缝

φ6通长

@1500钻φ20孔；深50

清孔后，插筋灌浆

B

①

②

天沟做法详见建筑设计施工说明

坡屋面（二）做法详见建筑设计施工说明

铸铁栏杆

脊瓦 C15细石混凝土

天沟做法详见建筑设计施工说明

A-A

铸铁栏杆

E-E

③

天沟做法详见建筑设计施工说明

1:2水泥砂浆粉面凸出墙面30

B-B

水泥成品栏杆密封材料水泥钉固定压条密封材料

D-D

铸铁栏杆

G-G

C-C

平屋面做法详见建筑设计施工说明密封材料C15细石混凝土

卷材压入瓦底

F-F

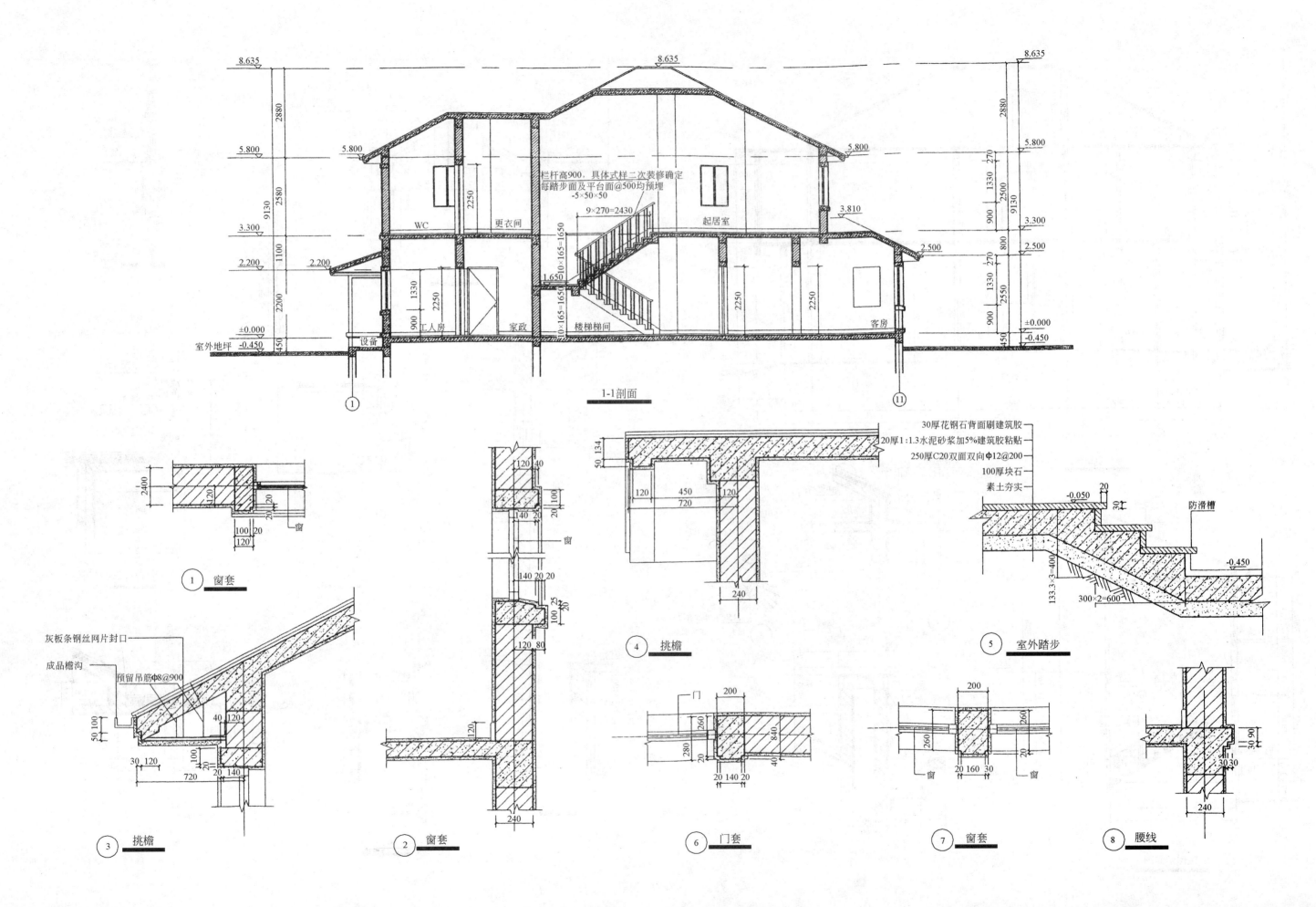

8.635

2880

5.800   8.635
                                        5.800

5.800   270
                    栏杆高900，具体式样二次装修确定   1330   2880
                    每踏步面及平台面@500均预埋   2500
            2250   -5×50×50   900   9130
2580   9×270=2430   起居室   3.300
9130 3.300   3.810

            更衣间   270
      WC   2.500   800   2.500
1100   1330
2.200   1.650   2550   900
2.200   ±0.000
            1330 10×165=1650   2250   -0.450
2200 900   2250   10×165=1650   2250   客房   450
      ±0.000   楼梯梯间
室外地坪 -0.450 设备 工人房 家政
      450

1-1剖面

①   ⑪

窗套部分:

2400
120   100 20
            20 20   窗
      100 20
      120

① 窗套

挑檐部分:

灰板条钢丝网片封口
成品檐沟
      预留吊筋φ8@900
50 100
            40 120
            100
30 120   20 140
      720

③ 挑檐

窗套部分:

      120 40
      120   20 100
      140 20   窗
      140 20 20
            100 25
            120 80
120
      240

② 窗套

---

50 134
      120 450 120
            720

      240

④ 挑檐

门套部分:

      门 200
            260
      280   840
      20 140 20   40

⑥ 门套

窗套部分:

      200
      260   260
      窗 20 160 30 窗

⑦ 窗套

30厚花钢石背面刷建筑胶
20厚1:1.3水泥砂浆加5%建筑胶粘贴
250厚C20双面双向φ12@200
100厚块石
素土夯实

-0.050 20
      30
            防滑槽

133.3×3=400   -0.450
      300×2=600

⑤ 室外踏步

腰线部分:

      30 90
      30 30
      240

⑧ 腰线

232

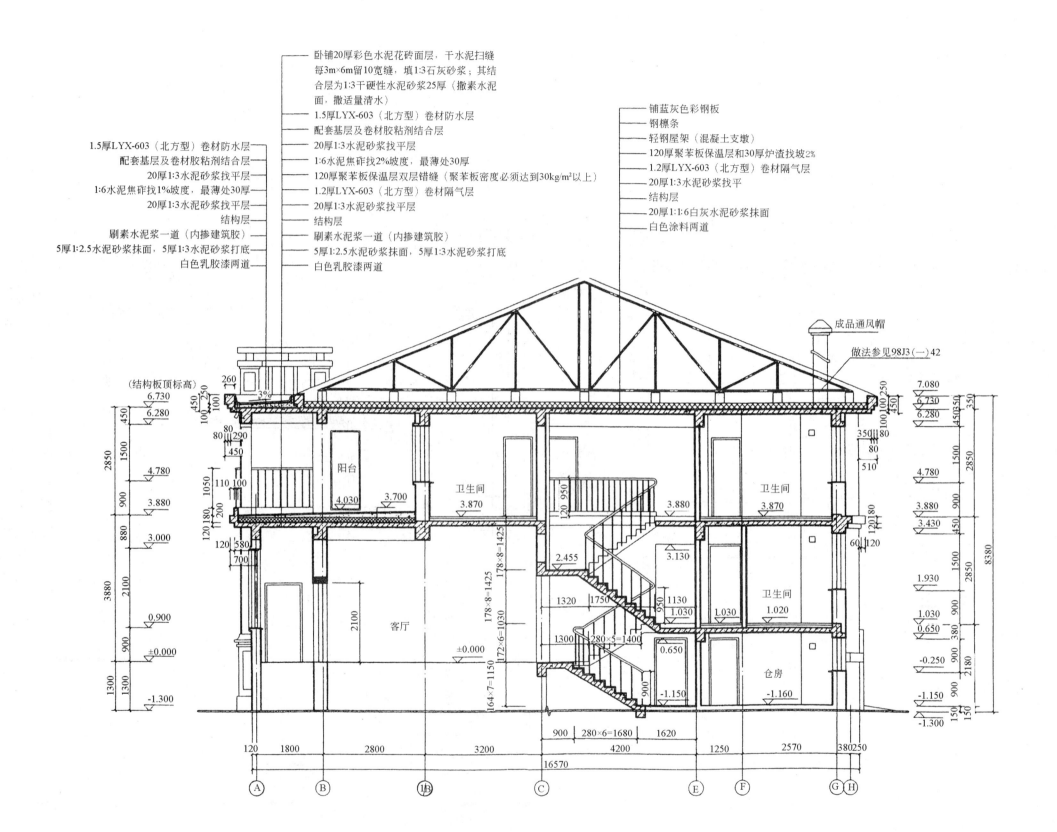

卧铺20厚彩色水泥花砖面层，干水泥扫缝
（每3m×6m留10宽缝，填1:3石灰砂浆；其结
合层为1:3干硬性水泥砂浆25厚（撒素水泥
面，撒适量清水）

1.5厚LYX-603（北方型）卷材防水层
配套基层及卷材胶粘剂结合层
20厚1:3水泥砂浆找平层
1:6水泥焦砟找2%坡度，最薄处30厚
120厚聚苯板保温层双层错缝（聚苯板密度必须达到30kg/m²以上）
1.2厚LYX-603（北方型）卷材隔气层
20厚1:3水泥砂浆找平层
结构层
刷素水泥浆一道（内掺建筑胶）
5厚1:2.5水泥砂浆抹面，5厚1:3水泥砂浆打底
白色乳胶漆两道

1.5厚LYX-603（北方型）卷材防水层
配套基层及卷材胶粘剂结合层
20厚1:3水泥砂浆找平层
1:6水泥焦砟找1%坡度，最薄处30厚
20厚1:3水泥砂浆找平层
结构层
刷素水泥浆一道（内掺建筑胶）
5厚1:2.5水泥砂浆抹面，5厚1:3水泥砂浆打底
白色乳胶漆两道

铺蓝灰色彩钢板
钢檩条
轻钢屋架（混凝土支墩）
120厚聚苯板保温层和30厚炉渣找坡2%
1.2厚LYX-603（北方型）卷材隔气层
20厚1:3水泥砂浆找平
结构层
20厚1:1:6白灰水泥砂浆抹面
白色涂料两道

成品通风帽
做法参见98J3（一）42

阳台
卫生间
客厅
卫生间
仓房

1-1剖面图

233

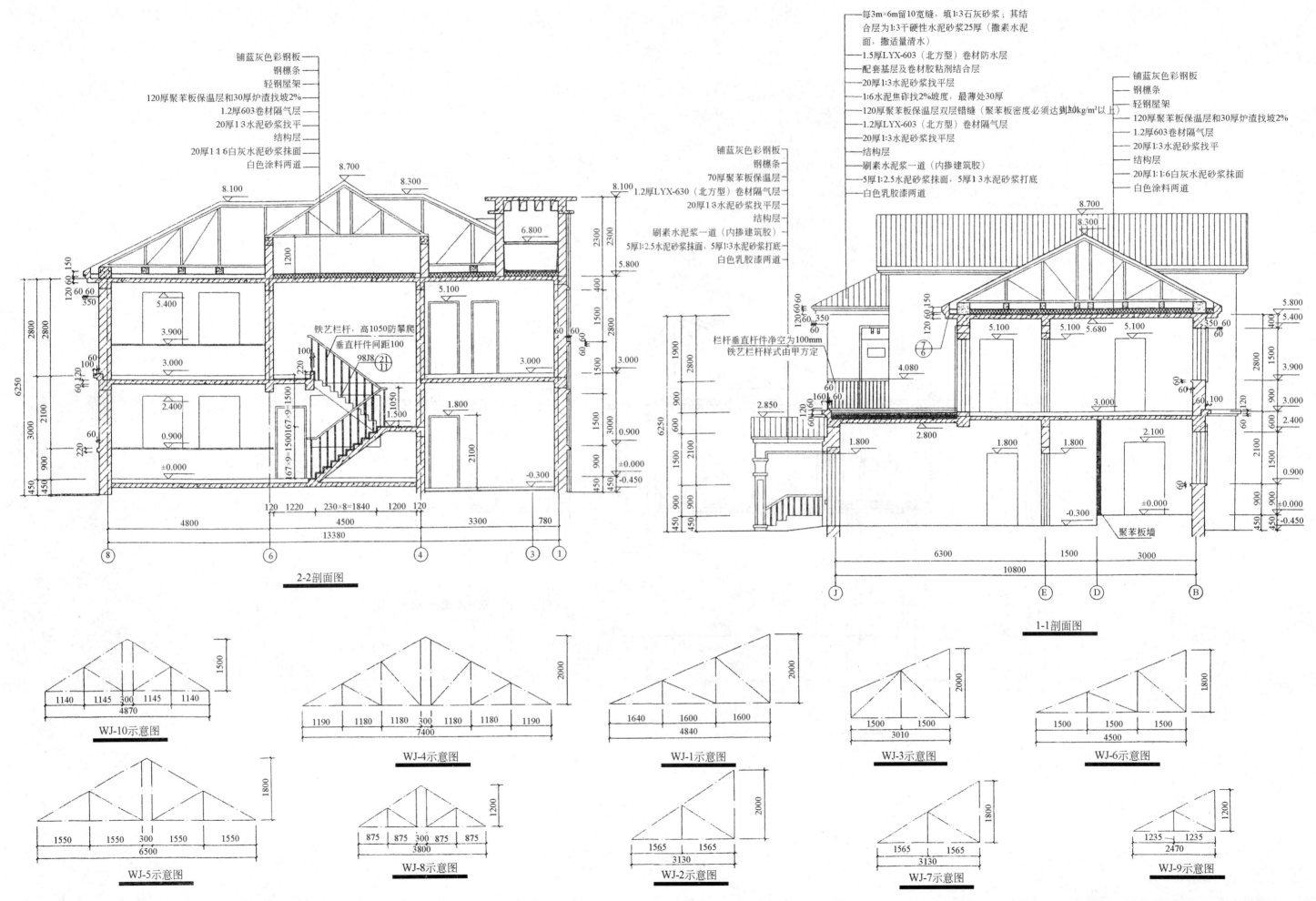

铺蓝灰色彩钢板
钢檩条
轻钢屋架
120厚聚苯板保温层和30厚炉渣找坡2%
1.2厚603卷材隔气层
20厚13水泥砂浆找平
结构层
20厚116白灰水泥砂浆抹面
白色涂料两道

每3m×6m留10宽缝，填1:3石灰砂浆；其结
合层为1:3干硬性水泥砂浆25厚（撒素水泥
面，撒适量清水）
1.5厚LYX-603（北方型）卷材防水层
配套基层及卷材胶粘剂结合层
20厚1:3水泥砂浆找平层
1:6水泥焦炸找坡2%坡度，最薄处30厚
120厚聚苯板保温层双层错缝（聚苯板密度必须达到30kg/m²以上）
1.2厚LYX-603（北方型）卷材隔气层
20厚1:3水泥砂浆找平层
结构层
刷素水泥浆一道（内掺建筑胶）
5厚1:2.5水泥砂浆抹面，5厚13水泥砂浆打底
白色乳胶漆两道

铺蓝灰色彩钢板
钢檩条
轻钢屋架
120厚聚苯板保温层和30厚炉渣找坡2%
1.2厚603卷材隔气层
20厚1:3水泥砂浆找平
结构层
20厚1:6白灰水泥砂浆抹面
白色涂料两道

铺蓝灰色彩钢板
钢檩条
70厚聚苯板保温层
1.2厚LYX-630（北方型）卷材隔气层
20厚13水泥砂浆找平层
结构层
刷素水泥浆一道（内掺建筑胶）
5厚1:2.5水泥砂浆抹面，5厚1:3水泥砂浆打底
白色乳胶漆两道

铁艺栏杆，高1050防攀爬
垂直杆件间距100
98J8 ㉑ ⑪

栏杆垂直杆件净空为100mm
铁艺栏杆样式由甲方定

聚苯板墙

2-2剖面图

1-1剖面图

WJ-10示意图

WJ-4示意图

WJ-1示意图

WJ-3示意图

WJ-6示意图

WJ-5示意图

WJ-8示意图

WJ-2示意图

WJ-7示意图

WJ-9示意图

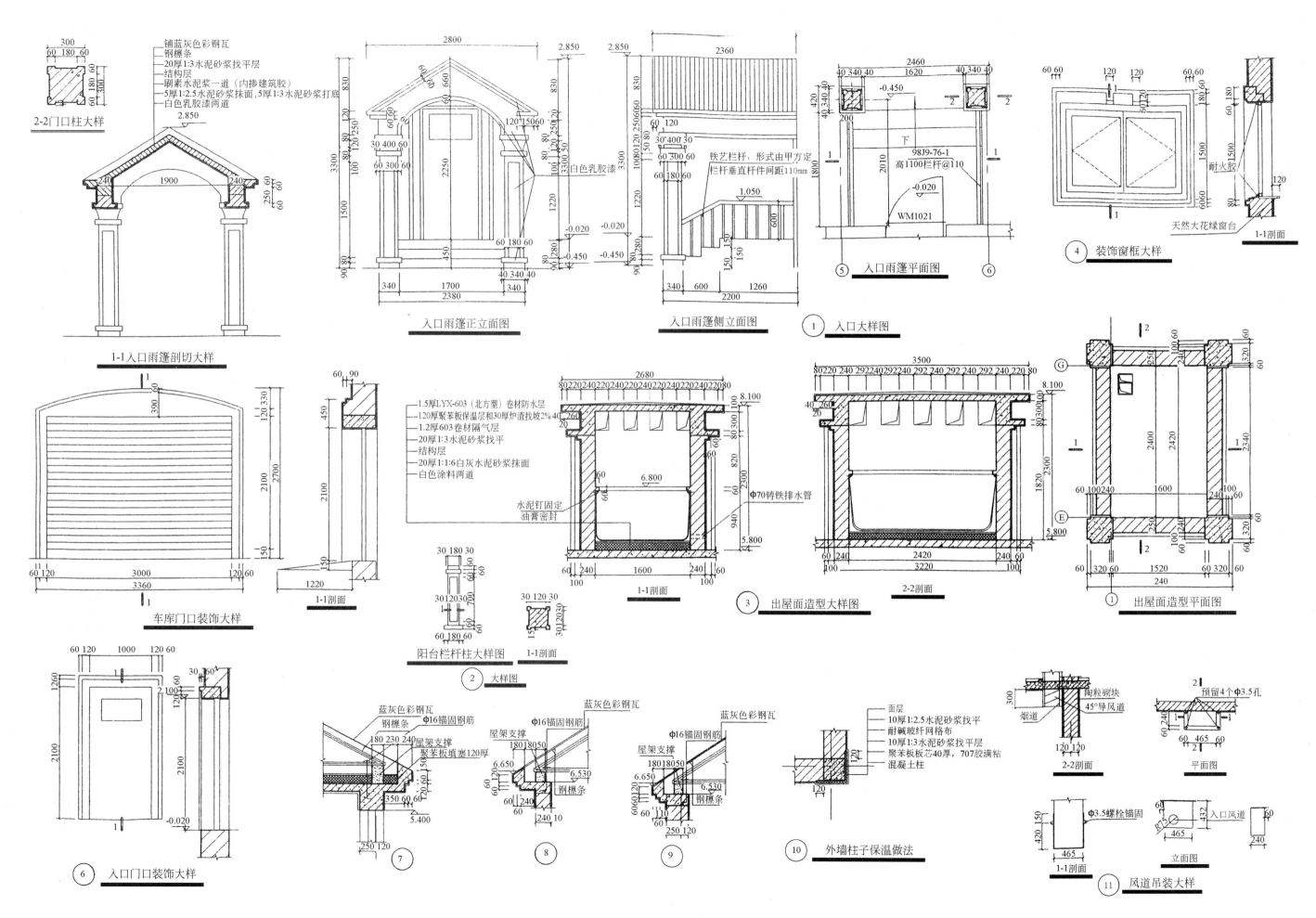

2-2门口柱大样

铺蓝灰色彩钢瓦
钢檩条
20厚1:3水泥砂浆找平层
结构层
刷素水泥浆一道(内掺建筑胶)
5厚1:2.5水泥砂浆抹面,5厚1:3水泥砂浆打底
白色乳胶漆两道

1-1入口雨篷剖切大样

入口雨篷正立面图

白色乳胶漆

铁艺栏杆,形式由甲方定
栏杆垂直杆件间距110mm

入口雨篷侧立面图

98J9-76-1
高1100栏杆@110

WM1021

⑤ **入口雨篷平面图** ⑥

④ **装饰窗框大样**

耐火胶

天然大花绿窗台

1-1剖面

① **入口大样图**

车库门口装饰大样

1-1剖面

1.5厚LYX-603(北方型)卷材防水层
120厚聚苯板保温层和30厚炉渣找坡2%40
1.2厚603卷材隔气层
20厚1:3水泥砂浆找平
结构层
20厚1:1:6白灰水泥砂浆抹面
白色涂料两道

水泥钉固定
油膏密封

Φ70铸铁排水管

1-1剖面

2-2剖面

③ **出屋面造型大样图**

① **出屋面造型平面图**

30 180 30

阳台栏杆柱大样图

1-1剖面

② **大样图**

⑥ **入口门口装饰大样**

蓝灰色彩钢瓦
钢檩条
Φ16锚固钢筋
屋架支撑
聚苯板填塞120厚

蓝灰色彩钢瓦
屋架支撑
Φ16锚固钢筋
钢檩条

蓝灰色彩钢瓦
屋架支撑
Φ16锚固钢筋
钢檩条

面层
10厚1:2.5水泥砂浆找平
耐碱玻纤网格布
10厚1:3水泥砂浆找平层
聚苯板板芯40厚,707胶满粘
混凝土柱

陶粒砌块
45°导风道
烟道

预留4个Φ3.5孔

⑦

⑧

⑨

⑩ **外墙柱子保温做法**

2-2剖面

平面图

Φ3.5螺栓锚固

入口风道

1-1剖面

立面图

⑪ **风道吊装大样**

235